华池县中药材栽培与管理

主编　杜永生　杨建旗

乡村振兴之中药材高效种植指导用书

HUACHI XIAN
ZHONGYAOCAI
ZAIPEI YU GUANLI

甘肃科学技术出版社
甘肃 · 兰州

图书在版编目（C I P）数据

华池县中药材栽培与管理 / 杜永生，杨建旗主编
. -- 兰州 ：甘肃科学技术出版社，2023.5
ISBN 978-7-5424-3066-3

Ⅰ. ①华… Ⅱ. ①杜… ②杨… Ⅲ. ①药用植物—栽培技术 Ⅳ. ① S567

中国国家版本馆 CIP 数据核字(2023)第 074555 号

华池县中药材栽培与管理

杜永生　杨建旗　主编

责任编辑　史文娟
封面设计　李万军

出　版　甘肃科学技术出版社
社　址　兰州市城关区曹家巷 1 号　730030
电　话　0931-2131570（编辑部）　0931-8773237（发行部）

发　行　甘肃科学技术出版社　　印　刷　甘肃城科工贸印刷有限公司
开　本　787 毫米 ×1092 毫米　1/16　印　张　21.25　插　页　2　字　数　330 千
版　次　2023 年 12 月第 1 版
印　次　2023 年 12 月第 1 次印刷
书　号　ISBN 978-7-5424-3066-3　定　价：79.00 元

编 委 会

主　编：杜永生　杨建旗

编　者：杨文静　高　鹏　张娟娟　付　晔　李海萍

吴　倩　周宏霞　何树珍　金艳红　姬浩东

前　言

华池县是典型的黄土高原丘陵沟壑区，是我国西北重要的中药材产区之一，有野生中药材约 571 种，其中植物药材 528 种，野生中药材分布区域广泛，尤其是东部子午岭林区盛产中药材，有“陇东天然中药库”之称。作为“岐黄故里”重要的中药材产地，华池县自古就有种植、使用中药材的历史，民间早有房前屋后、屋头地畔种植红花、秦艽、艾叶、薄荷等中药材的传统。2012 年，企业、合作社初步发起人工种植，2017 年开始出现合作社、企业大规模、规范化种植。中国医学科学院药用植物研究院魏建和教授认为“华池县甘草、柴胡、黄芪、黄芩等根茎类中药材仿野生多年栽培方式在国内具有比较明显的特色和优势”，甘肃省中药材产业体系首席专家、甘肃农业大学陈垣教授认为“华池当地生产的黄芪、黄芩品质不亚于中部地区的陇西、渭源”，甘肃农业大学晋小军教授认为“华池当地的柴胡、野菊花品质最优，野生甘草是纯正的药典珍品乌拉儿甘草”。经甘肃数字本草检验中心县内中药材种质资源进行调查摸底和取样化验分析，得出华池县土壤样品农药残留、重金属污染均未超标，土壤营养元素构成合理，适宜黄芪、黄芩等道地中药材生产，黄芪、黄芩、甘草、柴胡等药材有效成分含量达到或显著高于 2020 年版《中华人民共和国药典》规定值。

近年来，按照甘肃省发展现代丝路寒旱农业优势特色产业总体部署和中药材产业三年倍增行动计划，立足当地资源禀赋和气候优势，华池县委县政府准确定位、科学决策，谋划提出了特色优势产业“双百双十”总体发展战略，按照农业产业化、产业园区化、园区标准化的发展思路，坚持把中药材作为巩固脱贫攻坚成效和推动乡村振兴的重点富民增收产业来培育，科学谋划、周密部署，努力推进全县中药材产业高质量发展。

截至2022年年底，华池县培育中药材种植合作社50多个，中药材种植专业村28个，专业户956户，带动农户12 600户。按照“63211”（6万亩黄芪，3万亩黄芩，2万亩板蓝根，1万亩柴胡，1万亩金银花及其他）种植结构布局，实施了中药材种子种苗基地建设、绿色标准化示范基地建设及中药材科研基地建设项目，建成了5个万亩种植示范片带，5个千亩绿色标准化示范点，30多个千亩仿野生种植基地，辐射带动全县15个乡镇完成中药材种植13.96万亩。

本书是中药材种植技术类图书，依托2022年度省级重点人才项目“华池县道地中药材种子种苗繁育人才培养”，收集、总结近10年华池县中药材生产栽培经验，系统完整地记录了黄芪、柴胡、金银花等部分常规药材在种子处理、育苗、苗期管理、育苗移栽、病虫害防治、留种、采收储藏及初加工等方面的实用技术。对科学、规范化培养华池县中药材产业种植、加工、仓储等技术人才队伍，构建以道地黄芪、黄芩为主的中药材技术骨干培养体系，推动合作社、企业以及全县中药材产业快速健康发展具有一定的指导意义。本书由四个章节及附录部分组成。第一章为华池县中药材生产概况，第二章为道地中药材栽培与管理，第三章为常见中药材栽培与管理，第四章为中药材产地加工储藏技术，附录部分为收集整理的国家及甘肃省内近些年发布的相关政策文件，颁布相关中药材质量标准及技术规范。

本书编写工作由中共华池县委组织部组织，华池县农业农村局主管，华池县农业技术推广中心负责，由杜永生（负责整体策划、编写组织和全书审核工作）、杨建旗（负责本书整体校对工作，并承担前言、第一章编写及附录部分等15个技术章节收集整理工作，约12.8万字）担任主编，金艳红同志负责第三章第六节、十五节、十六节、第四章第六节等的编写工作，杨文静、高鹏、张娟娟、付晔、李海萍、吴倩、周宏霞、何树珍、姬浩东等同志共同承担了第二、三、四章编写工作，每人负责2个以上技术章节。

本书编写过程中，得到了甘肃省农业科学研究院、陇东学院及庆阳市农业技术推广中心等科研机构、院校及技术单位专家、领导精心指导，在此谨表感谢。由于编者水平有限，书中不足之处在所难免，敬请广大读者批评指正。

编　者

2023 年 3 月

目　录

第一章

华池县中药材生产情况

一、岐黄故里简介

甘肃庆阳历史悠久，文化底蕴深厚，是中华民族的重要发祥地之一。自20世纪50年代起，庆阳市民间中医药人士就开始研究传说中的上古名医、黄帝“天师”——岐伯。到了20世纪80年代，国家实施改革开放政策，历史文化研究日益繁荣，岐伯的考证与研究有组织地开展起来。至2010年60多年来，岐伯考证史实逐步清楚，岐伯研究成果不断丰富，岐黄文化的存在得到认知，岐黄文化产业开发已成为一大特色历史文化，受到各界广泛关注和肯定，对社会文明进步和经济快速发展发挥了重要作用。

二、华池县情

华池县隶属于甘肃省庆阳市，位于陕甘交界，东北与陕西省志丹、吴起、定边接壤，西南与省内的庆城、环县、合水为邻，现辖6镇、9乡，111个行政村、646个自然村，总土地面积3790km^2，常住人口11.8万人。境内梁峁相间，沟壑纵横，山、川、塬兼有，海拔1100~1780m，平均气温8.9℃，无霜期178天，年日照总时数2244h，≥10℃有效积温2887℃，年降雨量380~510mm，四季分明，日照充沛，昼夜温差大，东西部水、热、气象因素差别大，生物多样性明显，土地面积广阔且土质良好，属中国西北优质中药材产区之一，尤其是东部子午岭林区盛产中药材，被誉为“陇东天然中药库”，有着得天独厚的自然条件。

华池县物产丰富，开发前景广阔。主要农作物有小麦、玉米、高粱、糜谷、荞麦、黄豆、胡麻、白瓜子等。主导产业是红色旅游、草畜、石油、中药材、食用菌。特别是中药材资源十分丰富，据《华池县志》记载，本县出产中药材约571种，其中植物药材528种，68种载入《中华人民共和国药典》，26种为国家出口药材，野生药材以甘草、茵陈、黄芩、茜草、川地龙、麻黄、山桃仁、秦艽、杏仁、远志、柴胡等为主，尤其以甘草质优量大，远近闻名。

三、中药材生产情况

1. 发展目标

近年来，华池县围绕实施乡村振兴战略，以市场需求为导向，以资源禀赋为基础，以产业兴旺、农民增收为目的，通过财政补助、贷款贴息等方式，撬动金融资本和社会资本更多投向农业优势特色产业，通过大力推进农业供给侧结构性改革，加快培育新型农业经营主体，全面构建现代农业产业体系、生产体系、经营体系，不断提高农业经营组织化、规模化、集约化、产业化水平，着力促进农村一二三产业融合发展。通过项目带动、企业扶持、自主发展、规范化提升，不断扩大规模化经营水平，提升产品质量，重点建设了一批具有华池特色的优势中药材基地和产业示范带，做大做强一批产业化龙头企业，打造一系列道地中药材品牌。通过“政府引导、企业主导、科研支撑、主体带动、群众参与”于一体的产业发展合作机制，充分挖掘道地药材优势、创立产品品牌，努力打造无公害、绿色和有机中药材产品，使中药材产业富民作用更为凸显，为农业增效、农民增收和乡村振兴做出了积极贡献。

2. 生产现状

按照全省发展现代丝路寒旱农业优势特色产业总体部署，华池县委县政府立足当地资源禀赋和气候优势，准确定位、科学谋划、周密部署，提出并实施了农业特色产业“双百双十”行动（百万只肉羊、百万亩饲草、十万头牛、十万亩中药材），大力推进中药材产业“三年倍增行动”计划，按照农业产业化、产业园区化、园区标准化的发展思路，坚持把中药材产业作为巩固脱贫攻坚成效和推动乡村振兴的富民产业来培育，规模不断扩大、效益持续提升。

（1）种植规模逐年递增，基地效应日益凸显。增规模，从2012年开始进行人工种植，由企业、合作社初步发起，以黄芪、黄芩、板蓝根、柴胡、金银花、甘草等中药材种植为主，历经10年的生产实践、不断探索，规模化成效初步彰显，2021年、2022年全县分别完成中药材种植12.13万亩、13.96万亩，规模快速增加；强基地，按照“63211”（6万亩黄芪，3万亩黄芩，2万亩板蓝根，1万亩柴胡，1万亩金银花及其他）种植结构布局，实施了中药材种子种苗繁育基地建设、绿色标准化示范基地建设及中药材科研基地建设等项目，建成乔川、元城、五蛟、怀安、柔远5个万亩种植片带，元城元城村、乔川王掌子村、城壕张川村、五蛟蒋塬村等30多个千亩仿野生种植基地，白马东掌、柔远杨岔、孙家川，五蛟九条沟门、元城高桥5个千亩绿色标准化示范点，基地带动效果明显；增效益，截至2022年年底，培育中药材种植合作社50多个，中药材种植专业村（1000亩以上）28个，专业户（10亩以上）956户，带动农户12 600户，户均增收5080元，人均增收1200元，实现总产量3万吨，比2021年增加0.2万吨，实现总产值5.6亿元，比2021年增长0.1亿元。

（2）技术服务体系逐年健全，产业体系日趋完善。健体系，按照“五个一”包抓机制和“331+”发展模式，着眼实现中药材产业发展“五集”效应，组建起了县、乡、村产业发展组织管理体系，省、市、县技术服务体系和龙头企业带动、合作社引领、广大农户参与的生产体系；强技术，通过多年引进、驯化及新技术创新、集成，筛选出了适宜华池县种植的黄芪、黄芩、板蓝根、金银花等20个药材品种，摸索出黄芪、黄芩等覆膜露头斜栽技术，掌握了10多种药材生产技术及黄芪、金银花等4种药材育苗技术；促产业，在生产实践中，重点加强对中药材栽植、采收机械改造，研发生产了人工辅助栽药、挖药机械，有效降低了中药材采收环节的劳力投入和产量损失，种植效率、科技水平不断提高，产业体系已初具规模。

（3）思路、目标、规划清晰精准，基础设施明显改善。一是全县中药材规模化生产坚定走仿野生种植的绿色高效发展路子，全面推进生产全程机械化、田间管理绿色化、技术措施标准化，确保中药材产品品质有保证、生产可持续；二是瞄准节本增效目标大力建设中药材种子种苗基地。在柔远镇、五蛟镇、城壕镇、乔川乡等7乡镇建成黄芪、黄芩、甘草等种子种苗繁育基地11 606.4亩（种子基地5529.9亩，种苗基地6076.5亩），有效解决了县内种子种苗短缺、生产成本居高的问题；三是以园区创建引领产业发展。按照农业产业化、产业园区化、园区标准化的发展思路，切实加快省级中药材产业园建设进度，已建成仓储库房5座、加工车间4座、晾晒场1处、储藏冷库1座，科研大楼1栋，通过了省级认定。

（4）产业链条延伸持续发力，品牌效益引领发展。重点打造了柔远孙家川恒烽产业园、五蛟刘家湾展示园2处加工基地，目前，建成中药材初加工、浓缩提取及酸枣仁加工等生产线7条，稳步推进道地中药材品牌培育，开发黄芪饮片、金银花茶、金银花酒等产品8个，注册“陇东恒烽”商标1个，完成中药材黄芪、黄芩、甘草、金银花有机认证4个，黄芩地理标志认证及黄芪、黄芩、柴胡、板蓝根4个品种GAP基地创建前期工作进展顺利，中药材产品在国内外市场的知名度和美誉度、产品经济附加值显著提升。

四、存在的问题

（1）中药材龙头企业数量少、带动能力弱。县内企业、合作社大多起步晚、基础差、底子薄，难以提供中药材产业发展的大规模基地、大数量资金，无力支撑产业向更深层次、更大范围、更广领域发展，制约着产业稳定发展步伐。

（2）中药材产业链条短，没有营销实力强大的加工企业，缺乏固定的销售网络和市场，产品停留在毛药、鲜药或初级加工阶段，附加值低、产业效益差；销售严重受制于外部市场，价格波动较大，产品变现被动，有“丰产不丰收”的隐患与风险；技术支撑体系仍不强，虽然与甘肃省内科研院所建立了长期的业务合作关系，但国际队、国家队等高层次的引领体系尚未建立。

（3）中药材品牌建设相对滞后，暂未建立有强大社会效应、突出华池特色的中药材产品品牌和企业商标，制约了中药材产业发展，与实现农业现代化有一定差距。

五、工作打算

继续推行以“政府引导、企业主导、科研支撑、主体带动、群众参与”于一体的产业发展合作机制，在稳定现有规模基础上，坚持标准化和仿野生“两条腿”迈进，建办规模化示范区（点）、示范推广优良品种和新优技术，不断提升中药材生产的科技含量，稳步提高中药材产品品质。在具体工作中，紧紧抓住种子种苗繁育这个核心任务，牢牢盯紧黄芪、黄芩这 2 个重点品种，抓主保重、规模推进，带动全县中药材种植总面积稳定在 13 万亩以上。

按照“产业园区化、园区项目化、项目专业化”的发展路子，打造以种植基地、收购仓储、加工销售、电商物流和观光农业为一体的现代中药材产业园，延伸产业链条，提升加工能力，完善市场体系，促进提质增效。

在现有龙头企业基础上，进一步拓宽思路，考察引进国药集团、广药集团等知名“国字号”企业，引领本土企业提档次、拓市场、增效益，尽快培育发展一批技术先进、核心竞争力强、主业优势明显，能带动全县中药材产业化快速发展的重点骨干企业，不断提高中药材资源综合开发利用水平和市场竞争能力。坚持大力推广“企业 + 合作社 + 基地 + 农户”的发展模式，支持订单生产，与种植户建立稳定的产销关系，保护和调动广大种植户积极性。鼓励合作社、种植大户发展初加工，推动中药材延伸产品开发，提高产品附加值，实现产业富民目标。

在建立健全产业组织、生产、经营体系的基础上，重点加强技术指导服务体系建设，加强本土企业与省内外中药材科研机构（院所）的技术合作，全面开展科技培训、技术指导、产业调研、工作交流等活动，重点解决产业关键、突出问题，谋划产业布局、发展方向，使中药材种植、生产加工、国际贸易、产品研发、电子商务等领域向更高层次发展，为全县中药材产业发展提供有力技术支撑。

充分依托县域资源优势和有利气候条件，瞄准康养、保健高层次市场需求，准确定位县内中药材优势品种和核心竞争力，坚持不懈加大品质评鉴、产品研发、市场开拓力度，着力打造1~2个“人无我有、人有我优”的拳头产品，申报认定为有机产品和地理标志，提升品牌引领力，发挥品牌好效应，带动产业增效、农民增收，助力乡村全面振兴。

第二章

道地中药材栽培与管理

第一节　黄　芪

一、植物简介

中文名：黄芪。

学名：*Astragalus membranaceus*（Fisch.）Bunge。

别名：绵芪、绵黄芪等。

科属：豆科黄芪属。

生长型：多年生草本植物。

入药部位：根部入药。

花期：6~8 月。

果期：7~9 月。

生境和分布：野生黄芪主要生于山野、山坡灌丛，人工栽培于山、川、塬等地，沙质土壤地区均可种植。黑龙江、吉林、辽宁、河北、山西、内蒙古、陕西、甘肃、宁夏、青海、山东、四川和西藏等省区均有分布。

繁殖方式：种子繁育或种苗繁育。

二、生物学特性

1. 形态特征

多年生草本，高 50~100cm，羽状复叶，有 13~27 片小叶，长 5~10cm；叶柄长 0.5~1cm；托叶离生，卵形，披针形或线状披针形，长 4~10mm，下面被白色柔毛或近无毛；小叶椭圆形或长圆状卵形，长 7~30mm，宽 3~12mm，先端钝圆或微凹，具小尖头或不明显，基部圆形，上面绿色，近无毛，下面被伏贴白色柔毛。

总状花序稍密，有 10~20 朵花；总花梗与叶近等长或较长，至果期显著伸长；苞片线状披针形，长 2~5mm，背面被白色柔毛；花梗长 3~4mm，连同花序轴稍密被棕色或黑色柔毛；小苞片 2；花萼钟状，长 5~7mm，外面被白色或黑色柔毛，有时萼筒近于无毛，仅萼齿有毛，萼齿短，三角形至钻形，长仅为萼筒的 1/4~1/5；花冠黄色或淡黄色，旗瓣倒卵形，长 12~20mm，顶端微凹，基部具短瓣柄，翼瓣较旗瓣稍短，瓣片长圆形，基部具短耳，瓣柄较瓣片长约 1.5 倍，龙骨瓣与翼瓣近等长，瓣片半卵形，瓣柄较瓣片稍长；子房有柄，被细柔毛。

荚果薄膜质，稍膨胀，半椭圆形，长 20~30mm，宽 8~12mm，顶端具刺尖，两面被白色或黑色细短柔毛，果颈超出萼外；种子 3~8 颗。花期 6~8 月，果期 7~9 月。

2. 物候期

黄芪的物候期分为种子发芽期（移栽出苗期）、现蕾开花期、根茎伸长期、果实成熟期、根茎增粗期 5 个阶段。

三、适宜地域及环境条件

1. 种植气候与土壤

黄芪喜阳光，耐干旱，怕涝，喜凉爽气候，耐寒性强，可耐受 −30℃低温，怕炎热，以土层深厚、排水良好的沙质土壤及石灰质土壤生长较好。黄芪忌重茬，不宜与豆类、马铃薯、菊花、白术等轮作。

2. 种植区域

黄芪南北各地均可栽培，多种植在海拔 800~2600m 的山区或半山区的干旱向阳地块，或向阳林缘树丛间，植被多为针阔混交林或山地杂木林。

3. 种植时间

种子直播在春季4~5月或秋季9~10月播种；移栽在3月中下旬至4月上中旬进行栽植。

4. 种植要点

种子直播：一般采取条播，行距30cm，开浅沟，深约3~4cm，将种子均匀撒播沟内，覆土1.5cm左右，每亩播种量1~1.5kg，播种后注意浇水保湿，约2~3周出苗。出苗后，生有4~6片叶时，间苗，株距约15cm。若采用穴播，每穴可播种5~7粒。

移栽定植：旋耕整地后要让移栽前对所选地块进行深翻30cm以上，土壤塌实2~3天后定植作业，用机械开沟深20cm，沟宽20cm，株距25cm，种苗平行摆放在沟内，覆土5cm左右。小面积种植可用人工，大规模用专用机械定植。

四、大田栽培技术

1. 选地整地

黄芪是深根性植物，平地栽培应选择地势高、排水良好、疏松而肥沃的沙壤土；山区应选择土层深厚、排水好、背风向阳的山坡或荒地种植。地下水位高、土壤湿度大、黏结、低洼易涝的黏土或土质瘠薄的沙砾土，均不宜种植黄芪。选好地后进行深翻整地，一般耕深25~30cm，结合翻地施基肥，每亩施腐熟农家肥2500~3000kg，尿素15~20kg，过磷酸钙25~30kg，或高浓度硫酸钾复合肥（17-17-17）50kg，或施可丰缓释肥（15-15-15）40kg；春季翻地要注意土壤保墒，翻耕后耙细整平，做畦，高15~20cm，排水好的地方可做成宽1.2~1.5m的宽垄。

2. 选用良种

在选育黄芪优良种子时，要在2~3年生的黄芪大田中，选择种性一致、生长势强、无病害、无退化、节间短的单株，做标记，采取去顶疏花、单独管理、单独采收的措施，保存留种。

3. 田间管理

（1）间苗定苗：一般在苗高6~10cm时进行间苗。当苗高10~12cm时，按株距9~10cm定苗，穴栽的按每穴2~3株定苗，亩留苗2~3万株。

（2）松土除草：当苗出齐后可进行第一次松土除草。此时苗小根浅，应以浅锄为主，以后据田间状况锄草2~3次。育苗田除草要求严格，要及早进行人工除草，保持田间无杂草，地表层不板结。

（3）灌排水：黄芪"喜水又怕水"，管理中要注意"灌水又排水"。黄芪有两个需水高峰期，即种子发芽期和开花结荚期。幼苗期灌水要少量多次，小水勤浇；开花结荚期视降水情况适量浇水。黄芪地中湿度过大易诱发（加重）沤根、麻口病、根腐病及地上白粉病等病害，故生长季遇雨应随时进行排水。

（4）越冬：在秋收或越冬前，地上部分干枯后，用打草机及时打碎地上茎秆。

4. 病虫害防治

（1）农业防治：加强栽培管理，及时除去病枝、病芽、病虫叶，集中烧毁或深埋。

（2）物理防治：整地或中耕时，进行人工捕杀地下害虫；用糖醋液或频振式诱虫灯诱杀害虫。

（3）化学防治：对白粉病，用25%粉锈宁可湿性粉剂 4000倍液或70%甲基托布津可湿性粉剂、70%代森锰锌可湿性粉剂500~800倍液或75%百菌清可湿性粉剂500~600倍液喷雾防治。发病初期选用任意一种农药或交替使用，喷雾2~3次，每7~10天喷一次，安全间隔期25天，可起到较好的防治效果；对紫纹羽病，用70%甲基托布津1000倍液、50%苯来特1000~2000倍液或50%多菌灵等药液浇灌，防治上主要是加强栽培管理，进行土壤消毒，亩施石灰100kg以中和土壤酸性，防病效果良好，发现病株立即清除销毁；对锈病，用25%粉锈宁1500倍液、70%代森锰锌500倍液喷雾或97%敌锈钠300~400倍液喷雾防治；对黄芪子蜂，用40%乐果乳油1000倍液，盛花期和花后各喷雾一次；对豆荚螟，用90%敌百虫700~1000倍液，或50%杀螟松乳剂1000倍液盛花期和花后各喷雾一次。

5. 采收

甘肃产区黄芪 2 年生采收，内蒙古产区 3~4 年采挖。目前生产中一般都在 2 年采挖。黄芪应在早春和秋季采挖。采收时可先割除地上部分，然后将根部挖出。黄芪根深，采收时注意不要将根挖断，以免造成减产和商品质量下降。

挖出的根应除去泥土，剪掉芦头，晒至七八成干时剪去侧根及须根，分等级捆成小捆再阴干，黄芪传统上需要揉搓，但现在工价太高，产区很少揉搓，建议揉搓。以根条粗长，表面淡黄色，断面外层白色，中间淡黄色，粉性足、味甜者为佳。干品放通风干燥处贮藏。

五、种子种苗繁育

1. 种子繁育技术

（1）精选种子：宜选择生长 3 年以上的品种纯正、无病虫害、生长健壮的优良单株作母株。在秋天果荚下垂且黄熟、种子变褐时立即采收，随熟随采。果荚采回后脱粒晒干贮存，播种前经水选和风选，选出颗粒饱满、褐色有光泽的种子用于生产。

（2）种子处理：黄芪种子具有硬实性，播前必须进行种子处理，打破种子的不透性，提高播种出苗率。种子处理方法有以下 3 种：

①水温变换浸种：在播种前几天，白天用 40℃温水浸泡，晚上再换冷水，连续处理 3 个昼夜，捞出后装入瓦罐内，上用湿布盖住放在温暖的地方催芽，3~4 天便能发芽，即可播种。也可将种子放在沸水中急速搅拌 1 分钟，立即倒入冷水中，水温冷却至 40℃，再浸泡 2h，将水倒出，加盖湿麻袋闷 12h，待种子膨胀或外皮破裂时播种。

②机械损伤：按 1 份细河沙与 2 份种子均匀混合，放在中等大小的碾子上，铺 3~4cm 厚，碾至种皮起毛刺时为止。碾好后筛取种子，在 20℃温水中浸泡 1 天，堆沤在温暖的地方，5 天左右发芽，即可播种。注意勿使种子碾搓过度。

③硫酸处理：对老熟硬实的种子，可用 70%~80% 的硫酸溶液浸泡 3~5mm，取出后迅速置流水中冲洗半小时，或用清水多次洗净种子上的残余硫酸，稍干即可播

种，发芽率可达 90% 以上。

（3）播种：播种要抢墒播种，墒情不好的要浇好底墒水。

黄芪可在春、夏、秋三季播种。春播在“清明”前后进行，最迟不晚于“谷雨”，夏播 6~7 月进行，秋播一般在“白露”前后进行。各地气候条件不同播种时间有差别，应灵活掌握。如南方气温高，秋播在 9 月播种，冬前出苗；北方气温低，幼苗抵抗力差，易受冻害，秋播宜在冬前播种，翌春出苗。风沙干旱地区，春、秋播难保全苗，且春季出苗时易招致害虫为害，采用夏季 6~7 月播种，则出苗整齐，幼苗生长健壮。

2. 种苗繁育技术

（1）种子处理：精选合格种子，用碾米机在大开孔的条件下快速打一遍，一般以起毛为度；或者将种子与直径为 1~3mm 的粗沙按 1∶1 的体积比混匀，用碾子压至划破种皮为好；或用浓度为 70%~80% 的硫酸浸泡 3~5min，取出迅速在流水中冲洗半个小时后播种；或先将种子放入沸水中急速搅拌 1min，立即加入冷水将温度降至 40℃，再浸泡 2h，然后把水倒出，种子加盖麻袋等物闷 12h，待种子膨胀或外皮破裂时播种。

（2）地块选择：黄芪应选择地势高，土层深厚、疏松、排水良好、中性或碱性沙质土或绵沙土地块，多雨易涝地应做高畦。避免与豆科作物轮作，忌连茬重作。育苗前必须细致整地，秋翻地在 8~10 月进行，深度 25~30cm，随翻、随耙，清除残根、石块，耙平耙细，整地时亩施入腐熟农家肥 2500~3000kg，尿素 15~20kg，过磷酸钙 25~30kg。

（3）播种：育苗最适宜时间为 3 月下旬至 4 月中旬，保护地在 10cm 土层地温稳定通过 10~12℃时播种，播种育苗在整好的地里按间距 25cm 划行，播种后覆土 2cm，亩播量为 10kg。

（4）苗前期管理：保持地面湿润，利于幼苗出土，下层湿润，利于根向下伸长。刚发芽时可洒水，如遇板结要及时去除。

（5）苗期管理：幼苗长到约 4cm 高时，浅锄 1 次，并间去过密的弱苗。当苗高 6~7cm 时，按株距 3~5cm 定苗，一般亩留苗 150 000~200 000 株。并对缺苗的地方进行补苗，补苗时一定要带土移栽，可把过密的苗移来补苗，栽后浇水。补栽时间要避开中午，宜在下午 3 时后进行。定苗后有草就除，雨季注意防涝，地内不可积水。间苗后应追肥，一般田块每亩追施硫铵 15~17kg 或尿素 10~12kg、硫酸钾 7~8kg、过磷酸钙 10kg。

（6）苗后期管理：越冬期防冻，起苗前要失熵或黄熵。冬前地上部枯萎后，要及时清除枯枝落叶，并集中烧毁或堆沤，消灭越冬病虫源，减少翌年病虫害的发生，施肥培土。

（7）起苗及分级：幼苗在田间过冬，来年春季土壤解冻后，移栽前起苗，注意避免伤根，以免发杈。起苗方法是先用三齿铁杈将苗掘起，一般掘 20cm 深，然后轻轻翻下，拣出苗子，抖掉泥土。将挖起的苗子按 20% 带土量，按苗子的大小、长短和粗细扎成 400~500g 小把，装入麻袋或塑料编织袋，运到移栽地分级移栽或分级出售。

（8）苗架期管理：覆盖田园土，防止水分散失，不能堆放以防发烧腐烂，尽量随取随用。

（9）病虫害防治：目前虫害主要以菜青虫、蚜虫为主，个别还有叶甲类害虫，病害主要有白粉病和叶枯病。对虫害推荐使用的农药有生物农药苦参碱或高效氯氰菊酯；对于病害，一方面注意排水排涝、中耕散墒，降低田间湿度；另一方面建议使用代森锰锌、百菌清或甲基托布津等农药进行防治。

第二节 黄 芩

一、植物简介

中文名：黄芩。

学名：*Scutellaria baicalensis* Georgi。

别名：山茶根、土金茶根。

科属：唇形科黄芩属。

生长型：多年生草本植物。

入药部位：主要的入药部位是其植株的根茎部。

花期：7~8 月。

果期：8~9 月。

生境和分布：黄芪喜温暖，耐严寒，成年植株地下部分在 −35℃低温下仍能安全越冬，35℃高温不致枯死，但不能经受 40℃以上连续高温天气。耐旱怕涝，地内积水或雨水过多会导致生长不良，重者烂根死亡。排水不良的土地不宜种植。土壤宜沙质土壤，酸碱度以中性和微碱性为好，忌连作。野生黄芩主要分布于内蒙古中东部和东北三省大部，河北承德，内蒙古赤峰等几个最具规模的主产区是中国北方野生中药材的主要产地之一。栽培黄芩主要分布在山东、山西、陕西、甘肃四大产区。

繁殖方式：黄芩主要用种子繁殖，也可扦插或分根繁殖。

二、生物学特性

1. 形态特征

多年生或一年生草本，半灌木，稀至灌木，匍地上升或披散至直立，无香味。肉质根茎肥厚，叶坚纸质，披针形至线状披针形，总状花序在茎及枝上顶生，花冠紫、紫红至蓝色，花丝扁平，花柱细长，花盘环状，子房褐色，小坚果卵球形。

2. 物候期

黄芩为直根系，黄芩一年生植株普遍出苗后 2 个月开端现蕾，现蕾后 10 天左右开始着花，40 天左右果实开始成熟，若条件适合黄芩开花结实可继续到霜枯期。

三、适宜地域及环境条件

1. 种植条件及区域

种植条件：黄芩适宜生长在凉爽的环境下，在种植过程中其温度要控制在 15℃左右。要保证有一定的光照，其土壤排灌能力要强。虽然黄芩对土壤的适应能力较强，但是为了保证黄芩的产量及其品质，在选择土壤的时候要以土层深厚、肥力充足、无病虫害等为宜。选好地后，要对土壤进行整地工作，将其精整细耙，再施入充足的腐熟农家肥作为底肥。适宜的土壤环境能够增强黄芩的生长能力，提高黄芩的产量。

适宜地域：黄芩生于向阳草坡地、休荒地上，海拔 1700~2000m。野生于山顶、山坡、林缘、路旁等向阳较干燥的地方。

2. 种植时间

种植黄芩可以分为春种和秋种。春种时间一般在 3 月下旬至 4 月中旬，秋种时间一般在 8 月下旬至 9 月中旬，但具体的种植时间，还得参考产地环境、种植条件等因素才行。

3. 种植要点

一是中耕除草：黄芩幼苗生长缓慢，出苗后至田间封垄，要中耕除草 3~4 次。

第一次在齐苗后，宜浅耕，第二次于定苗后，以后视杂草生长等情况再中耕除草1~2次。第二、第三年，每年春季返青前要清洁田园，搂地松土，返青后至封垄前，仍要中耕除草2次左右，以免影响黄芩生长。

二是浇水：黄芩耐旱，且轻微干旱有利于根下伸，但干旱严重时，需浇水或喷水，但要忌高温期灌水。雨后也应及时排除积水，以免影响到根系呼吸。

三是追肥：6~7月为幼苗生长发育的旺盛时期，根据苗情酌施追肥，通常每亩施过磷酸钙20kg，硫酸铵10kg，也可追施腐熟稀释的人粪尿300~400kg，追肥可结合培土同时进行。

四是修剪花枝：黄芩种植时非留种田于现蕾后、开花前应及时将花枝剪除，以减少养分消耗，促进根系生长，从而提高黄芩产量。

五是收获加工：生长1年或2年后，在秋末或春初挖出，晒干即为药材。

四、大田栽培技术

1. 选地整地

选择排水良好，土层深厚、肥沃的沙壤土为宜。前茬选择玉米、小麦、油菜等作物茬口。黄芩栽培以排水良好，阳光充足，土层深厚、肥沃的沙质土壤为宜，亩施腐熟农家肥3000~3500kg，尿素15~20kg，过磷酸钙25~30kg，磷酸二铵15~20kg作基肥，或高浓度硫酸钾复合肥（17-17-17）50kg，或施可丰缓释肥（15-15-15）40kg；深翻25~30cm耙细整平。

2. 选用良种

选择籽粒成熟饱满无虫害的种子。播种前，可以用80%的浓硫酸进行拌种，比例为1kg种子加30ml 80%浓硫酸，然后反复搅拌，再放到20℃下闷种7h，再用清水多次冲洗后晾干备用。甘草在春、夏、秋三个季节都可以播种，其中最好的播种季节是5月，此时气温高，出苗快，入冬前又有较长的生长期。

3. 田间管理

（1）间苗定苗：在苗高5~7cm时，分2次间掉过密和瘦弱的小苗，按株距12~15cm定苗，并对缺苗的地方补苗。补苗时一定要带土移栽，可把过密的苗移来补栽，亩留苗 2~3 万株。

（2）中耕除草：一般除草 3 次，在春季苗高 7~10cm 时第 1 次拔草；6 月第 2 次除草并松土；8 月第 3 次中耕除草，冬季茎叶枯萎后，春季发新苗前，用齿耙清除枯茎杂草，中耕松土一次。

（3）追肥：追肥第一年于定苗之后，以后各年于春季返青后封垄前每亩每次施尿素、磷酸二铵和硫酸钾各 5~8kg，三肥混合后，开沟条施，施后覆土盖肥。

4. 病虫害防治

黄芩主要病害是叶枯病、根腐病、白粉病。

叶枯病多发生在 9~10 月，危害叶片，发病初期，先从叶尖或叶缘出现不规则的黑褐病斑，后自下而上蔓延，严重时使叶片枯死。冬季清理病残枝叶，消灭越冬病源；发病初期用 50% 多菌灵可湿性粉剂 1000 倍液喷雾防治隔 7~10 天喷 1 次，连喷 2~3 次。

根腐病多发生在 8~9 月，发病初期黄芩的个别侧根和须根变褐、腐烂，后蔓延至主根，以至全株枯死。用 50% 托布津可湿性粉剂 1000 倍液喷雾或用 50% 托布津 1000 倍液浇灌病株进行防治；雨季及时排水，降低田间湿度。

白粉病主要侵染植株的叶片，叶的背面会出现白斑，像撒上一层白粉一样，病斑汇合布满整个叶片，最后病斑散生黑色小粒点。田间湿度大时易发病。加强田间管理，注意田间通风透光，防止脱肥早衰等可以预防白粉病。已发病植株则用 50% 代森铵 1000 倍液喷施或 0.1%~0.2% 可湿性硫黄粉喷施。

5. 采收

黄芩生长到 2~3 年便可采挖，3 年生的鲜根和干根产量均比 2 年生增加一倍左右，商品根产量高出 2~3 倍。一般于秋末茎叶枯萎后或开春解冻后、萌芽前采挖，因根长得深，要深挖，防止断根。黄芩采收后，去掉残茎，抖去泥土，忌冷水洗，晒至半干，撞去外皮，再迅速晒干或烘干。也可切片后再晒干，但不可用水洗，也不可趁鲜切片，否则在破皮处会变绿色。在晾晒过程中，避免曝晒过度而发红，同时防止水湿雨淋。黄芩遇水会变绿，最后发黑影响质量。

五、种子种苗繁育

1. 种子繁育技术

选择生长健壮、无病虫害的植株作为种株。黄芩花期长达 2~3 个月，种子成熟期很不一致，生产上待秋后霜杀后可连果枝割下，晒干收获种子，去净杂质备用。种子的质量要求是籽粒饱满，大小均匀，色泽光亮，具原种优良特征，无病虫害，发芽率高，发芽势强。这样的种子播种后生长整齐，便于管理，并可减少田间杂草和病虫危害。

2. 种苗繁育技术

（1）种子处理：黄芩种子用 40~45℃温水浸泡 5~6h 或室温下自来水浸泡 12~24h，捞出稍晾，置于 20℃左右温度下保湿催芽，待部分种子裂口出芽时即可播种。

（2）播种时间：黄芩一般春播在 3~4 月，秋播 9~10 月，在土壤水分有保障的情况下以 4 月中旬前后地下 5cm 地温稳定在 15℃时为宜，播种方法为散播、点播、条播三种，宜浅不宜深。

（3）播种育苗：黄芩播种每亩用种 0.5~1kg，种子播种后要覆盖细湿土 2~2.5cm，同时还要适时镇压和覆盖地面，保持土壤湿润至出苗。

（4）育苗移栽

苗床选择：黄芩在山坡旱地直播难以保苗的可采用育苗移栽方法，育苗应选择温暖、阳光充足的地方做苗床，阳畦或温床均可，宽 130~135cm。

播种方法：黄芩育苗地亩施腐熟厩肥或堆肥 5000kg，深刨细搂，整平畦面，浇足底水，4 月上中旬将已催芽种子拌湿沙均匀撒于畦面，上盖 0.5~1cm 过筛粪土并覆塑料薄膜增温保湿。

（5）苗期管理：黄芩齐苗后要适当通风，苗高 3cm 时去掉薄膜，及时拔草和间苗。苗高 5~7cm 时按 40~45cm 的行距和每米 25~30 株的密度定植于大田，定植后及时浇水。

第三节 甘 草

一、植物简介

中文名：甘草。

学名：*Glycyrrhiza uralensis* Fisch.。

别名：甜草根、红甘草、粉甘草、乌拉尔甘草、甜根子、甜草、国老、甘草苗头、甜草苗。

科属：豆科蝶形花亚科甘草属。

生长型：多年生草本植物。

入药部位：甘草入药的部位一般是干燥的根和根茎部位。

花期：6~8 月。

果期：7~10 月。

生境和分布：甘草喜光，对温度的适应性强；抗旱、怕积水，适宜生长在土层深厚、排水良好、地下水位较低的沙质土壤，在干旱的荒漠地区也能形成单独的种群。分布于东北、华北，以及陕西、甘肃、青海、新疆、山东等地区，以内蒙古鄂尔多斯所产品质最优。

繁殖方式：甘草以种子繁殖为主，也可根茎繁殖。

二、生物学特性

1. 形态特征

根与根状茎粗壮，外皮褐色，里面淡黄色，具甜味；茎直立，多分枝，密被鳞片状腺点、刺毛状腺体及白色或褐色的绒毛；叶长5~20cm，托叶三角状披针形，两面密被白色短柔毛；叶柄密被褐色腺点和短柔毛，小叶呈卵形、长卵形或近圆形，上面暗绿色，下面绿色，两面均密被黄褐色腺点及短柔毛，顶端钝，具短尖，基部圆，边缘全缘或微呈波状。

2. 物候期

甘草的生长周期比较长，为多年生的草本植物，但其地上部分生长周期为一年，秋末死亡，根及根茎在土壤中越冬，翌年5月上旬破土返青，6月上旬为始花期，7月上旬进入盛花期与结实始期，8月中旬进入果实成熟期，10月上旬进入枯黄末期。

三、适宜地域及环境条件

1. 种植条件及区域

（1）种植条件：甘草对土壤适应性强，适合在栗钙土、灰钙土、石灰性草甸黑土、盐渍土上种植，土壤pH在7.2~9均可，以8左右较为适宜。甘草是深根性植物，一般在土层深厚、排水良好、地下水位较低的地块生长较好。土壤土层薄、土质黏重、碱性强、地下水位高的地块不宜种植甘草。播前亩施优质农家肥4000kg、磷二铵35kg作基肥，可条播或穴播，播种行距30~40cm、株距15cm、播深2.5~3cm，每穴3~5粒，播后覆土并适当浇水。后期加强肥水管理、中耕除草工作，适时收获。

（2）适宜地域：甘草分布于中国东北、华北及陕西、甘肃、青海、新疆、山东等地区。常生长于碱化沙地、向阳干燥的沙质地、沙漠边缘和黄土丘陵地带。甘草喜光照充足、降雨量较少、夏季酷热、冬季严寒、昼夜温差大的环境，具有喜光、耐旱、耐热、耐盐碱和耐寒的特性。

2. 种植时间

甘草在春、夏、秋三个季节均可播种，其中以4~5月播种为最好，此时气温较高，出苗快，冬前又有较长的生长期。如果6月以后播种的话，甘草当年营养物质积累少，小苗越冬能力差。

3. 种植要点

一是选地做畦：选择一块好地是种植甘草的必要准备工作，建议选择排水和浇水都比较方便的地方，切勿种在低洼处，土壤以沙土为宜。在选好地之后，还要注意翻土，并且需要施加一些基肥，并做成一米宽的畦面，然后即可在上面进行播种。

二是催芽和播种：在种植甘草的过程中，需要保持20℃左右的温度，保障甘草适宜的生长温度环境，同时还需要用白布包裹种子，并浸泡在温水中进行催芽，一般一个晚上即可出芽。出芽后即可播种，建议采用坑播的方式，坑距保持10cm左右，在播种后还要注意浇透水。

三是做好苗间工作：待到甘草幼苗长到10cm左右时，可以将甘草长势不好的幼苗、弱苗拔出，给予健壮的甘草小苗以足够的生长空间。在进行苗间管理时，最重要的就是要注意及时地除草，然后就是要避免土壤板结，在平时可以适当浇水，保持土壤的疏松等。

四是肥水管理：肥水管理是保障甘草幼苗成株的最主要措施，大概在播种后的一个月左右，需要在垄沟施加一定的磷肥，然后覆土5cm左右，等到一周之后再进行浇水，同时注意预防积水，这样可以大大避免甘草出现烂根的现象。若是夏季高温时节，可以在傍晚时分进行浇水，这样能够保证植株的生长。注意即便是干旱的时候，也不需要过多地浇水，保持土壤湿润即可。

四、大田栽培技术

1. 选地整地

甘草种植应选择地势平坦、向阳，土壤疏松，地下水位低的沙质土壤。种植前，每亩撒施15kg磷酸二铵作基肥，也可每亩施1000kg农家肥，然后深翻搂地并耙平。如果采用垄播栽培的，整地时要起垄，垄高 30cm，垄距 60cm。平播则不需要。

2. 选用良种

甘草选好种后用 40~45℃温水浸泡 5~6h 或室温下自来水浸泡 12~24h，捞出稍晾，置于 20℃左右温度下保湿催芽，待部分种子裂口出芽时即可播种。

3. 田间管理

（1）间苗定苗：甘草出苗后要按苗情进行间苗，也可结合中耕除草去掉密生苗。对直播地间苗一般在甘草 4~6 片真叶时进行，每亩地留苗 2.2 万 ~3.5 万株为宜。育苗地一般不进行间苗，每亩 8 万 ~10 万株，密度大有利于形成独根苗。

（2）中耕除草：为促进甘草根往下扎，应对甘草田进行中耕，疏松土壤表层，中耕时要及时去除杂草。甘草一般一年除草 3~4 次。第一次除草在甘草幼苗长出 2 片真叶时，拔掉田间的早春杂草。第二次在甘草幼苗长出 4~6 片真叶时，结合间苗拔掉田间杂草。第三次在甘草幼苗长出 7~10 片真叶时，结合中耕除草间苗 1~2 次。

（3）水肥管理：甘草出苗前土壤要保持湿润，有利于出苗和幼苗生长，甘草栽种关键是要保苗，一般植株长成后不再浇水。播种当年可以追施磷肥，在冬季封冻前每亩可追施有机肥 2000~2500kg。因甘草根有固氮作用，一般不施氮肥。

（4）病虫害：甘草生长期主要病害有锈病、白粉病等。锈病发病初期用 97% 敌锈钠可湿性粉剂 400 倍液喷雾。白粉病可喷施 0.2~0.3 波美度石硫合剂防治。褐斑病发病初期喷洒 1∶1∶(100~160）倍波尔多液，或 70% 甲基硫菌灵可湿性粉剂 1500 倍液。甘草主要虫害有蚜虫和叶甲。在甘草苗小时，发现有少量蚜虫和叶甲时，利用瓢虫和草蛉等天敌加以控制。防蚜虫可用 40% 乐果乳油 1500 倍液，均匀喷雾，防叶甲可用 2.5% 溴氰菊酯乳油 2000~4000 倍液，均匀喷雾，共喷 1~3 次。

4. 采收

采收方法同样要根据种植方法来合理确定，如果是直播与育苗移栽，一般以人工、机械为主。人工采收时，先在植株两行旁将表土挖开 25cm 左右，露出甘草植株根头后再抓住将其拔出。然后再将第二行挖出的土放在首行上，以此类推，能够明显提高产量，并且保护土壤质量。如果是利用机械采收的话，首先要将犁深切

35cm左右，将植株侧根切断。再将根搂出，在采收后理顺甘草根茎部，将其捆起来，及时加工。

五、种子种苗繁育

1. 种子繁育技术

（1）种子采集：晚秋采集成熟的甘草荚果，晒干后通过碾压或敲打取出种子，晒干、净种、装袋储藏。

（2）种子处理：甘草种子种皮角质化，不易吸水，未经处理的种子发芽率很低。甘草种子的处理方法主要有两种：一是硫酸破种法：用80%的工业硫酸拌种，种子与硫酸的比例为10∶1，以种子表面浸满硫酸液为度，然后堆积升温烧种皮，每隔15min翻动一次，待种皮颜色变为深褐色时开始洗种，即用清水将种子表面的硫酸冲洗干净，然后晒干种子，储藏待用。二是机械破皮法：用碾米机碾破种皮即可。这种方法操作简单，但种子破损率较高，发芽率下降。

（3）播种：甘草对土地要求不严，一般农作物能够生长的地块均可，以沙质壤土为宜，干旱地播种要浇底水，或雨后趁墒播种。大面积栽培用机播，用精播机播种，播深2~2.5cm，注意“平、浅、滤”，下种量每亩5~8kg，小面积用人工播种。

（4）播种方式：既可单种，也可与小麦等夏收作物套种。从春到夏均可种植，春季同小麦一起播种，夏季可在小麦收获后复种。下种量每亩2~3kg为宜。单种以浅沟条播为主，即在平整好的土地上开3~4cm深的浅沟，行距30cm，先种一行掌握下种量，调整准确后再下种，种子表面覆土与种沟相平即可，种后墒情不足的应及时灌水。

2. 种苗繁育技术

（1）选地：甘草种子萌发的基本条件为温度10~25℃、土壤含水量7.8%以上、土壤中性略偏碱性、耐盐的浓度约0.05%。因此，应选择通透性良好、宿根性杂草少、土壤肥沃、保水能力强的沙壤土、河淤土，前茬最好是玉米、小麦、大豆类作物的熟地，但前茬不能喷对下茬有影响的除草剂，例如阿特拉津、广灭灵等。

（2）整地：选好地后，深翻30cm以上，结合打垄施入底肥，施有机农家肥，垄距60cm，要求垄要直、垄上呈龟背形、土壤疏松。

（3）播种：播种形式采用条播，在垄上开宽15~20cm、深2~3cm的小沟，播后覆土2cm，踩实或镇压，15天左右甘草幼苗陆续出土。

（4）苗期管理：甘草幼苗出土后长出第1片真叶时，用药保苗。可用甲基托布津粉剂、尿素和缓释复合肥料，兑水，混合均匀后喷洒叶片。若基本苗不足，应及时补种，保证田间全苗。在苗高4~5cm、苗高8~10cm、幼苗分枝期分别浇第一、二、三次水，同时结合灌水追施尿素，注意浇水需与降雨相结合，严格控制浇水次数，如遇田间积水应及时排除，防止甘草苗因土壤含水量过高诱发病害。

第四节　柴　胡

一、植物简介

中文名：北柴胡。

学名：*Bupleurum chinense* DC.。

别名：地熏、山菜、菇草、柴草、南胡、软柴胡、香柴胡。

科属：伞形科柴胡属。

生长型：多年生草本植物。

入药部位：干燥根。

花期：6~7 月。

果期：7~8 月。

生境和分布：柴胡喜温暖、湿润气候条件，适应性强，具有耐寒、耐旱、怕涝的特性。分布于中国东北、华北、西北、华东等地。

繁殖方式：用种子繁殖，直播或育苗移栽法，大面积生产多采用直播。

二、生物学特性

1. 形态特征

茎：茎直立或倾斜，枝条互生或上部叉状分枝，光滑、绿色。

叶：单叶全缘，基生叶有叶柄，茎生叶无柄，叶脉平行或弧形。

花：花序是松散的复伞形花序，顶生或腋生，总苞片1~5个，叶状，不一样大，小苞片3~10个，条状披针形、倒卵形或圆形；花两性，萼齿不明显，花瓣5个，通常黄色，雄蕊5个，花药黄色。

果：椭圆形或卵状长圆形，两侧稍扁平，表面有棱。

2. 物候期

花期：一般在7~9月，8月上旬至9月下旬多开花，会开出黄色的花朵。

果期：8~10月为果期，8月中旬结果，10月上旬果实成熟，10月下旬为终花期。后期花不能结果。

生长周期：柴胡在春季4月中下旬至7月上旬开始生长，播种后生长2年，春季新芽生长前收获。

三、适宜地域及环境条件

1. 种植条件及区域

（1）土壤：柴胡多野生阳坡和半阳坡，喜欢生长在草原、林中隙地、草丛及沟旁等地，对土壤的要求不十分严格。因此在壤土、沙质壤土或腐殖土的土壤地块均适宜柴胡生长。盐碱地土壤、黏重土壤、低洼易涝和水田块及“三跑田”（跑土、跑水、跑肥）沙土地，均不适宜栽培柴胡。

（2）水分：柴胡属耐旱性较强的植物，种子发芽时需要有充足的水分，在全生活期中，不遇严重干旱，一般不需用浇水。只有在需水分和养分高峰期，在追肥后浇适量水分，以保证生长需要。生长期怕洪涝积水，因此遇涝要及时排除。

（3）养分：柴胡为直根系植物，有庞大的根系分布在耕层40cm内，吸收养分和水分能力极强。生长发育过程中需要有充足的养分，养分不足将直接影响到柴胡的产量和质量。

（4）温度：柴胡属喜温植物。据试验种子发芽需要最适温度20~25℃，植株生长需要经过一个寒冷的冬季度过春化阶段才能开花结实。植株开花后对温度反应敏感，气温高于28℃或低于20℃，都将对柴胡开花、授粉、结实产生不良影响。

（5）光照：柴胡属喜光植物，生长发育期间，需要有较足够的光照时间和较强的光照条件，才能完成各生长发育过程。光照不足，将会使柴胡生育期延长。

（6）适宜地域：柴胡多生长于干燥的荒山坡、柞树岗、林缘、灌丛、林间空隙、草原草甸等地，土壤多为棕色森林土、富含腐殖质的黑土或草原沙质土。分布于东北、华北、华东、中南、西南及西北的陕西、甘肃等地。狭叶柴胡主要生于干燥的草甸草原、山地灌丛和沙地，此外在松林及采伐迹地亦有分布。

2. 种植时间

柴胡春播纯种或秋播套种皆可，南方地区柴胡春季种植最佳时间在 4 月，北方地区柴胡春季种植最佳时间在 5 月。

3. 种植要点

春播亩播量在 1~1.5kg，亩保苗 6~8 万株。由于柴胡种子细小，播种时拌入 2~3 倍量细湿沙（握之成团、松之散开），可使种子撒得均匀，也不至于密度太大。覆土的厚度 1.5~2cm，稍加镇压。

实践证明，秋播好于春播。在大多数情况下，柴胡采用套种方式，一般情况下比较成熟的套种作物选择有红小豆、糜子以及早熟的豆类作物，在套种作物除草行间开沟深度 2.5~3cm 播下柴胡种子，种子用量较春播超出 1/3，亩用量为 1.25~1.75kg，亩保苗 8~9 万株。套种作物只能高茬收割，不能连根拔起，避免伤及柴胡出苗情况，在第二年返青后若过于拥挤，要及时间苗。

播种后到出苗期间要保持土壤湿润，防止因干旱造成根芽干瘪现象的发生，用符合农田灌溉用水的标准灌溉，时间应选择气温较低的清晨进行，小苗出齐后，可用遮阳网或遮阴秸秆等覆盖柴胡幼苗上，利于柴胡幼苗生长，当柴胡幼苗长到 5~6cm 的时候注意分批去除遮阴秸秆或悬空遮挡遮阳网。

（1）种子育种：柴胡播种前最好先用 60℃的温水浸泡，一般在种植前要把种子完全浸泡在水中，一个小时翻动一次，翻动 3 次左右，注意浸泡时间不要超过 5h，最后把种子捞出来，然后埋入土里催芽，等柴胡出苗到 5cm 的时候再移栽到土里。

（2）深翻土壤：土壤深翻整土工作需要在播种前需要提前半个月进行，随后放适量的农家肥堆肥，再进行地块深翻。

（3）合理施肥：柴胡种植幼苗的时候不需要施肥，只需在移植时放置少量肥料就好了。一般追肥3次左右，视具体情况而定，分别在出花蕾、开花、收获前一个月前进行施肥。

（4）日常管理：有病害的植株要及时移除，防止腐烂植根，及时清理杂草和松土，防止植株交互长在一起，要及时分开，土壤有积水要立刻排除。

四、大田栽培技术

1. 选地整地

柴胡适宜山区粗放耕作，但川台、塬地土壤更为丰富，管理方便，有利于高质量的柴胡生产。在没有任何污染源的基础上，最好选择土质疏松肥沃的沙壤土或腐殖质丰富的土壤为种植地，避免所选地块上茬作物为同科属作物，要求地势较平或坡度小于20° 以下的地块，确定种植地后，将其翻耕，深度25~30cm，清除石块等杂物，亩施2000kg左右充分腐熟农家肥作基肥，均匀撒入，拌匀，耙平耙细。

2. 选用良种

选择籽粒成熟饱满无虫害的种子。春播时将种子用常温（30℃温水）水浸泡24h，中间更换一次水，用水浸种还可以除去漂浮的秕粒、小果柄等杂质，同时也提高了种子的纯净度。若用0.1%的高锰酸钾溶液浸种还可以起到杀菌的作用。湿沙层积法也能够提高种子发芽率。

3. 田间管理

（1）除草：柴胡幼苗生长缓慢，此时各种杂草生长较快，应及时松土除草。作业道上的杂草可使用除草剂除去，喷药时选择无风或风力很小的天气，喷头尽可能放低，以免触及小苗。

（2）间苗补苗：当株高5~6cm时间苗，每穴留1株，株距3~4cm，断苗处要补栽。

（3）追肥：5月下旬，施少量氮肥，以促进生长发育需要，施肥为根部追肥或者叶面喷肥，根部亩追氮肥10~15kg，喷肥浓度以肥量计算，控制在0.3%~0.5%。8月上、下旬再进行两次叶面喷肥，以磷、钾肥为主，如磷酸二氢钾，浓度

0.3%~0.5%，因为磷肥有助于营养物质的积累，钾肥能增加植株的抗性，或者使用1%~2%的磷、钾肥的水溶液进行根部浇灌，低浓度的叶面喷肥既利于植物的吸收利用，又不易造成土壤碱化。

（4）除秧：当年抽茎的植株在孕蕾期将其割去，以促进根的生长发育。一般割2~3次。

7、8月是植株生长旺盛期，对根部进行少量的培土。此时又是多雨季节，应当注意排水，防止烂根，雨天过后要及时松土，增加土壤的透气性，以减少病害的发生率。平时多查看，发现病情及时对症下药，防止蔓延，对虫害也是一样。

2. 病虫害防治

（1）农业防治：加强栽培管理，及时除去病枝、病芽、病虫叶、病虫梢，集中烧毁或深埋。

（2）物理防治：整地或中耕时，进行人工捕杀地下害虫或用糖醋液或频振式诱虫灯诱杀害虫。

（3）化学防治：对柴胡斑枯病，发病前用1∶1∶160波尔多液，发病后用40%代森锌1000倍或50%多菌灵600倍液进行防治，喷洒2~3次，每次间隔7~10天；对锈病，发病时用25%的粉锈宁800倍液防治；对蚜虫，可于萌芽期喷5%柴油乳剂，5~6月用10%吡虫啉可湿性粉剂5000倍液或1.8%阿维护菌素乳油6000倍液喷洒。

3. 采收

播种后第二年10~11月地上部枯萎后收获。也可以在第一年或第三年收获。第一年收获产量较低，但质量好。一年生每亩收干货150~200kg，二年生收干货200~300kg。采挖前用打草机将地上部分的茎叶割除，机械采收挖起全株，抖净泥土，剪除毛须、侧根及残茎、芦头，留茬1cm以内，趁湿理顺，按等级规格捆把。用全草可在播种当年秋季、第二年收根时，或7~8月时，割地上部茎叶，晒干即成。

五、种子种苗繁育

1. 种子繁育技术

单独留种首先是要稀植，第一年要加强水肥管理，培育壮苗，以后每年花期要注意水肥的管理，适当增施磷、钾肥，并随时清除病残株。适当留花，尤其是未花期的花，使根部提供的营养物质供给留种部分发育期使用，这样可使籽粒饱满，成熟期也较为一致，从而使获得较大的千粒重和发芽率。

在单独留种的基础上，选择生命周期旺盛阶段的植株留种，柴胡生命周期 6~8 年，2~4 年生的植株处于生命周期的旺盛期，所结种子粒大、饱满、生命力强，是留种最佳选择。株龄越大，尽管成熟度都较好，但所结种子的抗性相对减弱，发芽率相对低一些，因此尽可能不留作种源。

以上两者相辅相成，密不可分。此外还可以采取杂交育种、定期更换异地种子等方法进行留种。当有 85% 的种子由青色转入黄褐色或者褐色时进行收割，人工或机械脱粒，除净各种杂质，稍加晾晒，置于阴凉通风处，待用。

2. 种苗繁育技术

柴胡用种子繁殖，直播或育苗移栽均可，大面积种植多采用直播。

种子处理选用 2 年生、无病虫害、生长健壮植株所结的种子，播前用 30~40℃温水浸泡 24h，然后去除浮在水面的秕粒，将沉底的饱满种子捞出，晾干后播种。

直播在 4 月上旬播种，条播或穴播。条播按 20cm 行距开沟，穴播按穴距 20~15cm 开穴，播沟（或穴）深 1~1.2cm，将种子均匀撒入沟（或穴）内，覆土 0.6~0.9cm，浇透水，覆草保温保湿。播种量 23kg/hm^2 左右。出苗后，揭草、间苗、补苗、除草，苗高 10cm 时，按株距 15cm 定苗。

育苗移栽选向阳地块做苗床，3 月播种，条播或撒播。条播行距 9cm，划小浅沟，将种子均匀撒入沟内，覆土，稍镇压后，用喷壶洒水，加盖塑料薄膜或草帘保温保湿。或先在苗床上灌水，待水渗下后再行播种。苗高 4~6cm 时，即可按行株距 20cm × 15cm 带土移栽到大田。

第五节　板蓝根

一、植物简介

中文名：板蓝根。

学名：*Isatis tinctoria* Linnaus。

别名：青根、蓝靛根、靛根、大蓝根、大青根、马蓝根、菘蓝根、大叶冬蓝根、青蓝根、山蓝根、草大青根、蓝龙根、土龙根、蓝根、大青叶根。

科属：十字花科菘蓝属。

生长型：两年生草本植物。

入药部分：板蓝根以根、叶入药。

花期：4~5 月。

果期：5~6 月。

生境和分布：生于山地林缘较潮湿的地方。野生或栽培。分布于长江流域，主要分布在江苏、浙江、福建、台湾、广东、广西、贵州、云南、甘肃、四川、湖南、湖北等地。江苏、甘肃等地有栽培。

繁殖方式：板蓝根是以种子进行繁殖，可采用直播。

二、生物学特征

1. 形态特征

株高 40~120cm，主根呈长圆柱形，肉质肥厚，灰黄色，直径 1~2.5cm，支根少，外皮浅黄棕色。基生叶莲座状，叶片长圆形至宽倒披针形，长 5~15cm，宽 1.5~4cm，先端钝尖，边缘全缘，或稍具浅波齿，有圆形叶耳或不明显；茎顶部叶宽条形，全缘，无柄。总状花序顶生或腋生，在枝顶组成圆锥状；萼片 4，宽卵形或宽披针形，长 2~3mm；花瓣 4，黄色，宽楔形，长 3~4mm，先端近平截，边缘全缘，基部具不明显短爪；雄蕊 6，4 长 2 短；雌蕊 1，子房近圆柱形，花柱界限不明显，柱头平截。短角果近长圆形，扁平，无毛，边缘具膜质翅，尤以两端的翅较宽，果瓣具中脉。种子 1 颗，长圆形，淡褐色。

2. 物候期

板蓝根是两年生草本植物，在北方适合于 4 月至 5 月上旬播种，花期在每年的 5 月，其花朵为黄色，花瓣呈现倒卵形，果期在每年的 6 月；生长周期在 5~7 个月之间，种植当年就可采收，春播夏季采收，秋播第二年采收。

三、适宜地域及环境条件

1. 种植气候与土壤

板蓝根主根粗壮，入土较深，适应性好，耐旱、耐寒、耐瘠但不耐涝，对气候、土壤和栽培条件要求不严。适宜于甘肃海拔 2200~2400m、年降水量在 250~450mm 有补灌条件的半干旱农业区种植，尤以土层深厚、土质疏松肥沃的壤土和沙土种植为佳，忌低洼地，易乱根，故雨季注意排水。板蓝根适应性很强，一般土壤都能种植。喜阳光，可以连作。

2. 种植时间

板蓝根在北方适宜春播且应适时迟播，如果播种时间过早，抽薹开花早，不仅造成减产而且板蓝根的品质也会下降，最适宜的时间是 4 月下旬至 5 月上旬。

3. 种植要点

（1）土壤选择：板蓝根是深根植物，适宜温暖湿润的气候，抗旱耐寒，怕涝，水浸后容易烂根，一般的土壤都可以种植，但是最好选择土壤疏松、排水良好的地块种植。

（2）播种时间：板蓝根在北方适宜春播且应适时迟播，如果播种时间过早，抽薹开花早，不仅造成减产而且板蓝根的品质也会下降，最适宜的时间是 4 月下旬至 5 月上旬。

（3）播种方法：板蓝根播前种子用 40~50℃温水浸泡 4h 后捞出用草木灰拌匀，在畦面上开沟后将种子均匀地撒在沟中，然后耙平磨细，种子入土 1~2cm，使种子和土壤充分结合；若温度适宜 7~10 天即可出苗。

四、大田栽培技术

1. 选地整地

（1）选地：板蓝根这种中药材适应性非常强，具有耐高温、耐严寒的特性，对自然环境和土壤环境要求都不高，但是在种植板蓝根的时候还是要选择肥沃，疏松、透气、排水良好的沙质土壤为宜，地势要平坦或者微高，避免选择低洼地块进行种植。

（2）整地施肥：土壤解冻后结合深翻整地合理施肥，施农家肥 45 000kg/hm^2 以上、磷酸二铵约 300kg/hm^2、生物钾肥约 60kg/hm^2，均匀地撒到地内并深翻 30cm 以上。

2. 选用良种

大田种植板蓝根一般都采用种子直播，以籽粒饱满，无虫蛀、无霉变、紫红色的上一年新采收的种子为佳。播种前必须经过过筛精选，拣去其中的秕粒、杂草、土块，晾晒 1~2 天。

3. 田间管理

（1）间苗：苗高 7~8cm 时间苗，去弱留壮，缺苗补齐。对长势较弱的可在 7~8 月雨下透时追施尿素 225kg/hm^2、普通过磷酸钙 300kg/hm^2 或适量草木灰。

（2）定苗：4~5 片真叶时结合松土、除草，按株距 3~4cm 定苗，保苗在 75 万 ~90 万株 /hm^2。定苗后，生长前期宜干不宜湿，促使根部下扎。

（3）中耕除草：板蓝根幼苗出齐以后要进行中耕除草，把地里的杂草清理干净，避免和小苗争夺养分。以后每隔 10~15 天除一次草，中耕除草还有保水保肥的作用，有利于幼苗生长旺盛。

（4）合理追肥：中耕除草期间合理追肥，每亩施 1500~2000kg 的农家肥。每次采摘叶片之后追施氮磷钾复合肥或者农家肥，促使植株生长旺盛。

4. 病虫草害及防治

（1）霜霉病

症状：主要危害叶柄和叶片。发病初期，叶片产生黄色病斑，叶背出现似浓霜样的霉斑。随着病情的发展，叶色变黄，最后呈褐色干枯，使植株死亡。霜霉病在早春侵入寄主，随着气温的升高而迅速蔓延，特别是夏季多雨季节，发病最为严重。

防治：清洁田园，处理病株，减少病原，轮作。选择排水良好的土地种植，雨季及时开沟排水。用 40% 的乙磷铝 200~300 倍液喷雾，每隔 7 天喷一次，连续 2~3 次。

（2）菌核病

症状：危害全株，从土壤中传染，基部叶片首先发病，然后向上依次危害茎、茎生叶、果实。发病初期病灶呈水渍状，后为青褐色，最后腐烂。多雨高温期间发病最为严重。茎杆受害后，布满白色菌丝，皮层软腐，茎中空，内有黑色不规则形的鼠粪状菌核，变白倒伏而枯死。种子干瘪，颗粒无收。

防治：水旱轮作或与禾本科作物轮作，增施磷钾肥。开沟排水，降低田间湿度。施用石硫合剂于植株基部。

（3）白锈病

症状：发病叶面出现黄绿色小斑点，叶背长出隆起的、外表有光泽的白色脓疱状斑点，破裂后散出白色粉末状的物质，叶长成畸形，后期死亡。发病期为 4 月中旬至 5 月。

防治：不与十字花科作物轮作。选育抗病品种。发病初期喷洒 1:1:20 波尔多液。

（4）根腐病

症状：危害根部，5 月开始发生，6 月到 7 月发病盛期。先在侧根、须根或根的尖端发病，后逐渐向主根扩展，使根部呈黑褐色腐烂，并向上蔓延，使茎叶萎蔫枯死。根部湿腐后，髓部呈黑褐色而发臭，最后全株死亡。

防治：与谷类作物实行三年以上的轮作期。增施磷钾肥，增强植株抗病力。选择排水良好的沙壤土和地势稍高燥的地方种植；雨季注意排水，降低田间湿度。发病初期用50%托布津1000倍液浇灌病株及周围植株，以防蔓延。

（5）菜青虫

症状：成虫名菜粉蝶，翅为白色；幼虫叫菜青虫，身体背面青绿色。咬食叶片，造成孔洞或缺刻，严重时仅残留叶脉和叶柄。每年能发生6~7代，以5~6月第一第二代发生最多，危害最严重。

防治：发生时用苏云金杆细菌性农药防治效果较好，对人畜无毒害，可用苏云金杆菌菌粉500~800倍液喷雾。化学农药可选用90%敌百虫晶体800~1000倍液或10%杀灭菊酯乳油2000~3000倍液，或50%杀螟松乳油1500~2000倍液喷雾灭杀。

（6）蚜虫、红蜘蛛

蚜虫、红蜘蛛用40%乐果乳剂2000倍液和0.2~0.3波美度石硫合剂喷杀。

5. 适时采收

采收板蓝根的时间不能过早或者过晚，一般在10月中下旬板蓝根茎叶枯萎之后进行采收，在地垄一边挖60cm的深沟，然后向垄小心地挖，避免伤根或把根挖断。把采收的板蓝根去茎叶和泥沙，然后洗净晾7~8成干，扎成小捆，最后晒干透即可贮存或者销售。

五、种子种苗繁育技术

1. 种子繁育技术

板蓝根为二年生草本，采用种子繁殖，第一年进行营养生长，主根入土深可达33~50cm，主根上端被折断后，也能再次萌芽生长，地上株高40~90cm，播种当年形成莲座状的叶丛，茎直立，营养生长期间割去部分叶片几次，都能重新萌发新叶。以宿根越冬，翌年进行生殖生长，4~6月开花结实，8月种子成熟。其适应性较强，喜温和湿润气候，耐寒，耐旱，抗寒能力强，霜后仍可生长。对自然环境和土壤要求不严，喜疏松肥沃的湿润沙质壤土，怕涝，宜连作。

（1）第一年营养生长时期的管理

采用平畦覆膜播种，畦的宽度 0.8m，畦距 0.2m，每畦播种三行。于 7 月下旬至 8 月上旬进行播种，播前选择籽粒饱满、发芽率为 80% 以上的优良种子，用 30℃温水浸种 3~4h，捞出种子，然后在畦面上按行距 25cm，开深为 1.5cm 的浅沟，将种子均匀的撒在沟中，覆土 1cm 左右，略微镇压，适当浇水保湿。温度适宜，7~10 天即可出苗。一般用种量 30~37.5kg/hm^2。

（2）第二年生殖生长时期的管理

翌年随着地温回升，板蓝根地上部分产生新叶，于 4 月下旬及时对制种田进行中耕、除草，结合中耕，每隔 20~25 天左右浇水一次，每二次水追肥一次，每次追肥种类与数量分别是尿素、硫酸钾各为 75kg/hm^2 和 150kg/hm^2，以促使其拔节、抽薹和开花。

2. 种苗繁育技术

选留良种板蓝根幼苗时，选无病虫害的，主根粗大健壮、无分杈的根条作为种苗，按行株距 50cm×（26~33）cm 移栽到苗种田内。这时可向板蓝根幼苗叶面上喷施药材根大灵，这样能促使叶面光合作用产物（营养）向根系输送，提高营养转换率和松土能力，使根茎快速膨大，药用含量大大提高。当苗高 6cm 左右时，要及时间苗、补苗、除草，除草一般 3~4 次，松土，定苗株距 6~10cm，5 月追一次肥。遇干旱天气，要及时灌水保墒和湿润土壤，以确保丰产。

第六节　金银花

一、植物简介

中文名：忍冬。

学名：*Lonicera japonica* Thunb.。

别名：金银花、山银花、大毛花、红色金银花、金花三号、懒汉金银花和树形四季花。

科属：忍冬科忍冬属。

生长型：多年生藤本灌木。

入药部位：茎、叶、花。

花期：4~6月。

果期：10~11月。

生境和分布：金银花适应性很强，喜阳、耐阴，耐寒性强，也耐干旱和水湿，多野生于较湿润的地带，如溪河两岸、湿润山坡灌丛、疏林中。中国各省均有分布。

繁殖方式：枝条扦插或种子繁殖。

二、生物学特性

1. 形态特征

金银花属多年生半常绿缠绕及匍匐茎的灌木。小枝细长、中空，藤为褐色至赤褐色。卵形叶对生，枝叶均密生柔毛和腺毛。夏季开花，苞片叶状，唇形花有淡香，外面有柔毛和腺毛，雄蕊和花柱均伸出花冠，花成对生于叶腋，花色初为白色，渐变为黄色，黄白相映，球形浆果，熟时黑色。

金银花幼枝节红褐色，密被黄褐色、开展的硬直糙毛、腺毛和短柔毛，下部常无毛。叶纸质，卵形至矩圆状卵形，有时卵状披针形，稀圆卵形或倒卵形，极少有1至数个钝缺，长3~5cm，顶端尖或渐尖，少有钝、圆或微凹缺，基部圆或近心形，有糙缘毛，上面深绿色，下面淡绿色，小枝上部叶通常两面均密被短糙毛，下部叶常平滑无毛而下面多少带青灰色；叶柄长4~8mm，密被短柔毛。

总花梗通常单生于小枝上部叶腋，与叶柄等长或稍较短，下方者则长2~4cm，密被短柔毛，并夹杂腺毛；苞片大，叶状，卵形至椭圆形，长达2~3cm，两面均有短柔毛或有时近无毛；小苞片顶端圆形或截形，长约1mm，为萼筒的1/2~4/5，有短糙毛和腺毛；萼筒长约2mm，无毛，萼齿卵状三角形或长三角形，顶端尖而有长毛，外面和边缘都有密毛；花冠白色，有时基部向阳面呈微红，后变黄色，长（2）3~4.5（6）cm，唇形，筒稍长于唇瓣，很少近等长，外被多少倒生的开展或半开展糙毛和长腺毛，上唇裂片顶端钝形，下唇带状而反曲；雄蕊和花柱均高出花冠。

花蕾呈棒状，上粗下细。外面黄白色或淡绿色，密生短柔毛。花萼细小，黄绿色，先端5裂，裂片边缘有毛。开放花朵筒状，先端二唇形，雄蕊5，附于筒壁，黄色，雌蕊1，子房无毛。气清香，味淡，微苦。以花蕾未开放、色黄白或绿白、无枝叶杂质者为佳。

果实圆形，直径6~7mm，熟时蓝黑色，有光泽；种子卵圆形或椭圆形，褐色，长约3mm，中部有1凸起的脊，两侧有浅的横沟纹。

2. 物候期

金银花生长分为萌动展叶期、现蕾开花期、生长停滞期三部分。

三、适宜地域及环境条件

1. 种植气候与土壤

金银花适应性强，耐涝耐旱，耐热耐寒，以湿润、肥沃的深厚沙质壤土生长最佳，可种植在盐碱沙地、山岭瘠薄地、荒坡、路旁、地边、河堤以及林果行间。

2. 种植区域

金银花主要种植在山东、陕西、河南、河北、湖北、江西、广东等地，现全国各地均有种植。

3. 种植时间

3 月下旬至 5 月中旬。

4. 种植要点

（1）种子繁殖：4 月播种，将种子在 35~40℃温水中浸泡 24h，取出拌 2~3 倍湿沙催芽，等裂口达 30% 左右时播种。在畦上按行距 21~22cm 开沟播种，覆土 1cm，每 2 天喷水一次，10 余日即可出苗，秋后或第 2 年春季移栽，用种量 15kg/hm^2 左右。

（2）压条繁殖：一般在雨季进行。在夏秋阴雨天气，选健壮无病虫害的 1~2 年生枝条截成 30~35cm，摘去下部叶子作插条，随剪随用。在选好的土地上，按行距 1.6m、株距 1.5m 挖穴，穴深 16~18cm，每穴 5~6 根插条，分散型斜立着埋入土内，地上露出 7~10cm，填土压实。

（3）扦插育苗：在 7~8 月，按行距 23~26cm，开沟深 16cm 左右，株距 2cm，把插条斜立着放到沟里，填土压实。

四、大田栽培技术

1. 选地整地

“北花一号”金银花虽有抗旱、耐寒、耐瘠薄之特性，在荒山荒坡亦可作为生态绿化、保持水土的优良植物。但作为高效经济作物发展，考虑到采收等因素，仍以阳光充足、具有灌溉条件的区域，以及土质疏松、排水良好的地块发展最为适宜。要栽培出无公害的中药材，应选择远离污染源，土质疏松、肥沃、排水良好的沙壤土和灌溉方便的地块作为育苗地，育苗前每亩施农家肥 3500~4000kg，深耕细耙，做长 2m、宽 1.2m 的小畦进行育苗移栽。

2. 选用良种

主要选择花蕾期超长、采摘方便、产量高、抗逆性强、直立性好的金银花品种。

3. 田间管理

（1）中耕除草、培土：栽植后，要及时进行中耕除草。中耕除草时，应注意植株根际周围宜浅，远处可稍深，避免伤根，以利根系生长。每年早春和秋后封冻前，要进行培土，防止根部外露，冻伤根茎。

（2）追肥：常结合培土进行。春夏施肥应以腐熟的人粪尿或尿素为主，开浅沟撒入；土壤封冻前结合根际培土施入过磷酸钙、硫酸钾。每年要施肥 3~4 次，施肥量可根据花墩大小而定，多年生大花墩，每墩施有机肥 4~5kg，氮磷钾复合肥 50~100g，施肥后要浇水。

（3）水分管理：入冬前浇 1 次暖根水，次年开春浇 1 次润根催醒水，在每茬花蕾采收前浇 1 次促蕾保花水，每次追肥都要结合灌水，如遇涝灾要及时排涝。

（4）整形修剪：在栽后前 2 年主要是培育直立的粗壮主干。当主干高度在 40~50cm 时，剪去顶梢，促进侧芽成枝。第二年春萌发后，在主干上部选留粗壮枝条 4~5 个，作为主枝，分两层着生。在冬季，在从主枝上长出的1级分枝中留 5~6 对芽，剪去上部。以后，再在 1 级分枝上长出的 2 级分枝中留 6~7 对芽，剪去上部。2 级分枝上长出的花枝中，若有钩状的嫩梢要及时摘去。在 2 级分枝中萌发出的节密而短，叶细幼枝均为花枝，应保留。每年冬夏两季进行修剪。夏季修剪要轻截，在前茬花采收后，对长势旺的枝条剪去顶梢，利于新枝萌发，对生长细弱、叶片发黄的影响通风透光的小枝条应全部剪除。每次修剪，都应追肥 1 次。冬季修剪时间在霜降后至封冻前进行。冬剪对壮枝保留 8~10 对芽，弱枝保留 3~5 对芽，对枯老枝、病虫枝、细弱枝、交叉枝等全部剪除，使养分集中于抽生新枝和形成花蕾。

4. 病虫害防治

（1）农业防治：加强栽培管理，及时除去病枝、病芽、病虫叶、病虫梢，集中烧毁或深埋。早春剥掉枝干上的老翘皮和老叶。

（2）物理防治：整地或中耕时，进行人工捕杀地下害虫或用糖醋液或频振式诱虫灯诱杀害虫。

（3）化学防治：金银花多发生蚜虫和白粉病。对蚜虫，可于萌芽期喷5%柴油乳剂，5~6月用40%乐果乳油2000倍液或10%吡虫啉可湿性粉剂5000倍液或1.8%阿维护菌素乳油6000倍液喷洒；对白粉病，于发病初期喷15%三唑酮可湿性粉剂2000倍液或75%百菌清可湿性粉剂800倍液；对金银花尺蠖，可在幼龄期用80%敌敌畏乳油1000~1500倍液喷雾防治。

5. 采收

金银花的花期较长，头茬花出现在5月中下旬，一般持续15~20天，此茬花量最大，约占全年花量的70%以上。二茬花、三茬花、四茬花分别在7月上中旬、8月中旬和10月上中旬出现。采收时期必须在花蕾尚未开放之前，当花蕾由绿变白、上部膨大，下部为青色时进行采收。宜在上午8~9时前采收，这样做一是不损伤未成熟的花蕾，二是花蕾质量最好，产量高。

五、种子种苗繁育

1. 种子繁育

4月播种，将种子在35~40℃温水中浸泡24h，取出后拦2~3倍湿沙催芽，等裂口达30%左右时播种。在畦上按行距21~22cm开沟播种，覆土1cm，每2天喷水一次，10余日即可出苗，秋后或第二年春季移栽，用种量15kg/hm^{2}左右。

2. 种苗繁育

一般采取扦插繁殖，雨季进行为宜，在夏秋阴雨天气，选健壮无病虫害的1~2年生枝条截成30~35cm，摘去下部叶子作插条，随剪随用。在选好的土地上，按行距1.6m、株距1.5m挖穴，穴深16~18cm，每穴5~6根插条，地上露出7~10cm，填土压实（透气透水性好的沙质土为佳）。

扦插的枝条开根之前应注意遮阴，避免阳光直晒造成枝条干枯。也可采用扦插育苗；在7~8月，按行距23~26cm，开沟深16cm左右，株距2cm，把插条斜立着放到沟里，填土压实，以透气透水性好的沙质土为育苗土，开根最快，并且不易被病菌侵害而造成枝条腐烂。栽后喷一遍水，以后干旱时，每隔2天要浇水一遍，半月左右即能生根，第二年春季或秋季移栽。

第三章

常见中药材栽培与管理

第一节　桔　梗

一、植物简介

中文名：桔梗。

学名：*Platycodon grandiflorus*（Jacq.）A. DC.。

别名：包袱花、铃铛花、僧帽花、符蔰、白药、利如、梗草、卢如、房图、荠苨、苦梗、苦桔梗、大药。

科属：桔梗科桔梗属。

生长型：多年生草本植物。

入药部位：植物的干燥根。

花期：7~9 月。

果期：8~10 月。

生境和分布：喜光，喜凉爽环境，耐寒、耐旱，怕水涝，喜肥沃湿润、排水良好的疏松土壤。主要分布在中国东北、华北、华东及华中等地区。

繁殖方式：种子繁殖，有直播和育苗移栽两种方式。

二、生物学特性

1. 形态特征

茎：茎直立，单一或分枝。

叶：叶近于无柄，生于茎中、下部的叶对生或 3~4 片轮生，茎上部的叶有时为互生；叶片卵状披针形，长 3~6cm，宽 1~2.5cm，先端尖，基部楔形或近圆形，边缘有锯齿。

花：花单生于茎顶，花单朵顶生，或数朵集成假总状花序，或有花序分枝而集成圆锥花序；花萼钟状五裂片，被白粉，裂片三角形，或狭三角形，有时齿状；花冠钟状，蓝紫色，径 3~5cm，5 裂，裂片三角形，长 1.5~4cm，蓝色、紫色或白色；雄蕊 5，花丝短，基部扩大，花药围绕花柱四周；子房半下位，5 室，柱头 5 裂，反卷，被白柔毛。

果：蒴果球状，或球状倒圆锥形，或倒卵状，长 1~2.5cm，直径约 1cm，熟时顶部 5 瓣裂。种子卵形，有 3 棱。

2. 物候期

7 月至 9 月为花期。9 月至 10 月蒴果成熟期。桔梗的物候期分为出苗期、营养生长期、孕蕾开花期、结果期和枯萎休眠期五个阶段，全生育期 120~180 天。

三、适宜地域及环境条件

1. 种植条件及区域

环境条件：桔梗对环境的适应性强，喜欢凉爽的环境，耐寒，能忍耐零下 40℃的低温；喜阳光，也能忍耐 40℃的高温；耐旱、不耐涝，宜在阳光充足，降水充沛的环境下生长，对土壤适应性广，以土层深厚，富含有机质、排水性好的沙壤土或壤土为好，适宜生长温度为 18~33℃。

适宜地域：桔梗大多数产自东北、华北、华东、华中各省以及广东、广西（北部）、贵州、云南东南部、四川、陕西，分布在海拔 1100m 的地区，适合在半阴半阳、富含磷钾肥的中性夹沙土生长，种子可以保存 1 年，低温存储，能延长种子寿命。0~4℃干贮种子 18 个月，其发芽率比常温贮藏提高 3.5~4 倍，种子发芽率 70%，在温度 18~25℃，有足够温度，播种后半月出苗。

2. 种植时间

桔梗的种子繁殖一般是采用直播的方式，选择在冬天播种或者春天播种，但是在冬天播种比较好，一般采用撒播的方式。

3. 种植要点

播种的时候将种子和潮湿的细沙土以 0.3∶1 的比例拌匀，将拌好的种子和泥土撒在畦面上，使种子被薄土覆盖，以看不见种子为度，稍稍震压，第二年春天就会出苗。

春天播种要进行种子的处理，将种子放在 30℃的温水中浸泡，8h 后捞出，用湿布包上，放置在 25~30℃的地方，以此催芽，每天用温水冲滤一次，经过 5 天的时间，种子萌动之后即可播种，播种时，注意要保持土壤湿润，大约 15 天就会出苗。

四、大田栽培技术

1. 选地整地

选择背风向阳、土壤深厚、疏松肥沃、有机质含量丰富、湿润而排水良好的沙质壤土为好。结合整地亩施腐熟农家肥 3500kg、尿素 10kg、草木灰 150kg、过磷酸钙 30kg，或高浓度硫酸钾复合肥（17-17-17）50kg，或施可丰缓释肥（15-15-15）40kg；深耕 30~40cm，拣净石块，除净草根等杂物。犁耙 1 次，整平做畦或起垄。旋耕整地后要让土壤踏实 2~3 天后定植作业。土壤干旱时，先向畦内浇水或淋泼稀粪水，待水渗下，表土稍松散时再播种。

2. 选用良种

栽培桔梗最好用 2 年生植株产的种子，种子大而饱满，颜色黑亮，播种后出苗率高。

3. 田间管理

（1）间苗定苗：出苗后，应及时撤去薄膜。苗高 4cm 左右时间苗。若缺苗，宜在阴雨天补苗。苗高 8cm 左右时定苗，按株距 6~8cm 留壮苗 1 株，拔除小苗、弱苗、病苗。亩留苗 2~3 万株。

（2）除草：桔梗生长过程中，杂草较多。从出苗开始，应勤除草松土，苗小时用手拔除杂草，以免伤害小苗，每次应结合除草间苗。定植以后适时中耕除草。松土宜浅，以免伤根。

（3）追肥：桔梗一般进行4~5次追肥。齐苗后追施1次，每亩施腐熟厩肥1000kg，以促进壮苗；6月中旬每亩追施腐熟厩肥1000kg及过磷酸钙50kg；8月再追1次；入冬植株枯萎后，结合清沟培土，施草木灰或土杂肥1000kg。次春齐苗后，施1次厩肥，以加速返青，促进生长。适当施用氮肥，以农家肥和磷肥钾肥为主，对培育粗壮茎秆，防止倒伏，促进根的有利生长。

4. 病虫害防治

（1）农业防治：加强栽培管理，及时除去病枝、病芽、病虫叶、病虫梢，集中烧毁或深埋。

（2）物理防治：整地或中耕时，进行人工捕杀地下害虫和用糖醋液或频振式诱虫灯诱杀害虫。

（3）化学防治：对蚜虫，可于萌芽期喷5%柴油乳剂，5~6月用40%乐果乳油2000倍液或10%吡虫啉可湿性粉剂5000倍液或1.8%阿维菌素乳油6000倍液喷洒；对轮纹病、斑枯病，发病初期用1∶1∶100波尔多液、或65%代森锌600倍液、或50%多菌灵可湿性粉剂1000倍液或50%甲基托布津的1000倍液等喷洒；对紫纹羽病，每亩施用石灰粉100kg，并用50%多菌灵可湿性粉剂1000倍液或50%甲基托布津的1000倍液等喷洒2~3次进行防治。

5. 采收

（1）采收前管理：桔梗花期长，留种田在6月开花前，每亩施尿素15kg、过磷酸钙30kg，为后期生长提供充足营养，以促进植株生长和开花结实。为培育良种，可在6~7月疏去小侧枝和顶端部的花序。在北方，后期开花结果的种子常不成熟，可早疏去。桔梗先从上部抽薹开花，果实也由上部先成熟，种子成熟很不一致，可以分批采收。果实外皮变黄，种子变棕褐色时可以采收。也可以在果枝枯萎，大部分种子成熟时，一起采回果枝，置于通风干燥的室内后熟3~4天，然后晒干脱粒，除去果壳，贮藏备用。若过晚采收，果裂种散，难以收集。

（2）采收时期：桔梗收获年限因地区和播种期不同而不同，一般生长 2 年，但生长年限对产品质量有很大影响，桔梗生长年限应不低于 2 年。采收可在秋季地上茎叶枯萎后至次年春萌芽前进行，以秋季采收为好，秋季采者体重质实，质量好。过早采挖，根不充实，折干率低，影响产量和品质；过迟收获，不易剥皮。一年生的采收后，大小不合规格者，可以再栽植一年后收获。

（3）采收方法：采收时，先将茎叶割去，从地的一端起挖，依次深挖取出，或用犁翻起，去净泥土，运回加工。要防止伤根，以免汁液外流，更不要挖断主根，影响桔梗的等级和品质。

（4）加工：采收回的鲜根，清洗后浸入水中，去芦头，趁鲜用竹刀或瓷片等刮去栓皮，洗净，并及时晒干或烘干。来不及加工的桔梗，可用沙埋，防止外皮干燥收缩，不易刮去，但不要长时间放置，以免根皮难刮。刮皮时不要伤破中皮，以免内心黄水流出影响质量。晒干时经常翻动，晒至全干。每亩可产干货 200~400kg。

五、种子种苗繁育

1. 种子繁育技术

（1）留种：桔梗繁殖要选用高产的植株留种，留种株于 8 月下旬打除侧枝上的花序，使营养集中供给上中部果实的发育，促使种子饱满，便于提高种子质量。蒴果变黄时割下全株，放通风干燥处后熟然后晒干脱粒，待用。桔梗繁殖通常采用直播，也可育苗移栽，直播产量高于移栽，且叉根少、质量好。可秋播、冬播或春播，以秋播最好。

（2）选种：桔梗种子应选择 2 年生以上非陈积的种子（种子陈积一年，发芽率要降低 70% 以上），种植前要进行发芽试验，保证种子发芽率在 70% 以上。

2. 种苗繁育技术

（1）育苗：选择排水良好的田块，施足底肥，深翻 40cm 以上，整好畦面，将桔梗种子拌好细土均匀地撒播，亩用种量 10~12kg，上面稍作镇压，覆盖杂草，保持土壤湿润，10~12 天即可出苗，待出齐苗后，选择雨天除去覆盖物，以利幼苗生长。

（2）移栽：于当年秋冬季至翌年春季萌芽前进行，选择 1 年生直条桔梗苗，大、小分级，分别栽植。栽植时，在整好的栽植地上，按行距 20cm 开深 25cm 的沟，然后将桔梗苗呈 75° 角斜插沟内，按株距 6~8cm，覆土压实，覆土应略高于苗头 3cm 为度。

第二节　防　风

一、植物简介

中文名：防风。

学名：*Saposhnikovia divaricata*（Turcz.）Schischk。

别名：铜云、回云、回草、百枝、百种。

科属：伞形科防风属。

生长型：多年生草本。

入药部位：根供药用。

花期：8~9 月。

果期：9~10 月。

生境和分布：生于草原、丘陵、多砾石山坡。分布于黑龙江、吉林、甘肃、陕西等省区。

繁殖方式：种子繁殖和分根繁殖。

二、生物学特性

1. 形态特征

防风是多年生草本，根粗壮，细长圆柱形，淡黄棕色。茎单生，自基部分枝较多，与主茎近于等长，有细棱，基生叶丛生，有扁长的叶柄，基部有宽叶鞘。叶片卵形，有柄。茎生叶与基生叶相似，但较小，顶生叶简化，有宽叶鞘。复伞形花序多数，生于茎和分枝，顶端花序梗长 2~5cm；伞辐无毛；无总苞片；小总苞片线形，先端长约 3mm，萼齿短三角形；花瓣倒卵形，白色，无毛。双悬果狭圆形，幼时有疣状突起，成熟时渐平滑。

2. 物候期

花期 8~9 月，果期 9~10 月。

三、适宜地域及环境条件

1. 种植气候与土壤

防风适应性较强，耐寒、耐干旱，喜阳光充足、凉爽的气候条件，忌过湿和雨涝。防风对土壤要求不十分严格，但应选择地势高燥、土壤疏松、肥沃、土层深厚、排水良好的沙质壤土种植。黏土、白浆土、涝洼、酸性大或重盐碱地不宜栽种。

2. 种植区域

在中国东北地区、华北地区及陕西、山东、安徽、江苏、甘肃等省都可种植。

3. 种植时间

防风可在春季或秋季播种，春播在 4 月中旬进行，将种子种皮搓破，放到 35℃的温水中浸泡 24h 后捞出晾干播种。秋播在 9 月下旬至上冻前进行，翌春出苗，以秋播出苗早而整齐。但由于各地的气候会有不同，影响到种植的具体时间也不同，应该根据当地的气候和温度来判断种植的具体时间。一般来说，南方和北方的种植时间都是相关的，北方主要在春季的 4~5 月，南方可在 3 月底播种，播种时间比北方早一个月。

4. 种植要点

种植防风前要整地施肥，然后再播种，亩播种量为 2~2.5kg。防风种子容易萌发，在 15~25℃的范围内均可萌发，新鲜种子发芽率可为 50% 以上，贮藏 1 年以上的种子发芽率显著降低，故以新鲜的种子作种为好。春、秋季播种均可，种子在春季播种 20 天左右出苗，秋播翌年春天出苗。种子出苗后要及时间苗，苗高 10cm 以上时要定苗，定苗时要将株距控制在 15cm 左右。后期要加强中耕除草、培土、肥水管理等工作，发生病虫害要及时进行防治。

四、大田栽培技术

1. 选地整地

防风有较强的耐寒力和耐干旱力，忌涝或土壤过湿，所以种植时尽量选择在地势较高、向阳的地块，忌低洼潮湿的地方种植。它对于土壤的要求不严，但要想实现高产，以土层深厚、土质疏松肥沃、排水良好的沙壤土种植为宜，土壤黏性较重或酸碱性较大的土壤不适宜种植。防风是多年生植物，所以为使其能顺利生长，在种植前要施足基肥，每亩施用 3000~4000kg 的农家肥及 20kg 的磷酸钙，将其深耕翻入，再做高畦。

2. 选用良种

播种用的种子应从生长 3~4 年生的植株上采收，当年采收供当年秋季或来年春季播种使用，旧的种子发芽率低。

3. 田间管理

（1）间苗定苗：出苗 1 月后间苗，待苗高 10~15cm 定苗。

（2）除草培土：发现杂草于 6 月前松土锄草，7 月后封垄不能进地锄草。雨季前培土，以防倒伏。地冻前再培土保护根条，入冬后盖 1 层圈肥，次春将粪块打细施入地内。

（3）追肥灌水：从播种到出苗，需适宜水分。当苗高 10cm 以上时，根深入地下，抗旱力强，尽量少浇水。雨季要注意排水。防止积水烂根。若基肥多而质量好，植株生长旺盛，第一年可不追肥，第二年早春返青时亩施堆肥或人粪尿肥 1000kg，过磷酸钙或复合肥 25kg，沟施入行间；也可单用硫酸二氨 20kg，加施磷肥。

（4）打薹：直播大田一般当年不抽薹开花，第二年 6~7 月抽薹开花，除留种田外，发现抽薹的要及时摘除，因防风开花后根茎会木质化、中空，养分含量低，不能作药用。

4. 病虫害防治

根腐病：用 5% 的石灰水浇病株根部，用 50% 退霉特 1000 倍液喷雾。

白粉病：喷洒 0.2~0.3 波美度石硫合剂或 50% 拖布津 1000 倍液。

黄粉蝶：可采用昆虫生长调节剂，如 25% 灭幼脲三号胶悬剂 500~1000 倍液，此类药剂作用缓慢，通常在虫龄变更时才使害虫致死，应提早喷洒。

茴蚕螟：在清晨或傍晚用 90% 敌百虫 800 倍液或 80% 敌敌畏 1000 倍液喷雾。

对地下害虫严重的，可用 50% 辛硫磷乳油按种子量 0.10% 拌种。

5. 采收

防风的根于春季发芽出苗前或冬季采挖。采挖时在畦的一边开沟，防止挖断根，采挖后除去泥土，晒至半干时去掉须根，再晒至九成干，按长短扎成小把，再晒至全干即可入药。

五、繁殖技术

防风以种子繁殖为主，也可进行分根繁殖。

1. 种子繁殖

需将种子放在温水中浸泡 1 天，使其充分吸水，以利发芽。然后在整好的畦内按 30~40cm 的行距开沟条播，沟深 2cm，再将种子均匀撒入沟内，覆土整平，稍加镇压，盖草浇水，以保持土壤湿润，每亩用种量 2~3kg。

2. 分根繁殖

在防风收获时，选取两年以上、生长健壮、粗 0.7cm 以上、无病虫害的根条，截成 3~5cm 的小段作种。按行距 50cm、株距 10~15cm 开穴栽种，穴深 6~7cm，每穴栽 1 个根段，栽后覆土 3~5cm 厚，株距育苗，待来年早春有 1~2 片叶时定植。

第三节　独　活

一、植物简介

中文名：独活。

学名：*Heracleum hemsleyanum* Diels。

别名：大活、一活、香独活、独摇草、肉独活、绩独活、川独活、独滑、长生草、重齿毛当归、紫独活。

科属：伞形科独活属。

生长型：多年生草本植物。

入药部分：根部入药。

花期：7~9 月。

果期：9~10 月。

生境和分布：适宜生长于海拔 1400~2600m 高寒山区的川地、川台地、塬地、坡地和半阴山地，全国各地均产，独活在甘肃省重点分布于省域东部，以关山与黄土高原过渡地带为主。

繁殖方式：繁殖方法主要以种子繁殖和根芽繁殖为主。

二、生物学特征

1. 形态特征

多年生草本，高 1~1.5m。根粗壮，多分枝，有香气。茎直立，带紫色，有槽纹。基生叶和茎下部叶的叶柄细长，基部呈鞘状；叶为二至三回三出式羽状复叶，小叶片 3 裂，末回裂片长圆形，质薄，两面均被短柔毛，边缘有不整齐的重锯齿；茎上部的叶退化成膨大的叶鞘，被柔毛。复伞形花序顶生或腋生，密被黄色短柔毛；伞辐 10~25，极少达 45，不等长；小总苞片 5~8；萼齿不显；花瓣 5，白色；雄蕊 5；子房下位。分生果长圆形，背部扁平，侧棱翅状，每棱槽内有油管 1~4 条，合生面有油管 4~5 条。

2. 物候期

独活整个生长周期为 3 年，第 1 至第 2 年为营养生长期，一般只生长根、叶，茎短缩并为叶鞘包被，有少数抽薹开花。第 3 年为生殖生长期，一般直播苗到第 3 年的 5~6 月，茎节开始伸长，抽出地上茎，形成生殖器官，并开花结籽；花期 7~9 月；果期 9~10 月，完成整个生长过程。

三、适宜地域及环境条件

1. 种植条件及区域

独活喜阳光足够，气候温暖（以 10~24℃为宜），一般朝阳山坡的长势明显较好。生长于海拔 1400~2600m 高寒山区的山谷、山坡、草丛、灌木丛中或溪沟边，土壤多富含腐殖质而肥沃，在疏松的碱性土壤、黄沙土或黑油土上生长良好，黏重土或贫瘠土不宜种植。适宜于冷凉、湿润的气候条件，具有喜阴、耐寒、喜肥、怕涝的特性。

2. 种植时间

独活种植分为种子繁育，也可采用育苗移栽。秋播在 10 月采鲜种后立即播种；春播在 3 月，分条播和穴播。条播按行距 50cm，开沟深 3~4cm，将种子均匀撒入沟内；穴播按行距 50cm，穴距 20~30cm 点播，每穴播种 10~20 粒；覆土 2~3cm，稍许压实，并盖上一层草以保温保湿，每亩用种 2~3kg。

3. 种植要点

独活适宜在夏季冷凉湿润、昼夜温差较大的高海拔地区种植。以海拔1500~2500m区域种植的独活产量较高、品质最好，在海拔1200m以下，独活生长不良，病害增多，产量、品质下降。

另外，独活耐寒、喜肥、怕涝，适宜在土层深厚、疏松、肥沃、腐殖质含量高且排水良好的阳坡地种植，低洼、黏重、浅薄、贫瘠的耕地不适合种植独活。

壮苗是独活获得高产的基础。育苗时最好选择半阴半阳的非重茬坡地；独活种子可春播也可秋播，春播在3月土壤解冻后播种，秋播在10月采种后立即播种。独活种子不耐储藏，必须用发芽率高的新鲜种子作种。播前先将种子用50~55℃的温水浸种12h，捞出后装入纱布袋中，沥去多余水分，置温暖处保湿催芽，催芽过程中注意浇水保湿。待芽萌动后，趁土壤墒情适宜时播种，亩用种量2~3kg，播后盖一薄层过筛的火粪土或腐殖土，再盖草保温保墒。

独活出苗后，及时揭去覆草，齐苗后加强中耕除草、间苗定苗、防虫治病等管理，确保苗全、苗壮，提高出圃率。独活育苗一年后即可移栽大田。

四、大田栽培技术

1. 选地整地

选择生态条件良好，灌溉水源、空气质量无污染，远离矿区垃圾等污染源的地块。同时要求交通便利，有适当的灌溉和排水条件。要求土层深厚、土壤肥沃、富含腐殖质；土质疏松、通透性、排水性好的壤土和沙壤土。忌土层浅、积水多的黏土性土壤。前茬作物以马铃薯、豆类、小麦、玉米为好，忌连作。前茬作物收获后，深翻30cm以上，捡去杂草、石块，耙细整平，做成高畦，四周开好排水沟。结合整地施入充分腐熟的农家肥45~60t/hm^2、尿素225~300kg/hm^2、普通过磷酸钙450~600kg/hm^2。

2. 繁殖方法

独活的繁殖方法主要以种子繁殖和根芽繁殖为主，种子繁殖一般是采用种子直播的方式，可冬播或春播，冬播一般在10月进行，春播在清明前后进行。播种方法可选择条播或穴播，条播在畦面上按行距50cm开沟，将种子均匀撒入沟内即可；穴播按株行距50cm×30cm开穴，每穴播种10~15粒，覆土即可。根芽繁殖在秋季后，植株地上部分开始枯萎时，将植株连根挖出，切下带芽的根头，在畦面上按穴播的株行距开穴，每穴放入根头1~2个，要求芽要直立向上，覆土稍镇压后浇水即可。

3. 田间管理

在春季出苗后，要做好田间管理，当幼苗生长到约15cm时要及时中耕除草，促进幼苗根系生长，除草后要浇一次稀薄的粪水，在苗期要见草就除。当幼苗生长到20~30cm时，要及时间苗，间苗要间去病苗、弱苗。要想独活生长良好，施肥是不可避免的，在春秋冬三季，结合除草追施农家肥一次，冬季施肥要结合培土进行，以免植株倒伏，使其安全越冬。

4. 病虫害

独活在人工栽培时，很少有病害发生，主要危害是虫害，每年6~7月是蚜虫和红蜘蛛肆虐的时期，它们会吸食茎叶汁液，在初期可用杀螟硫磷防治，严重时喷洒乐果防治。还有黄凤蝶危害植株的叶、花蕾、花梗，在虫期可喷洒敌百虫防治，每5~7天一次，连续2~3次。

5. 采后初加工

育苗移栽的当年10~11月就可收获；直播的独活生长2年后采收，霜降后割去地上茎叶，挖出根部，挖时忌挖伤挖断，挖出后抖掉泥土。独活加工时先切去芦头和细根，摊晾，待水分稍干后，堆放于炕房内，用柴火熏炕，经常检查并勤翻动，熏至六七成干时，堆放回潮，抖掉灰土，然后，将独活理顺扎成小捆，再入炕房，根头部朝下，用文火炕至全干即可。注意防雨、防水、防冻害。

五、种子种苗繁育技术

1. 种子繁育技术

（1）种子选择：选择当地大面积种植的独活品种，要求为当年生产的籽粒饱满、色泽鲜艳、无杂质、无霉变、无虫蛀种子。育苗种子一般不做处理。

（2）苗床及培养土：苗床应设在近水源的地方，一般做成宽 1.2~1.4m 的畦，畦高 10cm，长度不限，培养土亦不做特殊要求。

（3）适期播种：播种期分春播和冬播。春播于 3 月中旬至 4 月上旬进行，冬播于 10 月上中旬进行。播种方式分条播或撒播，条播时先在畦面上按 10~15cm 行距开沟，沟宽 10cm，深 3~5cm，再将种子均匀撒于沟内耙平；撒播时将种子均匀撒于畦面，再覆盖 1~2cm 细土，轻拍压实。

2. 种苗繁育技术

选择生长一年的独活幼苗，按幼苗大小，于 3 月中旬至 4 月上旬用木犁开沟移栽，行距 30~33cm，株距 25cm，将幼苗斜靠摆放在犁沟中，用木犁翻出的土覆盖前垄沟，苗顶距地面 3~5cm 为好，对个别露出苗要重新覆土压实。栽植后耱平，保苗密度 10.50 万 ~12.75 万株 /hm^2。

第四节　牛蒡子

一、植物简介

中文名：牛蒡。

学名：*Arctium lappa* L.。

别名：恶实、黑风子、大力子、鼠粘子。

科属：菊科牛蒡属。

生长型：二年生草本植物。

入药部位：瘦果和根入药。

花果期：6~9 月。

生境和分布：喜温暖湿润气候，耐寒、耐热性强，生于山坡、山谷、林中、河边潮湿地；分布于台湾、山东、江苏、陕西、河南、湖北、安徽、浙江等地，也适宜甘肃省华池县种植。

繁殖方式：种子繁殖。

二、生物学特性

1. 形态特征

二年生草本，具粗大的肉质直根，长达 15cm，径可达 2cm，有分枝支根。茎直立，高达 2m，粗壮，基部直径达 2cm，通常带紫红或淡紫红色，有多数高起的条棱，分枝斜升，全部茎枝被稀疏的乳突状短毛及长蛛丝毛并混杂以棕黄色的小腺点。基生叶宽卵形，长达 30cm，宽达 21cm，边缘稀疏的浅波状凹齿或齿尖，基部心形，有长达 32cm 的叶柄，两面异色，上面绿色，有稀疏的短糙毛及黄色小腺点，下面灰白色或淡绿色，被薄绒毛或绒毛稀疏，有黄色小腺点，叶柄灰白色，被稠密的蛛丝状绒毛及黄色小腺点，但中下部常脱毛。茎生叶与基生叶同形或近同形，具等样的及等量的毛被，接花序下部的叶小，基部平截或浅心形。

头状花序多数或少数在茎枝顶端排成疏松的伞房花序或圆锥状伞房花序，花序梗壮。总苞卵形或卵球形，直径 1.5~2cm。总苞片多层，多数，外层三角状或披针状钻形，宽约 1mm，中内层披针状或线状钻形，宽 1.5~3mm；全部苞近等长，长约 1.5cm，顶端有软骨质钩刺。小花紫红色，花冠长 1.4cm，细管部长 8mm，檐部长 6mm，外面无腺点，花冠裂片长约 2mm。

瘦果倒长卵形或偏斜倒长卵形，长 5~7mm，宽 2~3mm，两侧压扁，浅褐色，有多细脉纹，有深褐色的色斑或无色斑。冠毛多层，浅褐色；冠毛刚毛糙毛状，不等长，长达 3.8mm，基部不连合成环，分散脱落。

2. 物候期

春夏秋三季可露地栽培，花果期 6~9 月，冬季可以大棚种植，一般在夏秋季节收获。

三、适宜地域及环境条件

1. 种植气候与土壤

牛蒡喜温暖湿润的气候，耐寒、耐热能力较强。生长适宜温度为 20~25℃，夏天在 40℃的高温下能正常生长。入冬达 2℃时地上部叶子枯死，但主根伸长 20cm，能在 -15℃严寒下安全越冬，春季萌发新芽。牛蒡喜阳光，生长期间要求较强光照条件，牛蒡适宜在中性壤土或沙质壤土栽培，要求表土深厚，排水良好，地下水位低于 1.5m，pH 6.5~7.5。过黏、偏碱、土壤板结、低洼积水的田块均不宜种植。牛蒡忌连作，但多施腐熟有机肥，增施磷钾肥和微肥，用药物防治地下害虫，连种 2~3 茬，产量不会明显下降。只要选好土壤，采取科学栽培措施，就能根深叶茂，肉质根生长良好，肉质细嫩，香味浓郁。

2. 种植时间

春夏播种时间为 3 月上旬至 6 月中旬，秋播在 9~10 月。

四、大田栽培技术

1. 选地整地

选择地势向阳、土层深厚、土质肥沃、排水良好的壤土或沙质壤土栽培。忌连作，前茬以禾谷类、油菜、蚕豆等作物为宜。一般亩施优质农家肥 3000~4000kg，过磷酸钙 50kg，尿素 5kg 作基肥，在耕地前将肥料均匀撒施于地表，结合耕地一次翻入土中，耕地深度 30cm 以上，耙平整细。

2. 选用良种

牛蒡子直播或育苗移栽法，以直播为主。选择颗粒饱满，无病虫害的种子，播种前将种子放在 30~40℃温水中浸泡 24h，捞起放置在温暖的地方，直到种子变白为止即可播种。按行株距 70cm × 50cm 开穴，穴深 10cm，沟内施腐熟厩肥或堆肥，填一薄层细土，播 5~6 粒种子，浇水，覆土 3~5cm，稍加镇压。用种量为 15~30kg/hm^2。播后 10 天左右出苗。育苗移栽法是 3 月上旬育苗，5 月上旬移栽。

3. 田间管理

幼苗期或第二年春季返青后要进行中耕松土，同时前期要特别注意除草，若杂草过多，可用 8% 高效盖草能防除，叶子封行后停止中耕。当苗长至 4~5 片真叶时，开始进行间苗，方法是拔掉病苗、弱小苗，留下壮苗、大苗，如有缺苗处，可选择间下的苗带土移栽；苗长至 6 片真叶时，条播者按株距 25cm 左右定苗 2~3 株，穴播者每穴留壮苗 3~4 株。基生叶铺开时，要及时追肥，每亩施入人畜粪水 1000kg。植株开始抽茎后，每亩追施人畜粪水 1500kg 或尿素 5kg 和过磷酸钙 10kg，促使分枝增多和籽粒饱满。另外，雨季要注意排水，防止积水烂根。

4. 病虫害防治

（1）病害

①叶斑病：在 7、8 月高湿多雨季节多有发生，在下部叶出现不规则形的黄绿

色病斑，后变为淡褐色，可使全部叶干枯脱落。

防治方法：发现病叶，立即摘除烧毁，初期喷 1∶1∶150 的波尔多液，每隔 5~7 天一次，连续 2~3 次。

②白粉病：潮湿和通风光线不好时易发生，发病后叶的两面有一层灰白色粉末，而后生出黑点，最后全部干枯脱落。

防治方法：注意田间通风透光，摘除病叶烧掉，喷洒 0.3~0.5 波美度石硫合剂，7~10 天一次，连续 3~4 次。

（2）虫害

①蚜虫：成若虫在苗期和现蕾期都有发生，吸取汁液，茎、叶、花、果都可受侵害，影响植株的正常生长发育。

防治方法：发生时用石灰烟草水喷杀。

②莲纹夜蛾：幼虫咀食叶片，造成缺刻、孔洞，影响植株的正常生长发育。

防治方法：50% 磷胺乳油 1500 倍液，每 7~10 天喷一次，连续数次。

5. 采收

直播或移栽的第二年秋季可采收。牛蒡的开花期不一致，应成熟一批采收一批，过于成熟种子自然脱落。收获时要防止果实刺毛扎手，要戴眼镜和穿厚的衣服。采回果实后，在晒场晾晒，待充分干燥后，用木棒反复打击，脱出果实，然后扬净杂质，晒干即为牛蒡子。

五、种子种苗繁育

1. 种子繁育技术

牛蒡为喜肥作物，栽培时应选择土层深厚、土壤肥沃疏松、排水良好的向阳地块。对选好的地进行深翻，然后耙细整平，施入农家肥，再做成 1~1.5m 宽的高畦，四周开好排水沟。种子繁殖以直播为主，春、夏、秋均可播种。在整好的畦面上按 40~50cm 的行距开浅沟进行条播，将种子（播种时最好将种子与火土灰混合成种子灰）均匀地撒在沟内；或按 50~60cm 的行距、30~40cm 的株距穴播，每穴点入种子 5~6 粒。播种前，将种子放入 30~40℃的温水中浸泡 24h，晾干后再播，有利出苗，播后覆土 2~3cm，稍加镇压后浇水，保持土壤湿润，加速幼苗生长。

2. 种苗繁育技术

牛蒡子也可育苗移栽，于 3 月上旬在苗床上播种，5 月上旬或秋季移栽。田间管理幼苗期或秋播第二年春季返青后要进行松土，同时前期要特别注意除草，后期叶子较大时停止中耕。当苗长至 4~5 片真叶时，按株距 20cm 间苗，间下的苗如有缺苗处，可带土移栽；苗具 6 片叶时，按株距 40cm 定苗，穴播者每穴留 2~3 株。基生叶铺开时，不再进行除草，但要追肥 2~3 次。植株开始抽茎后，每亩追施磷酸二铵 10kg 或过磷酸钙 10kg，促使分枝增多和籽粒饱满。施后要及时浇水，雨季要注意排水，防止积水烂根。

第五节　地　黄

一、植物简介

中文名：地黄。

学名：*Rehmannia glutinosa*（Gaert.）Libosch. ex Fish. et Mey.。

别名：生地、生地黄、怀庆地黄、小鸡喝酒、地髓、芐根，牛奶子根、狗奶子根、婆婆奶根、山烟根、山旱烟。

科属：玄参科地黄属。

生长型：多年生草本植物。

入药部位：新鲜或干燥块茎入药，其叶、花和种子也供药用。

花期：4~7 月。

生境和分布：生地适合山坡、山脚、路边种植，喜欢土地深厚、肥沃、排水性好的土壤。主要分布在我国山东、河北、辽宁、江苏、湖北、甘肃等地。

繁殖方式：有性繁殖和无性繁殖。大面积生产普遍采用根茎繁殖，种子繁殖多半作为育种采用。

二、生物学特性

1. 形态特征

茎：根茎肉质肥厚，鲜时黄色，在栽培条件下，直径可达5.5cm，茎紫红色。

叶：叶通常在茎基部集成莲座状，向上则强烈缩小成苞片，或逐渐缩小而在茎上互生；叶片卵形至长椭圆形，上面绿色，下面略带紫色或呈紫红色，长2~13cm，宽1~6cm，边缘具不规则圆齿或钝锯齿以至牙齿；基部渐狭成柄，叶脉在上面凹陷，下面隆起。

花：花具梗长0.5~3cm，梗细弱，弯曲而后上升，在茎顶部略排列成总状花序，或几乎全部单生叶腋而分散在茎上；花萼钟状，萼长1~1.5cm，密被多细胞长柔毛和白色长毛，具10条隆起的脉；萼齿5枚，矩圆状披针形或卵状披针形抑或多少三角形，长0.5~0.6cm，宽0.2~0.3cm，稀前方2枚各又开裂而使萼齿总数达7枚之多；花冠长3~4.5cm；花冠筒状而弯曲，外面紫红色（另有变种，花为黄色，叶面背面为绿色），被多细胞长柔毛；花冠裂片，5枚，先端钝或微凹，内面黄紫色，外面紫红色，两面均被多细胞长柔毛，长5~7mm，宽4~10mm；雄蕊4枚；药室矩圆形，长2.5mm，宽1.5mm，基部叉开，而使两药室常排成一直线，子房幼时2室，老时因隔膜撕裂而成一室，无毛；花柱顶部扩大成2枚片状柱头。

果：蒴果卵形至长卵形，长1~1.5cm。

2. 物候期

花期：地黄从每年的4月开始开花，一直开到7月。

果期：8~10月。

生长周期：地黄生长周期为140~160天。地黄的种植多采用根茎分段繁殖，从根茎播种到形成新的根状茎，其整个生长发育大致可分为幼苗生长期、抽薹开花期、丛叶繁茂（块根伸长和膨大）期、枯萎采收期四个时期。

三、适宜地域及环境条件

1. 种植条件及区域

野生地黄生长于海拔50~1100m的山坡及路旁荒地等处。

地黄喜疏松肥沃的沙质壤土，黏性大的红壤土、黄壤土或水稻土不宜种植。地黄是喜光植物，种植不宜靠近林缘或与高秆作物间作。25~28℃最适宜发芽，在此温度范围内若土壤水分适合，种植后一星期发芽，15~20 天出土；当土温在 11~13℃，出苗要 30~45 天，8℃以下根茎不能萌芽。

2. 种植时间

因各地的气候条件及品种的不同，地黄的栽种时间也不同，早地黄于 4 月上旬栽种，晚地黄于 5 月下旬至 6 月上旬栽种。

3. 种植要点

（1）播种时间：地黄对播种时间的要求比较严，俗称“早地黄（春播）要晚，晚地黄（夏播）要早”，过早或过晚对地黄的产量和质量都有直接的影响。地黄块茎发芽一般要求 10cm 深的土壤温度达 10℃以上才能出苗，若低于 10℃，由于土壤温度低，种栽在土壤中停留的时间长，出苗缓慢，容易引起块茎的腐烂或感染病害。近年来，产区多在日平均气温达 12℃时开始下种，即 4 月上旬播种。就是覆盖地膜也不应低于日均温 10℃以下，若播种后至出苗前遇上寒流，气温下降到 0℃以下，土壤表层冻结，就会冻死种栽，造成缺苗断垄现象，地膜白天可起增温作用，但夜晚不保温，更不能防冻。采用地膜覆盖也不可过早下种，在开种期（日均温 12℃）可适当提前 7~10 天为宜。18~21℃为地黄播种的最适宜期，播后 10 天即可出苗。晚地黄是产区小麦收获后，为了提高土地利用率，采用夏播复种地黄的一种方式，麦收后抓紧时间整地，及早播种。在日均温 11~13℃时播种至出苗需 30~40 天，而日均温大于 20℃时 10 天即可出苗。

（2）种栽的准备：种栽质量的优劣对地黄的出苗有较大影响。若栽子皮色好而内部变黑，栽后虽能出苗，但生长不良，甚至死亡。栽子萎蔫也影响出苗。因此种栽应选择新鲜、健壮、无病虫害的、粗度直径在 1.2~3cm，将种栽去头斩尾，取其中段，或中上段，用手掰成 5~6cm 的小段作种栽，每段必须有芽 3 个，截口上粘以草木灰，或用 500 倍的多菌灵液浸 5~10min，捞出后控干，在阴凉处晾 1 天，待表面和截口水分干后下种。

（3）露地栽培：可条播也可穴播，可平作也可垄作，垄作有利于提高土壤温度，有利于排水，还能创造田间小气候，增大昼夜温差，有利于提高地黄的产量和质量，应根据具体情况选择适宜的播种方式。条播按行距 40cm 开沟，沟深 5~6cm，按株距 25~30cm 摆种栽。结合播种还可增施适量种肥，种肥是底肥不足的一种补充方式，以饼肥为佳，播种前将油饼粉碎，用水拌湿，或提前发酵则更好，将饼肥施在两种栽之间，切勿将饼肥盖在种栽上，以免发热烧毁种栽，也可将饼肥均匀撒于沟内。然后将地面耙平或耢平，但不能用钉齿耙，以免耙齿碰伤种栽。若旱地种植，土壤墒情差，可增加耙或耢地次数，以利保墒。穴播按行距 40cm 挖穴，穴深 5~6cm，穴距 25~30cm，每穴放种栽 1 段，然后覆土与地面平。穴播保墒好，也是产区常采用的播种方法，尤其是旱地。一般每亩留苗 6000~10 000 株，具体密度应根据品种特性而定。种栽用量为 30~50kg。

（4）地膜栽培：近年来许多地方采用地膜覆盖栽培技术，由于地温高，保墒效果好，地黄出苗快，延长了生育期，产量增幅较大，一般在 1 倍以上，值得推广。可先播种，然后铺地膜，待地黄出苗后再打孔放苗，这种方法保墒作用强；也可先铺地膜，再在地膜上打孔、挖穴、播种，此种方法不如前一种保水效果好，若孔口盖土不严，还会被大风吹跑、吹坏地膜。可起垄覆盖，也可平铺地膜，可根据具体情况和传统方法选择适宜的覆盖方式。覆盖地膜因地温高，杂草出苗快，为防杂草危害，可在播种后地面喷氟乐灵，再覆盖地膜，可有效防止单子叶杂草的危害。

四、大田栽培技术

1. 选地整地

选地对于种好地黄最为重要。应选地势高燥向阳、土层深厚、疏松肥沃、排水良好的中性和微酸性壤土和沙质土为好。地黄不宜连作，地黄的轮作周期应在 10 年以上，10 年内不能再行种植。地黄的前茬作物应以禾本科植物的小麦、玉米、谷子或甘薯、马铃薯为好。而花生、豆类、芝麻、棉花等不宜作地黄的前作物或邻作物，否则易发生红蜘蛛或感染线虫病。地黄为喜光植物，周围不能有遮阴物，地黄种植地的东面和南面不宜种植玉米、高粱等高秆植物，以免遮光。

地黄是喜肥植物，土地选好后，必须进行秋深耕 25~30cm，结合秋耕施入充分腐熟的优质农家肥料，每亩施肥 4000kg。秋耕有利于土壤熟化和土肥相融，俗称“秋耕壮堡”。开春后再浅耕 15~20cm，时间应在 3 月下旬，以早为佳，耕地结合每亩施入饼肥 150kg，过磷酸钙 50kg。并做畦耙耱保墒，畦宽 120cm，畦高 15cm。畦埂底宽 30cm，待种。视墒情决定是否浇地，土壤过于干旱必须灌溉。浇地后机具能入地时，再浅耕或旋耕，以浅为宜，一般不超过 10cm，以便为地黄种栽创造一个适宜的覆盖层。若为褐墒则不必灌溉，地黄出“黄墒”，但地黄不能种黄墒，应种褐墒，出黄墒，若种黄墒，则出苗为灰墒，就会因土壤干旱，种栽吸收不到水分，而缺苗断垄。

2. 选用良种

主要农家品种有金状元、小黑英、邢疙瘩等。其中以小黑英、金状元两个农家品种为好。

金状元：产量高，皮细、色黄、个头大，栽培面积较广，生长初期只长叶子，叶子长出后其块茎才迅速生长，本品种易感病毒病。

白状元：株型大，半直立。叶片较少，叶大呈长圆形或倒卵形。块茎似金状元而略短小，集中，淡黄褐色。特点是产量高，但不稳定，抗病虫能力差，抗涝性较强。

小黑英：植株较小，叶子和块茎同时生长，根状茎为球形，单株产量较低，可适当密植，叶片含水分较低，叶内组织较老化，抗病和抗涝性能较强。

邢疙瘩：体形大，生育期长，抗逆性较差，需肥多，产量和折干率低，宜于在肥沃的沙质壤土上栽培，本品种分布不广，仅河南武陟县、温县的部分地区栽培。

红薯王：特点是产量高，抗旱能力也强，但抗涝、抗病虫害能力差。

北京 1 号：是用新状元和武陟 1 号为亲本杂交而成。株型较小，整齐，适合密植。叶色较深。地下块茎膨大较早，块茎生长集中，颜色较浅。特点是产量高，适应性广，抗斑枯病，但易感染花叶病毒病。

温 85-5：根茎为球形，抗旱、抗涝、抗病害、喜肥、产量高，但不耐瘠薄，不易烘烤加工。

3. 田间管理

（1）间苗补苗：当苗高约5cm，即长出4片叶子时，要及时间苗。由于块茎上有3个芽眼，可长出2~3个幼苗，间苗时从中选留壮苗1~2株。如有缺苗处，可从本田多苗处移栽，补缺处，移苗最好选阴天进行，尽量多带原土，先挖穴，后放苗，再压紧土壤，及时浇水，栽后不缓苗，或降低缓苗时间，以利幼苗成活。

（2）中耕锄草：地黄出苗后至封垄前，应常中耕锄草。地黄块茎入土较浅，中耕宜浅不宜深，否则会伤根，不利于幼苗的生长。第一次结合间苗进行浅中耕锄草，中耕有利于除草，还有利于地黄发苗，提高土壤温度，促进根系生长，第二次可适当加深中耕深度，当茎叶封行后就不便中耕，只能拔草。注意田间一切作业措施都必须在露水下后进行，否则会传染病害，雨天和阴天也不要进地作业。

（3）追肥：地黄是喜肥植物，除底肥和种肥外，在生长期间还应追肥2~3次，在底肥和种肥不足的情况下更应注意追肥，以补其不足。俗称“地黄一枝花，全凭粪当家”“地黄不上粪，等于瞎胡混”。追肥至少进行2次，第一次称为苗肥，在地黄苗出齐后追肥，以氮素性肥料为主，以促进地黄营养体的健壮生长，每亩追施腐熟的人畜粪水1500kg，或硫酸铵7~10kg；第二次在封行前，又称促根肥，此时植株进入旺盛的生长发育时期，地下块茎开始膨大，对养分的需要量逐渐增大，尤其是对钾、磷的需要量更为重要。每亩至少应追施人畜粪水2000kg以上，或饼肥150kg、硫酸钾20kg、过磷酸钙50kg。促进块茎膨大发育，以沟施或穴施为佳，追肥后及时覆土，防止肥效挥发，以提高肥料的利用率。封行后地面追施肥料有困难，可采用叶面追施磷酸二氢钾等叶面肥料，也可自制叶面肥，取1kg过磷酸钙，加水10kg，经常搅动，放置24h后，取其上清液，再加入0.5kg的硫酸钾或尿素，兑水100kg。叶肥对于促进地黄的健壮生长十分有利。

（4）摘蕾、去串皮根：现蕾、开花消耗大量的养分，为了节省养分，促进块茎的生长，当地黄现蕾抽茎时应及时打顶去蕾，结合中耕锄草分批去掉。对根际周围抽生的分蘖，也应及时用小刀从基部切除，使养分集中于地下块茎的生长，以利增产。地黄除主根外，还能沿地表长出细长的地下茎，这些地下茎称“串皮根”，同样也消耗大量的养分，应及时全部铲除。立秋后，当底部叶片变黄时也要及时摘除黄叶。

（5）排灌水：地黄生长前期发育较快，需水量较大，应少灌勤浇，不能大水漫灌。生长后期以地下块茎膨大为主，水分不宜过多，此时也最忌田间积水，雨季应注意及时排水，田间积水最易引发根腐病。追肥应结合浇水，天旱（看天）、地干（看地）、苗发黄（看苗）要浇水，药农称作“三看”浇地，即看天、看地、看苗情，根据实际情况决定灌溉的次数和灌溉量。地黄的灌溉技术要求高，灌溉的次数和量若掌握不好，将会引发病害，在没有把握的情况下，应“宁干勿湿，宁少勿多”。有条件以喷灌为佳。

4. 病虫害防治

5月每亩用4.5%的氯氰菊酯1500倍液防治蚜虫。叶片如果出现黄斑点，即是斑枯病的前兆，应及时喷施广枯灵等进行防治，一般喷两次即有很好的防治效果。多雨季节用70%的退菌特800倍液或50%代森锰锌1000倍液喷洒防治基腐病。对发病严重的植株应及时清除。

5. 采收

春种地黄栽后当年11月前后，当地黄茎叶枯黄且带有斑点时即可采挖。先将鲜地黄除去须根，按大小分级然后分别晾干，直至其颜色逐渐变黑。如遇阴雨天气，应在烤房保持60~70℃温度烘干。

五、种子种苗繁育

1. 种子繁育技术

（1）原地留种：春季播种较晚，或生长较差的地黄，其块茎较小，秋天可不刨，留在田间越冬，翌年春天种地黄时再采挖，挑选块茎健壮、无病虫危害者，块茎直径在1.2~3cm间的作种栽。大块茎由于含水量多，越冬后大部分已腐烂，因此块茎较大的地块不宜采用此法。大田生产以倒栽的种栽为佳。

（2）冬藏留种：秋季采收大田时，在田间选留产量高、抗病虫能力强、体大而充实、芦头短的优良单株，稍晾后拌沙窖储（1~5℃）越冬。注意控制好温湿度，严防温度过高或湿度过大，以免造成种栽腐烂，以不使种栽受冻为度，次春播种时取出。

2. 种苗繁育技术

在7月中、下旬，在当年春种的地黄田间，选择生长健壮，无病虫害的优良植株，挖出部分或全部块茎，剔除劣种，挑选个头大、芦头短、抗病力强、芽密、块茎充实的作种栽。将块茎截成4~5cm的小段，按行距20~25cm，沟深3~5cm，株距10~12cm，重新种植在另一块施足底肥的地块内。此时正值雨季，一般不需浇水，出苗后加强管理。越冬时切勿浇冻水，翌春挖出种栽，随挖随栽，这种栽子出苗整齐，产量高，质量好，且能防止退化。

第六节　大　黄

一、植物简介

中文名：掌叶大黄。

学名：*Rheum palmatum* L.。

别名：大黄、葵叶大黄、将军、黄良、火参、肤如、蜀、牛舌、锦纹。

科属：蓼科大黄属。

生长型：多年生粗壮草本。

入药部位：根状茎及根。

花期：6~7 月。

果期：7~8 月。

生境和分布：多生于排水良好的山地。分布于陕西、甘肃、青海、四川西部、云南等地。

繁殖方式：种子和子芽繁殖，以种子繁殖为主。

二、生物学特性

1. 形态特征

茎直立，高 2m 左右，中空，光滑无毛。基生叶大，有粗壮的肉质长柄，约与叶片等长；叶片宽心形或近圆形，径达40cm以上，3~7掌状深裂，每裂片常再羽状分裂，上面流生乳头状小突起，下面有柔毛；茎生叶较小，有短柄；托叶鞘筒状，密生短柔毛。花序大圆锥状，顶生；花梗纤细，中下部有关节。花紫红色或带红紫色；花被片6，长约1.5mm，成2轮；雄蕊9；花柱3。瘦果有3棱，沿棱生翅，顶端微凹陷，基部近心形，暗褐色。大黄呈类圆柱形、圆锥形、纺锤形、卵圆形或一面平坦一面隆起的块片，长3~17cm，直径3~9cm。除尽外皮者，表面黄棕色至红棕色，可见类白色网状纹理，系由微细的类白色薄壁组织与棕红色射线交错而成，有时可见散在的星点（异型维管束），未除尽外皮者表面棕褐色，有横皱纹及纵沟，顶端有茎叶残基。切面多凹凸不平。质坚实，有的中心稍松软，不易折断，折断面淡红棕色或黄棕色，颗粒性；根茎髓部宽，有星点环列或散在；根木质部发达，具放射状纹理，形成层环不明显，无星点。气清香，味苦、微涩。嚼之黏牙，有沙粒感。均以外表黄棕色、锦纹及星点明显、体重、质坚实、有油性、气清香、味苦而微涩、嚼之粘牙者为佳。

2. 物候期

花期6~7月，果期7~8月。

三、适宜地域及环境条件

1. 种植气候与土壤

大黄喜冷凉气候，耐寒，忌高温。野生大黄分布于中国西北及西南海拔2000m左右的高山区。种植多在1400m以上的地区，冬季低气温为-10℃以下，夏季气温不超过30℃，无霜期150~180天，年雨量为500~1000mm。对土壤要求较严，一般以土层深厚，富含腐殖质，排水良好的壤土或沙质壤土最好，黏重、酸性土和低洼积水地区不宜栽种。忌连作，需经4~5年后再种。

2. 种植时间

北方种植时间为3~4月；南方种植时间为12月到次年2月。

3. 种植要点

大黄种植以种子繁殖为主，也可用子芽繁殖。种子繁殖时由于大黄品种易杂交变异，应选品种较纯的三年生植株作种株，7 月中、下旬待种子大部分变黑褐色时，连茎割回，阴干，脱粒，备用。育苗移栽和直播法两种。

四、大田栽培技术

1. 选地整地

栽培地应选土质疏松、土层深厚、排水良好的沙质壤土。然后，深翻土壤 33cm 以上。结合整地，每亩施腐熟厩肥或堆肥 2500~3000kg，翻入土中作基肥。然后做畦，或不做畦，开好排水沟栽种。

2. 选用良种

栽培种主要首选掌叶大黄，又名葵叶大黄、北大黄、天水大黄，为多年生高大草本，根茎粗壮。次为唐古特大黄、药用大黄和食用大黄。

3. 田间管理

应及时中耕锄草，锄后培土。第一年因苗小，还可套种大豆。大黄系喜肥作物，多施家肥，化肥应选过磷酸钙。打薹对于大黄优质高产影响很大，在移栽后第二年春末夏初，除留种植株外，其余植株将花薹打去，并及时培土。打薹宜在晴天进行，不宜阴天和雨天，以免雨水灌入茎中引起根部腐烂。

4. 病虫害防治

主要病虫害有根腐病、轮纹病、疮痂病、炭疽病、霜霉病等。一般在高温多湿条件下发病最烈，尤其大黄收获的当年或先年发生较多，应注意。预防办法：轮作；勤排积水；打薹注意天气；及时培土；及早拔除病株并即烧毁，并在病株坑内撒生石灰。发病前或发病时用 1:1:120 波尔多液喷雾或浇灌。虫害有金龟子和蚜虫，可用化学药剂毒杀。金龟子为害亦可在早晨捕杀或夜晚点灯诱杀成虫。

5. 采收

移栽后第三年秋季叶枯时便可收获。挖出后就进行刮皮，切除水根。晒 5~10 天，再按规格要求进行加工。干燥方法有三：

（1）风干：风干即串挂屋檐下阴干；

（2）晒干：将大黄摊晒在干净的地面晾晒；

（3）熏干：要注意火候，先大后小。

弄干后还要撞皮。大黄加工时要注意不要过冷、过震、大火烤，否则易发生冻糠、震糠、火糠现象，严重影响质量。

五、种子种苗繁育

1. 种子繁育技术

选择优良种子是大黄夺取高产的重要保证。选种时应选品种纯正、生长发育健壮而无病虫害的 3 年生植株作为种株，于 7 月下旬至 8 月上旬待种子变黑褐色但未完全成熟时连茎割回，放在阴凉通风处，数日后抖下，除立即秋播外，其余种子阴干贮藏，种子宜储于通风良好的竹篮或布袋中，勿使受潮，不可储于密闭器中。播种期分为春播和秋播（春播在 4 月初至 6 月初，秋播在 8 月末至 9 月初）。栽种时按行距 60~80cm，株距 50~70cm 穴播，穴深 3cm 左右，每穴播种 5~6 粒，覆土 2cm 左右。每公顷用种量 22.5~30kg。

2. 种苗繁育技术

育苗苗床多选择于山间向阳的腐殖质与生荒地，除去杂草石砾，挖地耙细，修整苗床，做成 140cm 宽的高畦，并视土壤肥瘦酌量施以堆肥或人畜粪作为基肥，然后播种育苗。育苗可条播或撒播。条播者横向开沟，沟距 25~30cm，播幅 10cm，深 3~5cm，每公顷用量 30~75kg。撒播是将种子均匀撒在畦面，薄覆细土，盖草。每公顷用种量 75~105kg。发芽后于阴天或晴天午后将盖草揭去。苗出齐后，及时除草、浇水。如幼苗太密，可结合第 1 次除草间苗。苗期追施稀薄人畜粪尿 2~3 次。初冬回苗后用土、草或落叶覆盖，至次年萌芽时揭去覆盖物。春播者于第 2 年 3~4 月移栽，秋播者于第 2 年 9~10 月移栽。选根有中指粗的幼苗，将侧根及主根的细长部分剪去，按行距 70cm，株距 50cm 开穴，穴深 30cm 左右，每穴栽苗 1 株。春季移栽的盖土宜浅，使苗叶露出地面，以利生长；秋季移栽盖土宜厚，应高出芽嘴 5~7cm，以免冬季遭受冻害。

第七节　党　参

一、植物简介

中文名：党参。

学名：*Codonopsis pilosula*（Franch.）Nannf。

科属：桔梗科党参属。

生长型：多年生草质藤本植物。

入药部位：干燥根。

花期：7~8 月。

果期：8~9 月。

生境和分布：党参生长于海拔 156~3100m 的山地林边及灌丛中，喜温和凉爽气候，耐寒；幼苗喜潮湿、荫蔽环境，怕强光，适宜在土层深厚，排水良好，土质疏松而富含腐殖质的沙壤土栽培，主要分布于中国华北、东北、西北部分地区。

繁殖方式：有种子直播和育苗移栽两种繁殖方法。

二、生物学特性

1. 形态特征

根：呈圆锥状，表面灰黄色，有环纹，根的头部有凸起的茎痕和芽，习称“狮子盘头”，从中部开始有分枝，根茎光滑，数量较多，都缠绕在一起。

茎：有多数分枝，茎基具多数瘤状茎痕，具叶，不育或先端着花，黄绿色或黄白色，无毛。

叶：在主茎及侧枝上的互生，在小枝上的近于对生，有疏短刺毛，叶片卵形或狭卵形，下端像心形，边缘是锯齿形。

花：花单生于枝端，与叶柄互生或近于对生，有梗，淡黄绿色，有污紫色斑点。

果实：下半部分为半球形，上半部分为短圆锥形。

2. 物候期

党参适合在春季栽种，一般 3~4 月出苗，6 月中旬，植株高度在 10~15cm，从 6 月中旬至 10 月中旬，进入快速增长期，10 月下旬地上部分会枯萎，然后进入休眠期，1 年生党参地上部分长度会在 60~100cm，党参种植生长速度慢。

三、适宜地域及环境条件

1. 种植条件及区域

党参喜温和凉爽气候，耐寒，根部能在土壤中露地越冬。幼苗喜潮湿、荫蔽、怕强光。播种后缺水不易出苗，出苗后缺水可大批死亡。高温易引起烂根。大苗至成株喜阳光充足。适宜在土层深厚、排水良好、土质疏松而富含腐殖质的沙质壤土栽培。

2. 种植时间

党参一般在霜降到立冬时种植最好，这样有利于发芽生长，到了来年党参苗就可以生长旺盛了，一般不在夏季种植，因为此时气温较高，不利于党参生长。

3. 种植要点

（1）肥料：如果土壤的肥力不够，长出来的党参品质不佳，因此，移栽之后大概在五月上旬的时候，可以追加一次肥料，建议多用一些农家肥，施肥的位置一定要注意，离根部要有一定的距离，但是也不要太远，以便利于根部吸收营养，并且促进生长。

（2）微量元素：除了常用的那些肥料之外，还有一些微量肥料对党参的品质影响很大，比如说锌、铁、锰等，在施肥的时候要注意额外添加。

（3）水分：党参在苗期的时候，一定要注意保持土壤湿度，水一次性不要浇太多，小水慢灌进去就可以了，然后等到苗长到约 15cm 时就要注意浇水不要太多，不然容易出现旺长的情况，白白耗费掉养分，同时下雨的时候要注意及时排水，否则根部会出现腐烂。

（4）搭架：党参是藤本植物，苗长到 30cm 左右时需要搭架子，以使苗接触到足够的光照，同时通风也会更好。

四、大田栽培技术

1. 选地整地

育苗地宜选半阴坡地，土质为疏松肥沃，腐殖质多，排水良好的沙质壤土。亩施圈肥 2000~3000kg，磷酸二铵 20~30kg，过磷酸钙 30~50kg，然后翻耕、耙细、整平做成平畦。宽 3~5m，长度依地形而定。移栽定植地要求向阴。山坡地种植多不做畦，顺坡面整平即可。

2. 选用良种

（1）种子处理：挑选当年采收的优质、新鲜党参种子播种，放到 40℃左右的温水中浸泡，边搅拌边放种，水温不烫手后再泡 5min 即可，浸泡完成后用清水洗干净，每隔 3~4h 用 15℃的温水淋一次，5~6 天后即可播种。

（2）播种时间：霜降到立冬期间较为适宜。不同地区气候环境不同，具体播种时间有所差异。

（3）播种方法：将种子均匀播种到苗床上，适当覆土、浇水即可。

3. 田间管理

（1）移栽时间：可在 10 月下旬至封冻前移栽，也可以在次年 4 月下旬至 5 月初幼苗萌芽前移栽。

（2）移栽方法：育苗一年进行移栽，可以于第二年春天起苗后就定植幼苗，按行株距 20cm × 25cm，挖一条深 17~20cm 的沟，然后将幼苗栽植到沟内。

（3）中耕除草：幼苗出土后松土除草，松土宜浅，避免伤及根部，封垄后无须中耕除草。

（4）适时追肥：移栽后至搭架前需要追施一次稀释后的人粪尿，每亩 1000~1500kg 或尿素 10kg，硫酸铵、过磷酸钙各 10kg，二者混合后，在行中间开 6cm 浅沟，施入后覆土盖严。

（5）适时浇水：移栽后如遇干旱天气，及时浇水，幼苗成活后则少浇水或停止浇水，以免徒长，消耗养分。雨季加强排水工作，以防发生烂根。

（6）搭建攀架：幼苗长至 30cm 时搭架，促使茎蔓攀架生长，搭架可以就地取材，使通风透光，枝叶充分舒展，增加光合作用面积，使植株生长健壮，提高抗病能力，增加产量。

4. 病虫害防治

锈病：在多雨潮湿季节易发病。党参苗枯后，及时清园，烧毁病枯残叶可防止锈病发生。发病初期喷洒代森锌 500~600 倍液或三唑酮 600~800 倍液。

根腐病：低温及多雨季节易发病。注意排水可防止根腐病发生。发病初期用 50% 多菌灵可湿性粉剂 500 倍液浇灌根部。

地下害虫：主要有蛴螬、地老虎，金针虫等，危害根部。可用 3911、辛硫磷等进行毒饵诱杀。方法是亩用 3911 或辛硫磷 0.50kg，兑水 5kg，拌入 10~20kg 油渣，翻地前撒入，随撒随翻，以防降低药效。

5. 采收

一般于移栽 1 年后挖出参根，抖去泥土，按粗细大小分别晾晒至柔软，用手顺握后再晒，反复 3~4 次至干。党参产区也有将参根按大小分级，用尼龙绳穿成长 3~5m 的串，挂在事先设好的架上晒干的方法。这种方法的优点是可节约晾晒场地，有利于通风和晒干。折干率约 2∶1。亩产量为 300~400kg。

五、种子种苗繁育

1. 种子繁育技术

（1）播种时间和播种环境：党参最主要的药用价值在于其肉质的根部，所以苗地一定要选择排水良好的位置，否则高温潮湿很容易让其根部腐烂，为避免造成减产的情况，因此在低洼平坦的位置一定要开高畦。

（2）催芽：党参种子可以通过催芽操作很快发芽，也可以等它自然发芽，但是自然发芽的速度会慢一些，所以建议还是需要先进行催芽处理，党参种子在播种前需要用 40~50℃的温水浸泡，然后再与细沙混合，经过 8 天左右，等种子大部分裂口露白才可以播种，这种方法更加天然，更适合种子优选的过程。

（3）播种：党参的播种方法比较简单，由于种子较小，所以在整地时需要精耕细作，播种的具体方法可分为撒播和条播。撒播是将拌好的种子均匀的撒在畦面上，然后覆盖一层薄土，以利于保湿和防风，然后再覆盖一层草帘，一是可以保温保湿，二是为幼苗遮挡阳光的曝晒，大约 10 天左右种子开始发芽。

（4）苗期管理：党参的小苗生长时期要求高一些，不能受到强烈光线的照射，适合在阴暗的环境下生长，不能一直处于特别热的环境下。土壤也要尽量松软，沙土也要是细沙为好。地块最好接近水池边，方便引水灌溉。

2. 种苗繁育技术

在春夏秋季均可播种育苗，保护地在 10cm 土层地温稳定在 10~12℃时播种。大田播种育苗在整好的地里按间距 25cm 划行播种后覆土 2cm。黑膜人工打孔育苗时，按每孔播种 6~8 粒后覆沙土 1.5cm，踩平，覆盖细沙防止水分蒸发和板结；黑膜机械打孔育苗时，注意播种均匀，不能出现缺苗断垄情况；塑料大棚育苗时，做成 1.2m 宽的小畦，用水浇透，将种子均匀撒入畦内后覆沙土 2cm，党参亩播量 6kg。

第八节 丹 参

一、植物简介

中文名：丹参。

学名：：*Salvia miltiorrhiza* Bunge。

别名：红根、大红袍、血参根。

科属：唇形科鼠尾草属。

生长型：多年生直立草本植物。

入药部位：丹参的根及根茎。

花期：6~8 月。

果期：8~9 月。

生境和分布：丹参生于山坡、林下草丛或溪谷旁，海拔 120~1300m，喜气候温和，光照充足，空气湿润，土壤肥沃的环境。生育期若光照不足，气温较低，则幼苗生长慢，植株发育不良。在年平均气温为 17.1℃，平均相对湿度为 77% 的条件下，生长发育良好。适宜在肥沃的沙质壤土上生长，对土壤酸碱度要求不高，中性、微酸及微碱性土壤均可种植，在全国大部分地区均有分布。

繁殖方式：丹参的繁殖分种子繁殖、分根繁殖、扦插繁殖和芦头繁殖等多种方法，以芦头繁殖产量最高，其次是分根繁殖。

二、生物学特性

1. 形态特征

丹参根圆锥形，红褐色。单叶对生，三角状或椭圆状戟形，先端急尖或短渐尖，基部戟形或近心形，边缘具粗锯齿。叶下面密被白色绒毛。小轮伞花序有花2~4朵组成总状花序，顶生或腋生；花萼钟状，二唇形；花冠紫红色，筒部较宽短，筒内具毛环。小坚果倒卵圆形，灰褐色。

2. 物候期

丹参在18~22℃，15天左右出苗，出苗率70%~80%。陈种子发芽率极低。当5cm土层地温达到10℃时，丹参开始返青。4~6月枝叶茂盛，陆续开花结果。7月之后根生长迅速，7~8月茎秆中部以下叶部分或全部脱落，果后花序梗自行枯萎，花序基部及其下面一节的腋芽萌动并长出侧枝和新叶，同时又长出新的基生叶，有利于根的生长。8月中、下旬根系加速分枝、膨大。10月底至11月初平均气温10℃以下时，地上部分开始枯萎，最低温度-15℃时丹参仍可安全越冬。

三、适宜地域及环境条件

1. 种植条件及区域

丹参喜温暖湿润的环境，最佳温度为15~28℃，过高和过低都会对其生长发育造成不利影响。丹参怕光怕热，还要避免过强的阳光直射。土壤要求以土质疏松、排水良好、肥沃的草本土壤为宜，酸碱度在6~7.5之间最适宜。适宜的湿度环境有助于丹参的生长发育，种植时应当保持土壤湿润，但是不可以积水，以免影响植株生长。

2. 种植时间

丹参最佳种植时间是在秋季入冬和春季3月中下旬。

3. 种植要点

丹参繁殖主要采用分根法。可选用粗壮新根作种，将根条截成5cm长的根段，于11月至12月间栽种。栽种时要直立，切勿上下倒置，栽后覆土3cm厚。也可将根条横放于播种沟内，覆土5cm，行距25cm，株距20cm。也可用种子繁殖，须在采种当年的雨量充沛的季节下种，播种后要盖上草，并经常洒水，以保持湿润，7天后即能出苗、到苗壮后再移栽。此外，种植丹参应尽量多施基肥、生长期还要施几次肥。要及时中耕除草，注意开沟排水和分次打薹。除留种株外，花期要分几次将花序剪除，以利根部生长。

四、大田栽培技术

1. 选地整地

选择向阳、土层深厚、排水良好的沙质土壤栽培，土壤过黏，通气和排水不良将会引起烂根。前作秋季收获后深耕。第二年春季种植前，做宽 1.2m、高 20cm 的畦，畦沟宽约 25cm。整地时每亩施堆肥或厩肥 1500~2000kg 作基肥。

2. 选用良种

（1）种子繁殖：留种田的植株于 6 月以后种子陆续成熟时分批采收再晒干。丹参种子发芽率在 70% 左右，陈种子发芽率很低，不能采用。种子采收后要及时播种，有的地方在秋季 9 月播种。南方地区，如浙江在 6 月种子采收后播种。条播或撒播，播后盖薄土，后盖草或塑料薄膜。出苗后逐渐揭去盖草，苗高 6~10cm 时移栽，行株距 30cm × 20cm。

（2）分根繁殖：收挖时，留种用的不挖，到翌年 2~3 月随挖随栽，作种用的种根应选择直径 0.7~1cm，健壮、无病虫、皮色红的一年生根为好。选好的根条掰成约 5cm 长的段，按行株距 30cm × 25cm 种植，覆土约 3cm 厚，每亩用种根 50kg。

3. 田间管理

（1）中耕除草：一般中耕除草 3 次，第 1 次在返青时或苗高约 6cm 时进行；第 2 次在 6 月进行；第 3 次在 7、8 月进行。封垄后不便再行中耕除草。

（2）追肥：以施基肥为主，如基肥不足，可结合中耕除草追肥。

（3）排灌：雨季注意排水防涝。积水影响丹参根的生长，会降低产量和品质，甚至引起烂根和死苗。

（4）摘花：开花期除准备收获种子的植株外，必须分次将花序摘除，以利根部生长。

4. 病虫害防治

一般情况下，丹参病虫害较轻。常见病害有叶斑病、真核病、根腐病、根结线虫病等。

（1）叶斑病：一种细菌性病害，发病植株叶片上生有近圆形或不规则形的深褐色病斑，严重时病斑扩大汇合，致使叶片枯死。5 月初始发，一直延续到秋末。防治方法：清除基部病叶，改善通风条件，注意排水；冬季清园，处理残株。

（2）菌核病：发病植株茎基部、芽头及根茎部位逐渐腐烂变褐色，并在发病部位及附近土面以及茎秆基部的内部，生有黑色鼠粪状的菌核和白色菌丝体，植株枯萎死亡。防治方法：加强田间管理，及时疏沟排水，实行水旱轮作。

（3）根腐病：5~11 月发生。发病植株根部先受害腐烂，外皮黑色，地上部初为个别茎枝先枯死，严重时全株死亡。防治方法：轮作、不宜连作；选择地势高燥、排水良好的地块种植，雨季注意排水；选择健壮无病的种苗；发病初期用 50% 托布津 800~1000 倍液浇灌。

（4）根结线虫病：在须根上形成许多瘤状结节，植株地上部矮小萎黄，是由根结线虫寄生引起的。防治方法：建立无病留种田，并实施检疫，防止带病繁殖材料进入无病区；与禾本科作物轮作，不重茬。

5. 采收

丹参一般在当年 11 月上旬即立冬后采收，种子育苗栽培的丹参在第二年秋季地上部分枯萎后收获。

五、种子种苗繁育

1. 种子繁育

苗床宜选用地势略高、土质疏松肥沃、浇水方便的土地、山区育苗，最好选择朝东或东南方向的山脚坡地作为苗床，以减少日晒，利于出苗。苗床先进行翻耕，并以沤腐的人粪尿作基肥。泥土要打细，做高畦，畦宽 1.2~1.5m。然后将种子均匀浅播在畦面上，播后用脚轻踩一遍，使种子与表土紧贴（不必覆土），盖上一层薄薄麦秆，并经常洒水，保持湿润。当幼苗具 3~5 片真叶时，如发现过密应进行间苗。期间注意浇水，并及时追施 1~2 次腐熟农家肥，促进幼苗生长。

2. 种苗繁育技术

丹参育苗的苗床要求地块的地势较高，土质疏松、肥沃、浇水排涝方便，略有遮阴的条件更有利于出苗。苗床要首先施肥、耕翻、耙细、抹平、扒畦，畦宽可 1.5m 左右。丹参播种一般采用撒播，也有用条播的。种子撒匀后，可不必盖土，用脚踏实一遍，让种子与土贴紧即可。播后必须撒上一层麦秆，以便保湿防晒。播后要经常洒水，保持地表及土层潮湿。若是 6 月播种，大概 7~10 天即可出苗，要及时撤去土表麦秆。出苗后及时拔草，幼苗 3~5 片真叶时，要进行间苗。间出的苗还可在其他地块移植培育。间苗后，还要及时浇水，并施追肥一次，以利幼苗生长。播种后两个半月即可进行移栽，标准苗为主根长 7~10cm，粗 7mm 左右，叶片长 13cm 左右。移栽时间多是 10 月下旬到 11 月上旬，当年生根、成活，第二年抽茎开花。根据经验，丹参应早些移栽为宜，因早移栽早定根，寒冬来临时，早已成活，有一定的抵抗力，有利于来年早返青。尽可能不要推迟到严寒季节移栽。丹参苗移栽的密度也较灵活，可视土地及肥料情况而定，常采用的株行距为 20cm × 25cm、25cm × 30cm 等。移栽时要开穴，穴深视苗情而定，以埋土后微露心芽为准，不可太深，也不要使根头露土。埋土后还要及时踏实，浇水稳根。

第九节　白　及

一、植物简介

中文名：白及。

学名：*Bletilla striata*（Thunb. ex Murray）Rchb. f.。

别名：白芨、甘根、连及草、臼根、白给、冰球子、白鸟儿头、地螺丝、羊角七、箬兰、朱兰、紫兰、紫蕙、百笠等，不同地方叫法不一。

科属：兰科白及属。

生长型：多年生草本球根植物。

入药部位：常见以干燥的块茎入药。

花期：4~5 月。

果期：7~9 月。

生境和分布：白芨喜温暖、阴凉和较阴湿的环境，是广温性植物。广泛分布于陕西南部、甘肃东南部，江苏、安徽、浙江、江西、福建、湖北、湖南、广东、广西、四川、贵州等地方。

繁殖方式：主要有分株繁殖、种子繁殖、块茎繁殖、组培快繁四种繁殖方式，常用的方式是块茎繁殖。

二、生物学特性

1. 形态特征

白芨株高 18~60cm，假鳞茎扁球形，上面有荸荠似的环带，富黏性；植株茎秆笔直、粗壮。叶 3~5 片，叶片呈细长圆形、披针形，长 15~30cm，宽 2~6cm，先端渐尖，基部收狭成鞘并抱茎，通常为 4~6 枚，长 8~29cm、宽 1.5~4cm。花朵较大，一般为紫红色或粉红色，花序有 3~10 朵花，花苞片呈长圆状，长度为 2.0~2.5cm，在花开时凋落。苞片披针形，长 1.5~2.5cm；花淡紫红色或黄白色，花被片狭椭圆形，先端尖，唇瓣倒卵形，内面有 5 条隆起的纵线，上部 3 裂，中央裂片矩圆形；雄蕊与雌蕊结合为蕊柱，两侧有狭翅，柱头顶端着生 1 雄蕊，花粉块 4 对，扁而长，蜡质；子房下位，圆柱状，扭曲。呈圆柱形，长 3.5cm，直径 1cm，两端稍尖狭，有 6 个纵肋，顶端有花瓣枯萎后留下的痕迹。

2. 物候期

（1）花期：白芨花期在 4~5 月，开花的时候颜色很多，有黄色、白色、粉色、紫红色等，观赏性比较高，开花期间喜欢湿润的环境，养护期间要及时浇水，还要适量喷水保湿，温度一般控制在 20℃左右，一般日照时间控制在 6h 左右为宜，夏季做好遮阴，冬季做好保暖措施。

（2）果期：白芨一般 7 月挂果，9 月左右成熟，果期为 7~9 月。果实成熟后便可采摘上市，9 月大量上市。

（3）生长周期：白芨的生长周期相对较长，野生生长周期一般为 3~4 年，而人工种植的时间为 5~6 年，甚至更长。历经春、夏、秋三季后，地面部分在冬霜后慢慢死亡，第二年休眠的鳞茎会发芽。

三、适宜地域及环境条件

1. 种植条件及区域

白芨多数情况下生于海拔 100~3200m 的常绿阔叶林、栎树林或针叶林下及路边草丛、岩石缝中。在温度 -3℃以上、40℃以下均能生长，适宜生长温度为 15~25℃；白芨喜湿润的环境，较耐旱，土壤湿度在 25%~30% 最好，空气相对湿度 75%~85% 最好。白芨喜肥沃疏松、排水良好且富含腐殖质的微酸性至中性土壤，适宜 pH 6.5~7.5。白芨怕强光照射，生长期也需要适当的散射光照避免长期在荫蔽环境下造成生长不良。

2. 种植时间

3 月初种植，栽植深度 3cm。生长期间需保持土壤湿润，要及时除草松土，每 2 周施肥 1 次。一般栽后 2 个月开花。花后至 8 月中旬施 1 次磷肥，可使块根生长充实。

3. 种植要点

（1）选地整地：选择疏松肥沃的沙质土壤和腐殖质土壤，温暖、稍阴湿环境，不耐寒。排水良好的山地栽种时，宜选阴坡生荒地栽植。把土壤翻耕 20cm 以上，施厩肥和堆肥，每亩施农家肥 1000kg，没有农家肥可撒施三元复合肥 50kg，也可施有机肥 100kg，再翻地使土壤和肥料拌均匀。栽植前浅耕一次，把土壤整细、耙平、做宽 130~150cm 的高畦。

（2）繁殖方法：白芨用种子播种较难，分块茎繁殖较易，大面积发展时可选用组培苗繁殖。块茎繁殖一般 9~11 月初将白芨挖出，选大小中等，芽眼多，无病的块茎，每块带 1~2 个芽，沾草木灰后栽种。开沟沟距 20~25cm，深 5~6cm，按株距 10~12cm 放块茎一个，芽向上，填土，压实，浇水，覆草，保持潮湿，3~4 月出苗。亩用种苗 100kg。

（3）田间管理

①中耕除草：白芨在田间管理除草要求很严格，种植好喷洒乙草胺封闭。白芨苗出齐后，5~6 月生长得很旺盛，杂草也长得很快，需要进行人工除草。除草结合搂松畦面，除草时要浅锄，免得伤根。

②追肥：白芨是喜肥的植物，每个月喷施一次磷酸二氢钾或稀薄的人畜粪尿，7~8 月停止生长进入休眠，但是要防止杂草丛生。

③灌溉和排水：白芨喜阴，经常保持湿润，干旱时要浇水，7~9 月早晚各浇一次水。白芨怕涝，大雨及时排水避免伤根。

四、大田栽培技术

1. 选地整地

白芨宜种植在温暖阴凉环境中，土壤要求肥沃疏松、排水良好且富含腐殖质的微酸性至中性壤土，种植前要整地，每亩施复合肥 75kg、腐熟农家肥 1700kg 作为基肥。排水良好的山地栽种时，宜选阴坡生荒地栽植。把土翻耕 20cm 以上，施厩肥和堆肥，每亩施农家肥 1000kg，益富源生物冲施肥每亩 3~5kg。再翻地使土和肥料拌均匀。栽植前浅耕一次，把土整细、耙平，做宽 130~150cm 的高畦。

2. 选用良种

白芨繁殖方法有种子繁殖和分株繁殖两种方式，一般采用分株繁殖。种子繁殖时因种子细小，发育不健全，发芽率低，需要培养基无菌接种培养成苗。简化处理可将毛巾用益富源微生物营养液水沾湿，把种子放在毛巾上，覆上薄膜，保持在湿润条件下让其发芽。发芽后，悉心管理，保证成苗。由于种子繁殖技术对环境要求较高，所以白芨采用分株繁殖。分株繁殖一般在 9~11 月初将白芨挖出，选大小中等，芽眼多，无病害的块茎，每块带 1~2 个芽，沾草木灰后栽种。

3. 田间管理

（1）中耕除草：白芨在田间管理除草要求很严格，主要以人工除草为主，前两年每年除草 4~6 次，当种苗嫩叶出土后要及时人工除草，禁止使用化学除草剂，原因是除草剂不利于白芨块茎成熟，进而会大幅度削减产量并降低品质。第一次在 3~4 月苗出齐后，第二次在 5~6 月生长旺盛期，第三次在 8~9 月，第四次在冬季倒苗后。具体是 6 月初雨量增多，廖科、菊科、禾本科杂草生长势较强，往往与白芨争营养，会严重影响白芨块茎正常膨大，故必须在 6 月初及时细心用手工拔除 1 次，若 6 月中上旬上述杂草仍不能控制，则必须再次细心地手工除草 1 次。除草结合搂松畦面，除草时要浅锄，免得伤根。

（2）追肥：白芨喜肥，白芨出苗前要保持土壤湿润，苗高 3cm 时每亩施硫酸铵 7.5kg，追肥后及时浇水，同时在畦埂上间种玉米遮阴，夏季炎热时浇井水降温，雨季注意排涝、防止积水烂根。生长发育期间，每半个月追施 1 次稀薄的人畜粪水，每亩 1500~2000kg。8~9 月追施稍浓的液肥，亦可将过磷酸钙与堆肥混合沤制后，撒施于畦面，结合第三次中耕除草，盖土压入畦内。

（3）灌溉和排水：白芨喜阴，需经常保持湿润，干旱时要浇水，7~9 月早晚各浇一次水。白芨又怕涝，下大雨时及时排水避免伤根。

（4）间作：白芨植株矮小，生长慢，栽培年限较长，可在头两年在行间间种短期作物，如萝卜、青菜等，以充分利用土地，增加收益。

4. 病虫害防治

烂根病：多在春夏多雨季节发生。防治方法是注意排涝防水，深挖排水沟。

地老虎、金针虫：可人工捕杀和诱杀或拌毒土，用地虫绝施入土。防治方法是用 50% 辛硫磷乳油 700 倍液浇灌土或用益富源催芽生根液稀释 800 倍液浇灌土。

5. 采收

白芨一般到第四年 9~10 月茎叶黄枯时就要采挖，不然过于拥挤会引起生长不良。采挖时，先清除地上残茎枯叶，用锄头从块茎下面平铲，把块茎连土一起挖起，抖去泥土，不摘须根，单个摘下，先选留具老秆的块茎作种茎后，剪去茎秆，放入箩筐内，在清水里浸泡 1h 左右，踩去粗皮和泥土，放到沸水锅里不断搅动，煮到内无白心时（大约 6~10min）取出，烘 5~6h 或大太阳天气晒 2~3 天，表面干硬后，用硫黄熏 12h，每 100kg 鲜块茎，用硫黄 0.2kg，烘透心后，继续晒或烘到全干。硫黄熏蒸后，白芨不霉变，不虫蛀，且色泽洁白透明。然后，放入竹筐或槽笼里，来回撞击，擦去未脱尽的粗皮和须根，使其光滑、洁白，筛去灰渣即成。干燥后的白芨应装入麻袋或编织袋内，放在干燥通风的地方存放，注意防虫蛀。

五、种子种苗繁育

1. 种子繁育技术

将成熟白芨种子留种播撒到基质盘进行种子繁育，待其自然萌发，株高发育至 2~3cm 时，分株移栽至培养穴盘中，长至 10~15cm 可下田移栽。

2. 种苗繁育技术

（1）分株繁殖：白芨一般用分株繁殖法育苗，春季发芽前或秋冬茎干枯萎后，挖出旧株，分割假鳞茎，每株可分 3~5 株，但必须带顶芽。

（2）块茎繁殖：是白芨用得比较多的一种繁殖方法，要精选大小中等、芽眼多、无病的块茎，春播、秋播皆可。将选好的块茎切成小块，每块有芽眼1~2个，稍凉，使伤口愈合后播种，行株距30cm×20cm。播好后，浇水保墒，配合使用白芨种植育苗营养液，提高育苗移栽成活率。

（3）组织培养：白芨可以用组织培养法育苗，具体操作是在不同的培养基上无菌播种，等种子萌发后再用组织培养方法进行无性系繁殖。

第十节　秦　艽

一、植物简介

中文名：秦艽。

学名：*Gentiana macrophylla* Pall.。

别名：左拧根、萝卜艽、秦胶、大叶龙胆。

科属：龙胆科龙胆属。

生长型：多年生草本植物。

入药部分：植物的根部入药。

花果期：7~10 月。

生境和分布：秦艽生态环境适应幅度较宽，喜生长在潮湿和冷凉的气候条件下，耐寒，忍强光，怕积水，在土壤较湿润、腐殖质较高的地方生长较好。在甘肃省，秦艽主要分布于陇东、陇中黄土高原地带，主产于甘肃庆阳的环县、华池、正宁，平凉的庄浪、华亭，天水的北道、清水，临夏的东乡、积石山等地。

繁殖方式：秦艽主要靠种子进行繁殖。

二、生物学特征

1. 形态特征

秦艽是多年生草本植物，高 30~60cm。直根粗壮，黄圆形，多为独根，或有少数分叉者，微呈扭曲状，黄色棕色。茎单一，圆形，节明显，斜升或直立，光滑无毛。基生叶较大，披针形，先端尖，全缘，平滑无毛，茎生叶较小，对生，叶基联合，叶片平滑无毛，叶脉 5 出。聚伞花序由多数花簇生枝头或腋生作轮状，花冠先端 5 裂，蓝色或蓝紫色。蒴果长椭圆形。种子细小，距圆形，棕色，表面细网状，有光泽。

2. 物候期

花期：三年生秦艽 5 月中旬抽薹，6 月中旬现蕾，下旬开始开花，7 月上旬 20%~30% 的花开放，7 月下旬 70%~80% 的花开放；8 月花期结束。

果期：秦艽花期结束后秦艽花开始枯萎，9 月种子成熟，由浅褐色逐渐转变为深褐色。

生长周期：秦艽 3~4 月新芽出土，5~9 月是地上部分的生长旺盛期，二年生以上植株在 7~8 月开花结果，10 月果实成熟，植株枯萎倒苗进入休眠期，即可采挖收获。

三、适宜地域与环境条件

1. 种植条件及区域

秦艽喜生长在海拔为 400~2400m 潮湿和冷凉的气候条件下，耐寒，忍强光，怕积水，适宜在土层深厚、肥沃的壤土或沙壤土生长，积水涝洼、盐碱地不宜栽培。种子适宜在较低温条件下萌发，发芽适温为 20~25℃。

2. 种植时间

种子繁育方式于早春播种，一般从播种到种子发芽大约需 30 天。分株繁育方式分春秋两季栽种，春季萌动之前，挖出根，分成小蘖，每簇 1~2 个芽，按行距 20~30cm、株距 10~20cm 栽植，穴深根据根的大小而定。栽根，埋上芽覆土 3cm 左右，压实；土干要浇水，每亩 1 万株。

3. 种植要点

（1）选地整地：选择土层深厚、肥沃，质地疏松的沙质壤土，于春季或秋季进行耕翻，耕深 30cm 左右，拣去石块或树根，并结合耕翻施足堆肥，每亩约 2000~2500kg，整平耙细，做畦或打垅，待播。

（2）种植方法：秦艽用种子繁殖。一般选择成熟饱满的种子，于早春在整好的地上开沟，沟距 24cm，沟深 1~2cm，条播或穴播，将种子均匀的撒入沟内，然后覆土，略加镇压，有条件的地区，可以覆盖一层草，进行保墒遮阴，以促进种子萌发，一般从播种到种子发芽大约 30 天左右。

（3）田间管理

①间苗：播种后 1 个月左右出苗，当苗高 6~10cm 时，按株距 12~15cm 进行苗定苗，间苗后要适当浇水与追肥。

②中耕除草：一般于 5 月中、下旬进行第一次中耕除草，此时苗幼，必须操作细致。6 月中、下旬或 7 月上旬，再进行一次除草。

③追肥：每次中耕、除草结合进行追肥，每亩施人粪尿 1500~2000kg，或腐熟油饼 50~100kg，加水 1500kg，以后视苗株长势情况，进行追肥。

四、大田栽培技术

1. 选地整地

选择土层深厚肥沃，质地疏松的沙质壤土，一般于前茬玉米、小麦、洋芋等作物收获后至秋季整地，深翻 30cm 以上，及时耙耱保墒。来年春季土壤解冻时翻耕，拣去石块、残膜和草根，将腐熟的农家肥与普钙肥按比例充分混合均匀（每亩施农家肥 1500kg 左右、普钙肥 50kg），施于育苗地，进行深犁，使土肥充分混合均匀。墒情差时一般少施或不施土粪（土粪多时，易伤苗，较严重的导致缺苗），然后整平耙细，做畦或打垄。

2. 选用良种

秦艽种子选择母体生长 2 年以上的植株采收，将回收的种苞阴干、脱落种子，去除不饱满的种子和杂质，通风干燥处储藏待用。

3. 田间管理

（1）间苗：播种后 1 个月左右出苗，出苗后应逐渐揭去盖草。当幼苗有 2~4 片真叶时应间苗，除去过密的小苗、弱苗，当苗高 12~15cm 时，按株距 15cm 定苗，如缺苗应把间去的大苗带土移栽补苗，补苗后及时浇水，提高成活率，确保全苗。

（2）中耕除草：一般于 5 月中、下旬进行第一次中耕除草，此时苗幼要适当浅除，必须操作细致。6 月中、下旬再进行一次中耕除草，此时要适当深除。以后视田间杂草生长情况随时除草，直到收获，每年进行 4~5 次。

（3）追肥：秦艽是多年生植物，每年需追肥 2~3 次，追肥以农家肥为主，农家肥作冬肥施入，每亩施优质农家肥 1500~2000kg；翌年返青前追施化肥，化肥以氮磷钾三元复合肥为佳，亩用量 20~30kg，一般趁雨或浇水时撒施；在开花时叶面喷施磷酸氢钾，亩用量 0.3~0.5kg，兑水 50kg 进行叶面喷雾，每隔 7~10 天喷一次，连喷 2~3 次，可达到理想效果。

4. 病虫害防治

（1）病害防治：秦艽在生产栽培中主要有叶斑病危害，一般多在 6 月或 7 月发生，严重时植株枯萎死亡。

防治办法有：一是清洁田园，前茬作物收获后彻底清除田间病残组织，集中烧毁或沤肥，减少初浸染来源；二是合理密植，增强田间通风透光性能，降低田间湿度；三是增施磷、钾肥，提高植株抗病能力；四是发现病叶及时摘除并集中烧毁；五是发病初期用 65% 森锰锌或 70% 甲基托布津可湿性粉剂或 50% 多菌灵 800~1000 倍液喷雾防治，每 7 天喷雾一次，连喷 2~3 次，防治效果较好。

（2）虫害防治：蚜虫是秦艽上常见的虫害，危害叶片，在开花期发生较重，用 50% 抗牙威可湿性粉剂 2000~3000 倍液或 25% 溴氰菊酯乳油 2000~3000 倍液或 3% 杀虫脒乳油 1000~1500 倍液等农药进行田间喷雾防治，7~10 天一次，连续 2~3 次，防治效果较好；地下害虫主要有金针虫，小地老虎等，防治用 50% 辛硫磷 1kg 进行土壤处理或用敌百虫进行毒饵诱杀。

5. 采收

秦艽生长缓慢，一般须 5 年以上于秋季采挖，把挖出的根除去茎叶、根须及泥土，然后用清水洗净，使根呈乳白色，再放于专用场地或架子上晾晒，待根变软时，堆放 3~7 天，至颜色呈灰黄色或黄色，再摊开晒干即可。小秦艽采挖后先趁鲜搓去黑皮，然后晒干即行。

五、种子种苗繁育

1. 种子繁育技术

（1）品种选择：选择品种为麻花秦艽、大叶秦艽、粗茎秦艽和达乌里秦艽。种子的纯度、净度、含水量、发芽率应符合质量标准，可使用贮藏不超过三年的干燥种子。

（2）施足底肥：播前施足底肥，亩施磷酸二铵 15~20kg 或尿素 10~15kg 加过磷酸钙 80~100kg，土壤用 0.5% 辛硫磷处理后立即耕翻，耕耱平整。

（3）播种时间：播种期春播以土壤解冻为宜，秋播一般在 10 月，不晚于土壤封冻，每亩用种量 400~500g，种子用赤霉素处理。播种方法条播、撒播均可，但必须与 50kg 干净细河沙拌匀，播种深度不超过 1cm，播后应及时镇压保墒。

（4）播后管理：播种后用长麦草覆盖，厚 1~2cm，然后及时浇水，每 10~15 天浇一次，保持覆草和土壤湿润，待齐苗后分 2~3 次揭去麦草。

（5）间种复种：大面积种植可与农作物套种，如小麦、青稞、蚕豆、油菜等套种的作物播种密度为正常的 1/2~2/3。秦艽可与套种农作物同时播种，也可在农作物播种后再播，并应镇压，以利保墒、齐苗。

（6）田间管理：播种后 50~60 天陆续出苗，第一年生长量小，应加强水肥管理和防治病虫草鼠害。套种田应兼顾农作物和秦艽。

①水肥管理：齐苗后不宜过多浇水，视天气状况，酌情灌溉，并适时结合亩施磷酸二铵 10kg 左右，生长旺盛期每亩喷施磷酸二氢钾 0.2%~0.3% 溶液 30~50kg，药材丰产王 45g 兑水 45kg，两种根外施肥可交替施用也可混合喷施 2~3 次。

②病虫草鼠害防治：田间除草是第一要事，必须锄小，锄了，勤锄，务必消灭杂草。病害有叶斑病、锈病、黄叶病，可用代森锰锌 70% 可湿性粉剂 175~225g 300~500 倍防治叶斑病。用粉锈宁 25% 可湿性粉剂 30g 兑水 30kg 防治锈病，重复 2~3 次，

间隔 10~15 天。田间发现鼠害，用溴敌隆 0.005% 毒饵每三周投放 3~5g，死鼠必须收集并深埋。

③越冬管理：冬前 11 月中旬至 12 月上旬灌足冬水，地面麻黄时镇压，三九天再次碾地镇压，填平地面裂缝，以利保墒。

④第二年管理：秦艽返青后适时浇水，并适施磷酸二铵 15~20kg/ 亩。返青后按株距 5cm 间苗一次，缺苗地段移栽补苗，第一次浇水后再按标距 10~20cm 定苗，田间密度达到 3~4 万株 / 亩。生长盛期（7~8 月）喷施磷酸二氢钾 0.2%~0.3% 溶液 30~50kg，药材丰产王 45g 兑水 45kg。两种肥可交替喷施，也可混合喷施 2~3 次。其他管理事项参照第一年。

⑤第三年管理：秦艽生长第三年开始会陆续开花，为使药材生长量大，质量好，应分期分批摘除花蕾和花茎。水肥管理及病虫草害防治参照第一年。待地上植株枯黄后采收药材。

2. 种苗繁育技术

（1）建立育苗田：为移栽田准备足够的种苗，按 1∶4 比例设育苗田。育苗田播种经赤霉素处理的种子 700~800g，播后用长麦草覆盖，并立即喷灌和洒水。有条件的可建竹网棚育苗，棚上盖遮阳网，每 5~10 天喷洒一次水，保持地面湿润，以利苗齐苗全，根据当地气候条件，育苗 1~2 年后起苗移栽。

（2）移栽：育苗田返青并有 4 片左右真叶时，即可起苗移栽，近距离移栽的可随挖随栽，远距离移栽的先用潮湿土假植，一般在 5 天以内栽完，假植苗不可洒水。移栽密度以行距 15~30cm、株距 10~20cm 密度达 3~4 万株为宜。移栽按行距要求开沟，深 15~20cm，放置种苗的一侧铲成 30°~45° 的斜面，叶片及生长点露出地面，根系要自然舒展不可弯曲，摆好种苗立即覆土，稍加镇压。栽好的地块当天即要灌足水，但不可长时间积水。

（3）田间管理：移栽苗缓苗恢复生长后，结合浇水追施磷酸二铵 15kg，及时松土除草，生长旺盛期可根外追肥，喷施磷酸二氢钾或药材丰产王。发现有黄叶现象时，喷施复绿灵 50g 兑水 15kg。

第十一节　当　归

一、植物简介

中文名：当归。

学名：*Angelica sinensis*（Ohv.）Diels。

别名：干归、秦哪、西当归、岷当归、金当归、当归身、涵归尾、当归曲等。

科属：伞形科当归属。

生长型：多年生草本植物。

入药部位：根。当归在入药时，部位不同，功效有别。根上端称归头；主根中段的粗壮部分称归身；支根下端细小的分支称归尾；头、身、尾全体称全当归。

花期：6~7 月。

果期：7~9 月。

生境和分布：当归为低温长日照作物，宜高寒凉爽气候，在海拔 1500~3000m 均可栽培。在低海拔的地区栽培抽薹率高，不易越夏。幼苗期喜阴，透光度为 10%，忌烈日直晒；成株能耐强光。当归在我国有 40 余种，产地主要在甘肃省的东南部，以岷县产量多，其次是云南、四川、陕西、湖北等省，均有栽培。

繁殖方式：用种子繁殖、直播或育苗移栽。常用方法为种子直播。

二、生物学特性

1. 形态特征

当归的株体高 0.4~1.2m，主要是由叶、花、果、茎秆组成，株体的颜色为绿白色或紫色，上面有纵深的沟纹，株体表面光滑，没有细小的绒毛，这是多年生草本植物的标志特点，有细小绒毛几乎都是 1 年生的植物。

叶：当归的叶为 3 叶片分散生长，也有少许的叶片是 2 片分散生长，它的叶片长度在 3~11cm，叶片根部为管状带有薄膜质的粘鞘，颜色为紫色或者是绿色，水肥不足时会出现淡绿色，当归根部的大叶片为卵形和椭圆形，少许会出现心形，长度在 8~18cm，宽度在 15~20cm，叶片的边缘处有细小的锯齿状凹凸，叶片边缘接触肌肤时有微弱的刺痛感。

花：当归的花序为伞状，花序梗的宽度 4~7cm，上面有细软的小柔毛，每个花序内有 9~30 个伞辐，由 2 片总苞片包裹，小伞形状的花序能开出 13~36 朵的小花，开花的颜色全部都是白色，花柄被很多细小的绒毛附着在上面，花萼齿有 5 片，形状为卵形，花瓣的形状为长卵形，顶端尖部比较狭小。

果：当归的果实生长在地下，即当归的肉质根系，果实的形状为长锥形、椭圆形、卵形等不同的形状，肉果的颜色为淡黄色、黄色、深黄色。

根：当归药材略呈圆柱形，主根（称归身）粗短，根头部膨大（称归头），钝圆；枝根（归尾）数条，多扭曲，全体称“全归”。表面黄棕色，横长皮孔，质软，断面黄白色，皮部厚，具油点，形成层环状，显黄棕色，香气浓郁。

2. 物候期

当归的生长期可分为三个阶段：当归第一年为育苗期，第二年为成药生长期，第三年为留种期。生育周期通常为三年两冬，约为 800 天。成药期是当归生长过程中的主要物候期，在此之时药用成分积累居多，历时约为 190 天。

三、适宜地域及环境条件

1. 种植条件及区域

当归株体喜长日照的气候，宜高寒凉爽气候，天气管理不当等会带来严重的损失，若海拔过低的地区种植当归其幼体很难度过夏天的高温，海拔过高的地区天气太冷，成年株体很容易出现冻伤导致产量的下降。当归适宜在海拔较高的地区种植。所以，岷县、漳县等地育苗地一般选在海拔 2400m 以上，移栽地常选在平均海拔 2200~2300m 的地区。海拔太低处种植当归产量低，质量也较差，而且还容易提前抽薹。当归为喜肥作物，土壤以土层深厚、肥沃疏松、排水良好、腐殖质含量多的沙壤土为宜，不宜在低洼积水或者易板结的黏土和贫瘠的沙质土栽种，忌连作。

2. 种植时间

当归在气温低的高海拔地区种植，宜于 6 月上中旬播种；在气温稍高的低海拔地区宜于 7 月中旬至 8 月上旬播种。

3. 种植要点

（1）精选种子：当归种子精选后比未精选的每亩增产 14.6kg 左右。精选方法主要是穗选。在当归收获季节，当种子表皮呈蔚蓝色或粉红色、花葶下垂时，选择具有本品种特征、生长良好健壮、无病虫害、成熟度高的果穗，连花葶一起剪下，置通风干燥处晾干、脱粒贮藏备用。由于当归种子成熟不一致，收种工作必须分批进行，熟一枝、剪一枝，并剔除霉烂、混杂、秕籽及病虫为害的籽粒，选用籽粒饱满充实的作种子用，切忌整株整片采收。

（2）播前处理方法：为使种子播后发芽快、出苗齐，生产上播种前常进行浸种处理，使种皮在短时间内吸水软化，增加透性，促进种子萌发。当归种子处理方法是：将种子放入 25~30℃温水中浸种 24h，取出晒干后按 1∶10 比例拌入草木灰。

（3）播种量的掌握：当归单位面积产量是由株数和单株根重构成的，播种量的多少和播种均匀与否，都会影响以后种株的生长和产量。播种量过小，虽然生长快，根大而重，容易形成大苗、叉苗，栽后容易早抽薹。播种量过大，容易形成小苗、弱苗，栽后成活率低，且加大种植成本。生产上用种量撒播每亩 4~5kg，条播 4kg 左右。

（4）苗期管理要点：为提高种子萌发率，使苗齐苗壮，播后的苗床必须保持湿润，同时盖草保墒。播种后一般 15~20 天出苗。如果土壤湿润，温度适宜，7~8 天即可出苗。刚出土的幼苗易被强烈阳光晒死，应将盖草抖松以遮住幼苗，1 个月后待苗长至高 1~2cm 时，将畦面部分盖草揭除。揭草后搭棚或用黑网遮阴，高度 60cm 左右，遮阴度控制在全光照的 1/3~1/2，伏天过后揭除遮阴物。

四、大田栽培技术

1. 选地整地

选择坐南向北半阴半阳的缓坡地，要求土质疏松、结构良好。小满前深翻 1 次，打碎土块做苗床，床面宽 1m，长因地形而异。床与床之间开排水沟宽 30cm、深 15~20cm。栽植地要深耕细耙，每亩施底肥 2500~5000kg，同土壤倒翻均匀，做高畦，畦宽 1.2~1.5m。畦间开排水沟宽 30cm、深约 20cm。

2. 选用良种

选用的当归种子净度 90% 以上，千粒重 1.5~1.7g，含水量 12% 左右，种子活力约 70%，发芽势 40%~60%，发芽率 70%~80%。

3. 田间管理

（1）苗期管理：播后必须保持土壤湿润，以利种子萌发。40 天左右挑松盖草，苗高约 3cm 时，松土 1 次，及时拔除杂草，伏天过后，选阴天将盖草全部揭去。苗期注意防旱排涝。

（2）起苗贮苗：寒露至霜降气温下降至 5℃左右苗叶开始枯萎时，将苗挖起，稍带些土扎成小把，晾去水分进行窖藏或堆藏，苗龄过大不宜堆藏，堆藏时注意头朝外、根朝里摆放。

（3）补苗间苗：正常情况下，移栽后 20 天左右苗出齐，此时，进行间苗补苗，宜在阴雨天用带土的小苗补栽。栽后约 3 月定苗，拔除病苗、弱苗，每穴保留 1 株。

（4）中耕除草：5 月中旬，进行第一次除草，宜浅锄，土不埋苗。6 月中旬，第二次锄草，可深锄，以促进根系发育。

（5）拔薹：移栽后，当年开花结果的植株叫早期抽薹，根部不可药用，宜全部拔除。

（6）追肥：当归为喜肥植物，6 月下旬叶盛期和 8 月上旬根增长期，应追施磷、钾和氨肥。

4. 病虫害防治

（1）麻口病：危害根部，每亩用 20% 甲基异柳磷乳剂 0.5kg 加水 2.5kg 喷在 15kg 土上拌匀，撒施，翻入土中。

（2）菌核病：危害叶部，在发病前半个月开始每 10 天左右，连续 3~4 次用 1000 倍的 50% 甲基托布津喷洒。

（3）虫害：铲除田内外青草，堆成小堆，7~10 天换鲜草，用毒饵诱杀。

5. 采收

当归一般是 1 年育苗 1 年移栽，生长期是 2~3 年，种植 2~3 年后就可以收获。

在种子成熟到粉白色时采收，不采收过熟和未成熟的种子，未成熟种子发芽能力差，不作种用，过熟种子种植后容易抽薹。

采收时连同花薹一起剪下，5~10 个花薹扎一把，倒挂阴凉干燥处慢慢干燥，此法是因为当归为无限花序，种子成熟度不一致，该方法可促进后熟。当归种子切忌曝晒干燥。

干燥后的当归花薹，脱离时采用木梳或用手捋下，拣去杂质，因为种子太小，而且有翅，不能用风选。

当归种子储藏不能用塑料袋，用布袋或编织袋较好。储藏时注意避光，放在干燥处，防烟熏。

五、种子种苗繁育

1. 种子繁育技术

在种子发芽良好（发芽率达 70% 以上）的情况下，每亩播种量以 7.5kg 左右为宜，播种前浸种 24h（水温 30℃）。分条播和撒播两种。撒播即在整平的畦面上，将种子均匀地撒入畦面，加盖细肥土约 0.5cm，以盖住种子为度。条播即在整好的畦面上，按行距 20cm 开横沟，沟深 3~5cm，将种子均匀播入沟内，覆盖细肥土，以不见种子为度。

2. 种苗繁育技术

生产上常采用育苗移栽。移栽分冬栽与春栽，株行距 25cm × 25cm。春栽宜清明前后，冬栽宜于寒露后霜降前移栽。当归在幼体时的透光度最好控制在 10%，尽量避免阳光的直射，不然会灼伤幼体导致幼体难以成活，成年的株体要保证足够的日照条件，这个阶段的株体日光照射的时间不能少于 9~10h。

第十二节　远　志

一、植物简介

中文名：远志。

学名：*Polygala tenuifolia* Willd.。

别名：葽绕、蕀葽、棘菀、小草、细草、线儿茶等。华池人称之为小草、细草、小鸡腿。

科属：远志科远志属。

生长型：多年生草本植物。

入药部位：根皮入药。

花期：5~7 月。

果期：7~9 月。

生境和分布：喜冷凉气候，忌高温，耐干旱，生长在海拔 200~2300m 的草原、山坡草地、灌丛中以及杂木林下。在向阳地，土层深厚、肥沃湿润、排水良好、富含腐殖质的沙质壤土地块生长良好。分布于东北、华北、西北和华中等区域。

繁殖方式：用种子繁殖、直播或育苗移栽。最常用的是种子直播。

二、生物学特性

1. 形态特征

平均株高 20~40cm，最高可达 50cm。根圆柱形，长达 40cm，肥厚，淡黄白色，具少数侧根。茎直立或斜上，丛生，上部多分枝。叶互生，狭线形或线状披针形，长 1~4cm，宽 1~3mm，先端渐尖，基部渐窄，全缘，无柄或近无柄。花为总状花序，长约 2~14cm，偏侧生于小枝顶端，细弱，通常稍弯曲；花淡蓝紫色，长 6mm；花梗细弱，长 3~6mm；苞片 3，极小，易脱落；萼片的外轮 3 片比较小，线状披针形，长约 2mm，内轮 2 片呈花瓣状，呈稍弯些的长圆状倒卵形，长 5~6mm，宽 2~3mm；花瓣的两侧瓣倒卵形，长约 4mm，中央花瓣较大，呈龙骨瓣状，背面顶端有撕裂成条的鸡冠状附属物；雄蕊 8，花丝联合成鞘状；子房倒卵形，扁平，花柱线形，弯垂，柱头二裂。果为蒴果扁平，卵圆形，边有狭翅，长宽均约 4~5mm，绿色，光滑无睫毛。种子卵形，微扁，长约 2mm，棕黑色，密被白色细绒毛，上端有发达的种阜。

2. 物候期

3 月底开始返青，生长缓慢，4 月中、下旬展叶，在第 7~9 片叶的叶腋出现侧枝。5 月初显蕾,5 月中旬开花，顺序是主枝花序先开花，侧枝在后，再次为侧分枝；一个花序又以下方的花先开，依次向上，因此花期较长，到 8 月中旬仍有开花，但是后期的花，其果实不能成熟。6 月中旬主枝上的果实成熟开裂，种子落地，6 月下旬至 7 月初各分枝几乎都有成熟果实。9 月底地上部停止生长，进入冬季休眠期。栽培的远志出苗后，两片子叶贴近地面生长，一直到 11 月受冻后才枯萎。幼苗生长 1~1.5 月在子叶上方或第 1~3 片叶的叶腋长出侧枝。当年播种的远志在冬季其根长度在 25cm 以上，第二年冬季可达 1m 以上。与野生远志比较，家种的远志根皮较厚，根部芽和侧根均较多。

三、适宜地域及环境条件

1. 种植条件及区域

远志种植以向阳、排水良好的沙质栽培为好，黏壤土及石灰质壤土地也可。土质黏重，排水不良的低湿地段不宜栽培。忌连作。种子萌发适温为 25℃。远志是一种十分抗寒、抗旱的草本药材，适应范围很广。最初来源于山东半岛一带，以后逐渐在各地发现新的远志分布地，如现今的河北、河南、山西、陕西等地，其中山西、陕西乃远志现在的主产区。就道地性而言，古代本草以山西、河南为道地，今以山西产量最大、陕西的质量最好。华池县县内气候温和，年降水量 653mm，平均气温 8.9℃，无霜期 140~160 天，农林交错、地形复杂、气候差异大，得天独厚的地域优势，非常适宜远志种植。

2. 种植时间

远志种植时间为春秋两季，春播于 3~4 月，秋播 10 月中旬至 11 月上旬，秋播于翌年春季出苗。

3. 种植要点

远志种子的发芽对温度有一定的要求，一般是在温度回升到 20℃以上时才开始播种，因为此时远志种子的发芽速度是最快的。

土质条件的好坏也会影响远志的生长情况，虽说远志比较耐贫瘠，但是如果想种出高产的远志，还是要为远志提供一个肥力充足的生长环境。栽种远志的土地，土质可以是黄土、黑土、沙质土，最好不要是黏土。土壤的透气性要好，遇到降雨天气，积水要能够及时排出。

种植远志要做到深耕浅播，远志对养分的反应比较敏感，如果土壤肥力充足的话，远志就会长得很旺盛。在播种远志之前，可以先给土壤里面施足绿肥或者是腐熟的农家肥。追肥之后，再将土地翻耕一次，接着将表面的大土块耙细。

四、大田栽培技术

1. 选地整地

根据远志的生活习性，宜选择地势向阳，排水良好，土层深厚、肥沃、重金属含量和农药残留不超标的壤土地块种植。而黏土和低湿地不宜种植。选地后，要在选好的地上进行翻耕、镇压、平整、做垄做畦等土壤耕作，以便于灌溉和排水。整地时要施足基肥，每亩施腐熟的厩肥或者堆肥 2500~3000kg，磷酸二铵 50kg，捣细撒匀，深翻25~30cm，整平耙细。

2. 选用良种

选择颗粒饱满，无病害的种子，用水泡12h后捞出，拌2倍体积湿沙，冷凉处堆积，保持湿度，每天搅拌一次，过几天试用指甲挤，有芽时播种。夏季直接播种即可，不用处理。播种量每亩750~1000g，干旱地区加大下种量。

3. 田间管理

（1）保苗、定苗、补苗：远志种子细小，刚出土的幼苗，特别是只有两片真叶的小苗，抵抗力极弱，最怕气温突然下降与升高，也怕暴雨和地面板结，因此加强幼苗管理十分重要，只要在20天内保住苗，月余后就能进入安全期。当苗高2~3cm时，可去掉保护设施，随即喷水，保持地表湿润，炼苗。苗高4~5cm时进行间苗、定苗，去杂、去病、去弱、去劣。定苗株距3~6cm。缺苗断垄处要结合间苗补栽，保证单位面积群体数量。

（2）中耕除草：远志植株矮小，苗期生长缓慢，要注意中耕除草，中耕要浅，用小锄浅浅地均匀地锄松地面，将草除掉，保持地表疏松，地下湿润，避免杂草掩盖远志植株。

（3）追肥浇水：为了提高产量，从第二年起进行追肥，每年4~5月每亩追施饼肥25kg、过磷酸钙10~15kg。施肥后连浇两次水。除根部追肥外，还可叶面喷施钾肥。每年6月中下旬到7月中旬是远志生育旺季，亩喷1%硫酸钾溶液50~60kg或0.3%磷酸二氢钾溶液80~100kg，隔10~12天喷一次，连续喷施2~3次。下午4点以后无雨天效果最佳。喷钾肥能增强抗病能力，并促进根部生长粗壮。

4. 病虫害防治

远志病害较少，一般病害可喷50%代森锰锌800~1000倍液防治。蚜虫、红蜘蛛等虫害按常规方法进行防治。地下虫害用辛硫磷配毒饵诱杀。

5. 采收

远志播种3~4年后，于秋季植株发黄时或者春季发芽前采收，趁水未干时抽出木质心晒干，称远志肉，不抽心直接晒干的称远志棍。

五、种子种苗繁育

1. 种子繁育技术

种子萌发最适温是 22~25℃，15℃以下无萌发现象。直播在 4 月中、下旬，不可过早，秋季不可晚于 8 月下旬，否则将因地温过低影响出苗或出苗后生长不良而夭折。秋播于 10 月中、下旬或 11 月上旬进行，第二年春季出苗。远志种子细小，千粒重 2.8~3.4g，播种时要求土壤整平耙细做宽 1~1.2m 的平畦，畦背宽 20cm，高 10cm，畦内整平，耙细，灌足水，待水渗下，墒情适宜时松土，耙细、整平，按行距 20cm 开沟，沟深 1.5~2cm，播前用水或 0.3% 磷酸二氢钾水溶液浸泡一昼夜，捞出与 3~5 倍的细沙混合，撒于浅沟内，覆土，稍加镇压，播种量每亩 750~1000g，播后一般 15 天左右出苗。

2. 种苗繁育技术

（1）育苗移栽：苗高 5cm 时选阴天或下午 3 点以后按行距 15~20cm、株距 3~6cm 定植。为了加快繁殖速度，提高移栽苗的成活率，也可以在温室采用塑料育苗盘及蛭石作基质育苗，1 粒种子 1 穴，8~10 天即可出苗。由于温室温度适宜，小苗生长快、长势壮，容易形成大苗、壮苗。待大田气温适宜时，按上述株行距定植于大田，成活率可达 99%。因带蛭石移栽无还苗期，大田生长旺盛，采挖期提前，产量提高。

（2）根繁殖：选择无病害、色泽新鲜、粗 0.3~0.5cm 短根，于 4 月中下旬开始下种。在整好的地内，按行距 15~20cm 开沟，每隔 10~12cm 放短根 2 节或 3 节，然后覆土。

第十三节　苦　参

一、植物简介

中文名：苦参。

学名：*Sophora flavescens* Alt.。

别名：野槐、好汉枝、苦骨、地骨、地槐、山槐子等。

科属：豆科苦参属。

生长型：草本或亚灌木多年生落叶植物。

入药部位：根，苦参入药部分多为苦参的根。

花期：6~8 月。

果期：7~10 月。

生境和分布：适合在半湿润、半干旱季风型大陆性气候生长。苦参对土壤要求不严格，一般沙壤和黏壤土均可生长。苦参分布于中国南北各省区。甘肃省苦参呈现出水平分布与垂直分布相互交错，覆盖区域广，产量大。

繁殖方式：用种子繁殖或分株繁殖。最常用的是种子直播。

二、生物学特性

1. 形态特征

苦参通常高 1m 左右，稀达 2m。

茎：茎具纹棱，幼时疏被柔毛，后无毛。

叶：羽状复叶长达 25cm；托叶披针状线形，渐尖，长约 6~8 形状多变，椭圆形、卵形、披针形至披针状线形，长 3~4（6）cm，宽（0.5）1.2~2cm，先端钝或急尖，基部宽楔开或浅心形，上面无毛，下面疏被灰白色短柔毛或近无毛。中脉下面隆起。

花：总状花序顶生，长 15mm；小叶 6~12 对，互生或近对生，纸质，25cm；花多数，疏或稍密；花梗纤细，长约 7mm；苞片线形，长约 2.5mm；花萼钟状，明显歪斜，具不明显波状齿，完全发育后近截平，长约 5mm，宽约 6mm，疏被短柔毛；花冠比花萼长 1 倍，白色或淡黄白色，旗瓣倒卵状匙形，长 14~15mm，宽 6~7mm，先端圆形或微缺，基部渐狭成柄，柄宽 3mm，翼瓣单侧生，强烈皱褶几乎达瓣片的顶部，柄与瓣片近等长，长约 13mm，龙骨瓣与翼瓣相似，稍宽，宽约 4mm，雄蕊 10，分离或近基部稍连合；子房近无柄，被淡黄白色柔毛，花柱稍弯曲，胚珠多数。

果：荚果长 5~10cm，种子间稍缢缩，呈不明显串珠状，稍四棱形，疏被短柔毛或近无毛，成熟后开裂成 4 瓣，有种子 1~5 粒；种子长卵形，稍压扁，深红褐色或紫褐色。

根：呈长圆柱形，下部常有分支，长 10~30cm，直径 1~2cm。表面灰棕色或棕黄色，具纵皱纹及横长皮孔，外皮薄，多破裂反卷，易剥落，剥落处显黄色，光滑。质硬，不易折断，断面纤细性；切片厚 3~6mm；切面黄白色，具放射状纹理及裂隙，有的可见同心性环纹。气微，味极苦。

2. 物候期

苦参当年播种的幼苗多不开花，冬季叶子变黄脱落进入休眠，至翌年春重新返青生长，6 月孕蕾开花，7~8 月中旬果实成熟，全年生长期约 210 天，于播后 2~3 年秋季茎叶枯萎后采挖根部。

三、适宜地域及环境条件

1. 种植条件及区域

苦参对土壤的适应性广，在各种类型的土壤上面都可很好地生长，一般常见于海拔 1500m 以下的山坡草地、平原、丘陵、河滩上。苦参为深根性植物，根据生活习性，宜选择地下水位低，排水良好，沙壤和黏壤土均可生长。华池县县内气候温和，年降水量 653mm，平均气温 8.9℃，无霜期 140~160 天，农林交错、地形复杂、气候差异大，得天独厚的地域优势，非常适宜苦参种植。

2. 种植时间

春播或秋播均可。秋播后须覆盖，否则土壤表面易板结，不利于春季出苗。秋播宜早不宜迟，种子成熟之后即可播种，最迟要在土壤封冻前播完。春播应在清明前后下种，此时土壤墒情较好，利于出苗。

3. 种植要点

栽培以土层深厚、肥沃、排灌方便的壤土和沙质壤土最佳。苦参用种子繁殖，可条播，也可以荒地撒播，分春播和秋播，秋播于上冻前，春播 3 月至 5 月中旬为好。

苦参正常条件下播种后 15 天左右出苗，由于杂草生长较快，应及时清除，并适当松土。

秋季苦参植株枯萎之后需将枯枝清理干净，加盖一层腐熟的畜粪，一是保护越冬芽，二是对第二年的生长起到追肥作用。

四、大田栽培技术

1. 选地整地

苦参的种植方法还是比较简单的，主要是做好选址的工作。苦参为深根性植物，根据生活习性，宜选择地下水位低，排水良好，土层深厚、肥沃、重金属含量和农药残留不超标的壤土地块种植。选地后翻耕，深 25~30cm，耙碎土块，每亩施入 1500~2000kg 腐熟的厩肥作为基肥，做床，床上部宽 60cm，高 15~20cm，耙平床面。两床之间留作业道。

2. 选用良种

选择颗粒饱满，无病害的种子，播前先将苦参种子放入 50℃左右的水中浸泡 10~12h。然后按行株距 65cm × 50cm 点播在整好的畦面上，浇水保墒，以利出苗。每亩播种量 2kg。每穴放 3~5 粒种子。

3. 田间管理

（1）合理排灌：天旱及施肥后要及时灌溉，保持土壤湿润。雨季要注意排涝，防止积水烂根。

（2）中耕除草：苗期要进行中耕除草和培土，保持田间无杂草和土壤疏松、湿润，以利苦参生长。

（3）追肥：在施足基肥的基础上，每年追肥 2 次：第一次在 5 月中、下旬进行，每亩施稀粪水 2000kg；第二次在 8 月上、中旬进行，以磷、钾肥为主。贫瘠的地块要适当增加施肥次数。

（4）摘花：除留种地外，要及时剪去花薹，以免消耗养分。

4. 病虫害防治

苦参基本上没有严重病虫害发生。主要虫害是芫菁节帽虫咬食花序，发生时间为每年 5 月上、中旬。防治方法：用 50% 乐果 800~1000 倍液喷杀，1 次即可见效。平时勤观察，做到早发现、早防治，少量的可以人工捕捉，以便减少农残。

5. 采收

于播后 2~3 年秋季茎叶枯萎后采挖根部。因为根扎得深，所以应深挖，注意不要挖断。也可以用深耕犁翻收。

将收回的苦参根，按根条的长短分别晾晒，除去芦头和尾根。晒干或烘干即成。

五、种子种苗繁育

1. 种子繁育技术

选取健壮植株的果实留种，一是加强水肥管理；二是适当疏花，去掉侧枝花序，同时对主花序去顶（三分之一），以便获取饱满的籽粒。8~9 月荚果深褐色充分成熟时，采下果实。晒干脱粒，去杂质，于通风干燥处贮藏备用。

2. 种苗繁育技术

（1）旋耕定植：清明前 7 天左右，苦参未发芽，但小草已长出，可用旋耕机进行轻微旋耕，深度 2~3cm，可将大部分小草连根拔去，为后期省工不少。当苦参幼苗株高 6~8cm 时，进行疏苗，定植于大田。

（2）分株繁殖：于苦参采挖的冬春时节，取芦头上芽多和根生长良好者将其分切成数株，作为繁殖材料。每株上必须有根及壮芽 2~3 个，立即栽种。

第十四节　半　夏

一、植物简介：

中文名：半夏。

学名：*Pinellia ternata*（Thunb.）Breit.。

别名：三叶半夏、三步跳、泛石子、老和尚头、老鸹头、田里心。

科属：天南星科半夏属。

生长型：多年生草本。

入药部位：块茎。

花期：5~7 月。

果期：8~9 月。

生境和分布：半夏多生长于草坡、荒地、玉米地、田边或疏林下，为旱地中的杂草之一。除内蒙古、新疆、青海、西藏尚未发现野生的外，其他各地均有分布。

繁殖方式：人工栽培最常用的方式有块茎繁殖、珠芽繁殖、种子繁殖。

二、生物学特性

1. 形态特征

半夏块茎圆球形，径 1~2cm，叶 2~5；幼叶卵状心形或戟形，全缘，长 2~3cm，老株叶3全裂，裂片绿色，长圆状椭圆形或披针形，中裂片长3~10cm，侧裂片稍短，全缘或具不明显浅波状圆齿；叶柄长15~20cm，基部具鞘，鞘内、鞘部以上或叶片基部（叶柄顶端）有径3~5mm的珠芽；花序梗长25~30（35）cm；佛焰苞绿或绿白色，管部窄圆柱形，长1.5~2cm，檐部长圆形，绿色，有时边缘青紫色，长4~5cm；雌肉穗花序长2cm，雄花序长5~7mm，间隔33mm；附属器绿至青紫色，长6~10cm，直立，有时弯曲。浆果卵圆形，黄绿色，花柱宿存；浆果成熟时呈红色，果内有1粒种子。

2. 物候期

花期：5~7月。佛焰苞为绿白色或者是绿色，有观赏价值。

果期：在8~9月。

生长周期：半夏的生长周期一般为一年，适合在夏天生长，在栽种以后可以在每年的6月、8月或者是10月进行倒苗，一般秋季或者是冬季种植的半夏产量是比较低的。

三、适宜地域及环境条件

1. 种植条件及区域

（1）种植区域：半夏适合种植在湿润肥沃、保水保肥力较强、质地疏松、排水性好、酸碱度为中性的沙质壤土中。

（2）种植条件：半夏喜欢温和、湿润的环境，宜在半阴半阳中生长，不耐强光的直射，在阳光直射或土壤干旱条件下，很容易倒苗，怕干旱，忌高温，较为耐寒，块茎可以顺利越冬。

（3）种植气候与气温：温度在10℃左右，半夏顺利萌发出苗，温度在15~27℃之间，生长最旺盛，适宜的生长温度为23~29℃，它喜欢在湿度较高的土壤中生长，不耐强光，夏季需要做好遮阴，半阴环境为宜。

2. 种植时间

半夏一般在春季2~4月播种，南北方的气候不同，具体的播种时间也不同，南方可在2月进行，在北方地区，种植时间应往后推，4~5月种植半夏最适宜，半夏是浅根作物，对土壤条件要求不高，除盐碱地、砾土、重黏土之外的土壤均可种植。

3. 种植要点

（1）生长温度：半夏适合生长的温度为 15~25℃，有一定耐寒能力，在冬天不是很容易被冻伤，一般最低能耐零下 10℃的低温。

（2）生长湿度：半夏生长适宜湿度为 70%~80%，可以通过加湿器或者定时喷水的方法来保持半夏种植环境的湿度。

（3）生长土壤：半夏比较喜欢疏松肥沃的土壤，在种植半夏的时候最好是用田园土，因为田园土更有利于半夏的发育，而且要有一定排水性。

四、大田栽培技术

半夏对土、肥、水、温度、光照等条件有严格要求。在栽培管理工作中，要针对其生长习性和对环境条件的要求，结合各地自然条件及各自的具体情况灵活掌握。

1. 选地整地

应选择有荫蔽的地方栽种，如在露阳地种植，应与高秆作物如玉米等间作。土壤宜选湿润、疏松、肥沃的沙壤土。施足基肥，每亩施农家肥 4000~5000kg，经耕翻整平后做成 1.2~1.5m 的宽畦。

2. 选用良种

质地紧实、芽头丰满、切开含有黏手的乳白色黏液为良种；质地松软、皮霉变或挤时出水的为劣种，受水淹过的种后易生腐烂病。柳叶、芍药叶型的半夏产量高。没有结珠芽的半夏不可作种子。

3. 田间管理

（1）中耕除草：半夏行间的杂草用特制小锄勤锄，深度不超过 3cm，以免伤根；株间杂草用手拔除。

（2）施肥：除施足基肥外，生长期要追肥 4 次。第一次于 4 月上旬齐苗后，每亩施入 1∶3 的人畜粪水 1000kg；第二次在 5 月下旬珠芽形成期，每亩施入 1∶3 的人畜粪水 2000kg；第三次于 8 月倒苗后，当子半夏露出新芽，母半夏脱壳重新长出新根后，每 15 天用 1∶10 人畜粪水浇 1 次，直至出苗；第四次于 9 月上旬，每亩施入过磷酸钙 20kg、尿素 10kg，以利于半夏生长。

（3）培土：6 月份以后，由于半夏叶柄上的珠芽逐渐成熟落地，种子陆续成熟并随佛焰苞的枯萎而倒伏，所以 6 月初和 7 月要各培土一次。取畦边细土，撒于畦面，厚 1.5~2cm，以盖住珠芽和种子为宜，稍加镇压。

（4）水分管理：半夏喜湿润，怕干旱，如遇干旱，应及时浇水。夏至前后，气温升高，天气干旱时 7~10 天浇一次水；处暑后，气温渐低，减少浇水量，要保持土壤湿润和阴凉，可延长半夏生长期，推迟倒苗时间，增加产量。若雨水过多，造成土壤中养分缺乏，应及时排水。

（5）摘花蕾：除收留种子外，为使半夏养分集中于地下块茎的生长，一般应于 5 月抽花葶时分批摘除花蕾。

（6）地膜覆盖：为了使半夏早出苗，延长其生长周期，提高地温，增加产量，早春可采取地膜覆盖等措施进行处理。种子播种时也可采用覆盖麦草及作物秸秆等方法来保持畦间水分，以利于出苗。地膜覆盖在苗高 2~3cm、种子 70% 以上出苗时可揭去地膜或除去覆盖物，以防止因膜内温度过高而烤伤小苗。采用地膜覆盖的方法可使半夏提早 15 天左右出苗，也可促进其根系生长，防止土壤板结，提高产量。

（7）套种遮阳：半夏在生长期间可和玉米、小麦、油菜、果、林等进行套种。这样一是可提高土地的使用效率，增加收入；二是其他作物也可为半夏遮阳，避免阳光直射，延迟半夏倒苗，增加半夏产量。

4. 病虫害防治

常见病虫害有：叶斑病、白星病、病毒病。

（1）叶斑病：该病于初夏发生，发病时叶片有紫褐色斑点，后期病斑上生有许多小黑点，发病严重时，病斑布满全叶，使叶片卷曲焦枯而死。其防治方法为：发病初期喷 1∶1∶120 波尔多液，或 65% 代森锌 500 倍液，或 50% 多菌灵 800~1000 倍液，或托布津 1000 倍液防治。每 7~10 天喷一次，连喷 2~3 次。也可用大蒜 1kg 加水 20~25kg 喷洒。

（2）白星病：4~5 月发生，发病初期可喷洒 50% 甲基托布津可湿性粉剂 500 倍液，或50%多菌灵可湿性粉剂500~1000倍液，或50%退菌特可湿性粉剂500倍液，每隔7~10天喷一次，共喷2~3次。

（3）病毒病：多在夏季发生，为全株性病害，发病时叶片上产生黄色不规则的斑，使叶变为花叶状，叶片变形，卷曲，直至枯死，且地下块茎畸形瘦小，质地变劣。

其常见防治方法：

①选无病植株留种，并进行轮作。

②施足有机肥料，增施磷、钾肥，以增强抗病力。

③防治蚜虫等传毒昆虫，可选用磷酸二氢钾或20%毒克星可湿性粉剂500倍液喷洒，隔7天喷药1次，连用3次，采收前10天应停止用药。

④发现病株及时拔除，集中烧毁，病穴要用5%石灰乳浇灌，以防其蔓延。

5. 采收

一般于夏、秋季茎叶枯干倒苗后采挖，南方各省可在7~8月进行。方法是：选晴天，用锄顺垄挖12~20cm深的沟，逐一将半夏块茎挖出，抖落泥土，清除药材表面的粗皮及须根即可。

五、种子（苗）繁育技术

人工栽培最常用的方式有块茎繁殖、珠芽繁殖、种子繁殖三种。

1. 块茎繁殖

生长2年或3年的半夏萌出的小块茎，可作繁殖材料。在半夏收获时选取直径0.7~1cm的小块茎作种，并稍带些湿润的沙土，储藏于阴凉处，以待播种。春季日平均气温在10℃左右即可下种。此方法能使块茎增重快，当年就可收获。在整好的畦内进行双行条播。其行距20cm，株距3cm，沟深4~5cm，每畦开四沟将种茎交叉放入沟内，每沟放两行，顶芽向上，覆土搂平，稍加镇压，每亩用种110~125kg。也可在9月下旬进行秋播，方法与春播相同。

2. 珠芽繁殖

母块茎抽出叶后，每一叶柄下部或叶片基部可长出1个珠芽，直径0.3~1cm，两端尖、中间大。5~6 月选叶柄下成熟的珠芽，在整好的畦内按行距 15cm、株距 3cm，栽到 3cm 深的沟内，栽后覆土。当年可长出 1~2 片叶子，块茎直径 1cm 左右，翌年秋天可加工入药，小的可继续作种用。

3. 种子繁殖

夏秋季节半夏种子成熟时，随收随种。也可将种子储存于湿润的细沙土中，到翌年春季，按行距 15cm，开 2cm 深的沟，将种子撒入沟内，搂平保湿，当温度上升到 14℃时即可出苗。利用种子繁殖的方法，在种子播种后 3 年才能收获，生产中较少采用，但在繁殖材料缺乏及引种时可采用此法。6 月中旬播种新鲜的半夏种子，10~25 天出苗，出苗率 80% 左右，种子发芽适温 22~24℃。

第十五节　刺五加

一、植物简介

中文名：刺五加。

学名：*Eleutherococcus senticosus*（Rupr. & Maxim.）Maxim.。

别名：刺拐棒、坎拐棒子、一百针、老虎潦。

科属：五加科五加属。

生长型：多年生落叶灌木。

入药部位：根、根茎或茎叶。

花期：6~7 月。

果期：8~9 月。

生境和分布：刺五加生长在海拔 100~2000m 的地区，常见于森林或灌丛中，主要分布于河北、黑龙江、吉林、辽宁、山西、河南、陕西、四川等地。

繁殖方式：人工繁殖主要有种子繁殖、扦插繁殖。

二、生物学特性

1. 形态特征

株高 1~6m，小枝密被下弯针刺，萌条和幼枝更明显。小叶（3）5，薄纸质，椭圆状倒卵形或长圆形，长 5~13cm，先端短渐尖，上面脉被粗毛，下面脉被柔毛，具锐尖复锯齿，侧脉 6~7 对；叶柄长 3~12cm，有时被细刺，小叶柄长 0.5~2cm。伞形花序单生或 2~6 个，直径 2~4cm；花紫黄色，子房 5 室，花柱合生成柱状。果卵状球形，长约 8mm，具 5 棱；宿存花柱长约 1.5mm。

2. 物候期

始花期为 7 月下旬，盛花期为 8 月上旬，果期为 8 月中旬至 9 月中旬，9 月下旬种子形态成熟，浆果果皮呈黑褐色，9 月下旬至 10 月上旬落叶，休眠期 11 月至次年 3 月，部分浆果在植株上可持续到翌春，自然干瘪脱落，植物生长期为 150 天左右。

三、适宜地域及环境条件

1. 种植条件及区域

（1）种植条件：刺五加生长在海拔 100~2000m 的地区，常见于森林或灌丛中，喜温暖湿润、阳光充足的环境，耐寒、耐微荫蔽，宜选向阳、腐殖质层深厚、土壤微酸性的沙质壤土。

（2）种植气候：当土壤 5cm 深处土温稳定在 10℃左右或气温不低于 5℃的时候即可播种，刺五加对气候要求不严，喜湿耐旱，喜温耐寒。

（3）种植区域：刺五加可种植在针阔混交林、阔叶林中，坡向以阴坡、半阴坡为宜，也可选择宜林荒山荒地，林地坡度不超过 25°。

2. 种植时间

刺五加可以种子繁殖和扦插繁殖，如果采用的是种子播种，那么种植的时间最好是选在 4 月中旬，如果是利用扦插种植，那么最好是在 6 月中或 6 月底进行种植。

3. 种植要点

刺五加养护期间要做到精心栽植，一般在春季的时候种植，栽植时苗要扶正，压实土壤，然后浇一次水，维持土壤的微微湿润，养护在半阴、通风好的环境中。

刺五加苗定植后要经常除草松土，在 6 月下旬施腐熟的农家肥或人粪尿，追肥后覆土，并浇1次清水，生长期间需要剪去密集的枝叶，以及枯死枝、衰老枝、病虫枝和畸形枝，保持旺盛长势。

四、大田栽培技术

1. 选地整地

（1）选地整地：地块选好后，要彻底清除灌木和杂草，疏松土壤，然后撒施草木灰，有效杀菌。做穴50cm×50cm，造林行间距1m×1.5m。结合整地施足底肥，可亩施优质农家肥1800~2000kg。

（2）栽植：要做到精心栽植，苗木最好是随起随栽，在运输过程中必须打包，防止风吹日晒。运到造林地块的苗木要及时假植，防止苗木风干，保证成活率。栽植时，苗要扶正，根系舒展，土要踩实。

2. 选用良种

9月中下旬果实成熟后，及时采收。搓去果肉后放入清水里漂洗。优选良种，去除杂质和秕粒，再用400~500倍的多菌灵液浸种10~12h后捞出晾干。将种子和湿沙以1∶3的比例翻拌均匀，置于室内阴凉处，室温宜保持在18~20℃，湿度宜保持在60%，每隔7天将种子翻拌一次，利于通风。次年春季解冻时取出种子，置于干净向阳的地方晒种，每天翻动3~4次，种子裂口率在30%以上，就可进行播种。亩播种量12~13kg，以条播撒播方式播种，播后覆盖稻草或松针，然后镇压，覆层宜在1~2cm，过薄或过厚都不利于种子萌发破土。一般在4月上、中旬播种。播前浇水，水要浇透，水渗透后播种。一般播后30~40天出苗，芽苗出土率在50%时即可除去稻草或松针，以促进幼苗长势。幼苗出土后，前期长势较慢，除草和松土工作尤为重要。幼苗长至高3~5cm时，要及时间苗、除草、松土，提高土壤透气性，促进根系的发育和形成。幼苗长至10cm高时，要及时进行定苗，苗距以8~10cm为宜。定苗后及时除草，清洁育苗地，保持田园无杂草，以减少病害及虫害的发生概率，同时可以避免杂草争抢养分。

3. 田间管理

（1）松土除草：树苗定植后要及时进行除草松土，首先割除萌发的杂草和灌木，在种植穴内松土，结合除草中耕两次，以保持田间清洁无杂草。

（2）追肥：植物的生长过程中，需要从土壤中吸收大量的养分，因此，以施足底肥为前提，适时追肥为关键，才能保证刺五加的健壮生长。进入6月要及时追肥，可亩施3000~4000kg的充分腐熟的农家有机肥。一般以放射状沟施法，施肥前要稀释肥料，既有利于植物吸收，又可避免造成烧根。9月进行二次追肥，可亩施2500~3000kg充分腐熟的农家有机肥。

（3）浇水：结合天气、降水、土壤持水量、地下水位等方面的具体情况合理浇水。每次要浇透水，但不可大水漫灌，宜小浇勤浇。

（4）培土：培土在入冬前进行。刺五加经过一个生育期的松土除草，有的根茎外露，影响越冬。秋末冬初应对刺五加进行培土。培土时能将根茎埋入即可。有条件的可在根茎部覆盖一些稻草，既有利于刺五加越冬，又有利于第二年刺五加的根茎分蘖。

（5）剪枝整形：随时剪去生长过密的枝条，以及枯死枝、衰老枝、病腐枝和畸形枝，保持树木卫生状况及旺盛长势。

4. 病虫害防治

刺五加抗性较强，病害较少，但苗期易出现猝倒病，偶有发生干枯枝和叶锈病。苗期猝倒病多发生在低温、多雨、地势低洼、排水不良、潮湿环境；干枯枝和叶锈病多发生在降温、寒冷、持续低温环境。防治病害应以预防为主，注意幼苗期的管理，做好保温、排水、降湿工作，为苗木创造适宜的生长环境和生长条件，促进其长势旺盛，提高抗病能力。发现猝倒病立即拔出病苗，带离园外集中处理，并用25%百菌灵800~1000倍液或70%甲基托布津可湿性粉剂1000倍液等喷施病穴。干枯枝可用50%退菌特可湿性粉剂800倍液或600倍70%甲基托布津液等喷施防治。叶锈病可用0.3~0.5波美度石硫合剂，或250倍的敌锈钠溶液等喷施防治。

刺五加的虫害有蚜虫、地老虎、蛴螬、蝼蛄，采取人工灭虫、黑灯光诱杀、药物喷施等措施防治。保护生态环境，充分利用害虫天敌，蚜虫的天敌有寄生蜂、瓢虫、食蚜蝇、食蚜瘿蚊、草蛉、蟹蛛等；地老虎的天敌有赤眼蜂、茧蜂科、细蜂科、小蜂科等；蛴螬的天敌有茶色食虫虻、金龟子、黑土蜂等；蝼蛄的天敌主要是鸟类以及螳螂、蝎子等。

5. 采收

（1）嫩叶采收：从4月下旬至8月末皆可采摘。要准确掌握采摘时机，在嫩叶完全舒展，尚处于鲜嫩状态时采摘。采摘时要用“采一留一”的办法，保证有足够的叶片供树木正常生长。

（2）嫩茎采收：刺五加一般在4月下旬至5月上旬开始发芽，当嫩茎长到15~20cm时即可采摘。掌握采摘时机非常重要，采早了产量不高，味道不好；采晚了茎会变老，品质下降。

（3）根皮及茎干的采收：根及茎干的采收宜在秋天树木落叶后进行。对那些经过多年采摘和反复平茬，没有复壮希望的老龄树连根挖出，地上茎干部分截成20cm长的段，洗净晒干后捆成小捆。根部挖出后抖掉泥土，用清水洗净，剥掉根皮晒干后即可出售或储藏。

五、种子种苗繁育

刺五加的果实一般在每年的9月中、下旬成熟，其果实采收后不能直接播种，需要经过一个冬季完成生理成熟过程后，种子才能发芽。

1. 种子繁育技术

（1）种子采收处理：在9月中、下旬，当果实由黄褐色变为黑色变软时采收。采收后首先进行筛选，除去杂质和秕种子，将果实放入冷水中浸泡1~2天，然后搓去果皮和果肉，再用清水漂洗，取沉底的饱满种子晾干。处理时把种子和湿沙以1∶3的比例混拌均匀后，放在室内堆藏一段时间，在背风向阳处挖深40cm、宽40cm，长度视种子量的多少而定的沟槽，沟槽底部铺上5cm厚的湿沙，然后将种沙混合物放到沟槽内，厚约30cm，上面再覆5cm厚的湿沙，最后覆上20cm的土壤呈丘状，覆土时每隔一定距离放置一段草把，以利于通风。待到春天解冻后将种子取出，放在向阳处晾晒，每天翻动几次，当有30%以上的种子裂口时即可以播种。

（2）播种育苗：播种育苗时间一般在4月上、中旬。苗圃地最好选择土壤肥沃、排水良好的山地，坡度不超过15°；农家的菜园地亦可。播种前做床，床土要深翻耙细，结合整地，每亩可施入优质农家肥 2000kg。做成宽 1.2m、长 10m、高 0.2m 的苗床。然后将苗床浇透水，待水渗下床面稍干后，将处理好的种子均匀地撒在床面上，上面覆盖细土厚 0.5~1cm，然后盖上地膜或稻草，大约 1 个月后出苗。当出苗率达到 50% 后揭去地膜或稻草，当苗高 3~5cm 时进行间苗，苗高达到 10cm 时定苗，株距 8~10cm，在间苗的同时要进行除草松土。

2. 扦插繁殖技术

（1）硬枝扦插：选取二年生的枝条，上面要有 3~5 个芽，剪成 15cm 长的插穗，斜插入土中，保持一定温度和湿度。春季扦插要用薄膜覆盖，温度保持在 25℃ 左右。夏季则要搭设遮阴棚。如在林内扦插，则可以在床面覆盖上一层落叶。

（2）嫩枝扦插：在 6~7 月，选取生长健壮的半木质化的枝条，剪成长 10cm 的插条，只留一片掌状复叶或将叶片剪去一半。将插条按株行距 8cm × 15cm 斜插入苗床中，插入的深度为插条长的 2/3，浇透水后用地膜覆盖，以保持土壤湿度，大约半个月左右即可生根，然后去掉薄膜，第二年即可移栽。

3. 分蘖

在春天土壤完全解冻前，将植株周围萌发的幼苗连根挖出，或者连同母株一起挖出分株。分株的幼苗必须生长健壮，根系好，无伤根，以 60cm × 60cm 的株行距定植。

第十六节　羌　活

一、植物简介

中文名：羌活。

学名：*Hansenia weberbaueriana*（Fedde ex H. Wolff）Pimenov & Kljuykov。

别名：羌青、护羌使者、胡王使者、羌滑、退风使者、黑药。

科属：伞形科羌活属。

生长型：多年生草本植物。

入药部位：根茎和根。

花期：7 月。

果期：8~9 月。

生境和分布：羌活常生长于海拔 2000~4000m 的林缘及灌丛内。我国主要分布于陕西、四川、甘肃、青海、西藏等地区。

繁殖方式：人工繁殖主要有种子繁殖、根茎繁殖。

二、生物学特性

1. 形态特征

植株高达 1.2m。根茎粗长，呈竹节状；茎带紫色。基生叶具柄，叶鞘披针形抱茎，边缘膜质；叶三回羽裂，小裂片长圆状卵形或披针形，长 2~5cm，缺刻状浅裂或羽状深裂，茎上部叶无柄，叶鞘抱茎。复伞形花序径 4~15cm，总苞片 3~6，线形，长 4~7mm，早落；伞辐 10~20（40），长 3~12（15）cm，小总苞片 6~10，线形，长 3~5mm，伞形花序有花 15~20；萼齿卵状三角形；花瓣长卵形，白色，先端内折；花柱基短圆锥形。分果长圆形，背部稍扁，长 5mm，主棱 5，均成宽约 1mm 的翅；棱槽 3 油管，合生面 6 油管。

2. 物候期

花期为 7 月，果期为 8~9 月。羌活是一种高寒植物，对环境的要求比较严苛，生长速度慢，生长周期长，一般 5~7 年生羌活才能达到药用标准。羌活可以在春季用种子繁殖，也可以在秋季或春季时进行根茎繁殖，生长期间及时中耕除草、施肥、浇水，做好病虫害的防治，大约 2~3 年的时间即可采收。

羌活于 5 月上旬至 6 月上旬返青后，生长迅速，生长约 30 天株高则达 70~100cm。年生长期长则 110 天左右，短则 90 天左右。

三、适宜地域及环境条件

1. 种植条件及区域

（1）种植条件：羌活常生长于海拔 2000~4000m 的林缘及灌丛内，喜欢凉爽湿润的环境，生长适宜温度为 2~13℃，耐寒，稍耐阴，土壤相对含水量平均值为 70%，羌活对土壤适应性广，但是要想提升产量和品质，最好种植在疏松、肥力充足、腐殖质含量丰富的土壤中。适宜在土层深厚、疏松、排水良好、富含腐殖质的沙壤土栽培，不宜在低湿地区栽种。其次种植地的前茬作物最好是豆、薯类作物。

（2）生长温度：羌活喜欢凉爽湿润的环境，适生区域的自然光强平均值为 21000~28000lx。

（3）生长湿度：羌活喜欢湿润的生长环境，土壤相对含水量平均值在 70% 以上为宜，养护期间要及时浇水，保持环境的湿润度，但是不可引起积水。

2. 种植时间

羌活可以在春、秋两季进行播种，在中国种植羌活最好的时间是每年秋季的 10

月底，这时的出苗率最高，而春播一般是在每年的 3 月底进行。过早和过晚播种，对羌活的出苗率以及后期的成活率、产量、质量都会产生影响。但由于各地的气温存在一定的差别，所以种植的时间也是有一定差距的。

四、大田栽培技术

1. 选地与整地

（1）选地：育苗地应选择阴湿肥沃、排水良好、土质疏松的森林土，在川坝区以沙壤土为好。播种前结合翻耕地亩施腐熟农家肥 4000~5000kg，或氮素化肥 15kg。羌活根系发达，主根粗壮、分杈多、入土深，因此应选土层深厚、疏松肥沃、排水良好的中性或微碱性沙质壤土种植。施足底肥，结合播前翻耕整地施足基肥。亩施腐熟有机肥 4000~5000kg，配合施用磷酸二铵 30kg，过磷酸钙 40kg。

（2）整地：深耕细耙，做畦。要求畦面表土细、平、绵、松，墒情良好。种植前深耕、耙细、整平、施足底肥，做高畦，畦宽 1.5m，畦长视地形而定。

2. 选用良种

羌活的种子要先经过一些筛选，将一些有病害的、瘪壳的过滤掉，只留下颗粒饱满，色泽光鲜的健康种子播种，这样能最大程度上保障出苗率。

3. 田间管理

（1）中耕除草：当年栽植的羌活，一个月左右即可出苗，5 月上旬苗齐后进行第一次锄草，以后视田间杂草生长情况随时锄草，一般需锄草 3~4 遍。第二年 4 月下旬返青后及时锄草。

（2）追肥：羌活植株生长茂盛，需水、需肥量大，在每年第一次中耕除草时，在行间进行沟施。亩用腐熟有机肥 2000~3000kg、磷酸二铵 15~20kg，过磷酸钙 40kg。根据生长情况灌水时每亩追施嘉美赢利来 10~15kg，2~3 次。

（3）灌水：播后再覆盖遮阳网的垄面上用微喷或洒壶浇益富源催芽生根水 1 次，浇透，每亩用 3~5kg。浇水要轻浇、勤浇，保持土壤表面潮湿以利全苗。灌水时间一般为清晨和傍晚，清晨灌水越早越好，傍晚在 7 时以后灌水。切忌中午高温时灌水。苗高 16cm 时第二次灌水，冬季气温 5℃时灌越冬水，第二年返青期和封垄前各灌益富源催芽生根水 1 次。

（4）查苗补苗：播后约 120 天出苗，出苗后及时查苗补苗，发现有缺苗断垄时，可带土移栽补苗，补栽后及时灌催芽生根剂定植水。苗高 6~7cm 时，按株距 15~20cm 定苗、间苗、补苗，然后灌水 1~2 次。

4. 病虫害防治

病害主要有根腐病、叶斑病，虫害主要为蚜虫。根腐病可用 40% 药材病菌灵或 70% 甲基托布津可湿性粉剂 800~1000 倍液灌根，叶斑病可用 40% 药材病菌灵或 70% 甲基托布津可湿性粉剂 800~1000 倍液喷雾防治。蚜虫用辛硫磷 1000 倍液或杀灭菊酯 3 支兑水 50kg 喷雾防治。

5. 采收

移栽后 3 年收获，一般在 10 月下旬羌活茎叶变黄枯萎后，或第二年早春土壤解冻羌活未萌芽前采挖，采挖的羌活根去掉残茎，搓揉晒干即可。

五、种子种苗繁育

1. 种子繁殖

（1）种子的采收：羌活生长旺盛时在第二年即可结种子，但不宜作种用，一般应采用生长 3 年以上植株的种子。羌活种子一般在 8 月中下旬成熟，种子成熟后，要分批采收，边熟边收。采收时，用剪刀将成熟的果穗剪下后，在阴凉处晾 1~2 天后脱粒。

（2）种子处理：羌活种子采收后要及时进行种子处理，其方法是将种子与湿润净沙按 1∶10 比例充分混匀（湿度为 60%~70%），在背阴通风处堆积，每 10 天左右翻一遍，直到冬天结块为止。羌活主要用种子繁殖，因其种子较小，而且外壳坚硬有绒毛，在常温下休眠期达 8~10 个月，所以当年采收的种子必须经过处理后才能播种，否则当年不发芽。羌活种子处理有沙藏法和药剂处理两种，采用沙藏法时，找一个合适的箱子，里面铺一层沙子，撒一层种子，沙子与种子的厚度比为 5∶1，沙子要求干净潮湿，确保种子萌发所需要的水分，在阴凉室温下处理 40~60 天，在 10~20℃的温室内处理 25~35 天。采用药剂处理法时，用赤霉素 1000 倍液浸泡

10~12h 后洗干净浸泡液，晾至互不粘合时，即可播种。

（3）播种方法：撒播，在 3 月上中旬开始播种，做 1~1.2m 宽的畦，高 15cm 左右，用木耙将畦面整平，然后在畦面上将处理好的种子连同细沙均匀撒播，并用细筛均匀覆厚 2~5mm 土；条播，按行距 20cmm 开沟，深约 10cm，将种子均匀撒在沟内并覆盖一层细土，覆土方法同上。亩播种量为 3~5kg。日光温室育苗后及时用微喷设施喷水，保持土壤湿润，露地播种后须用麦草或遮阴网覆盖。

（4）移栽技术：移栽于 4 月上旬，在已整好的畦上，按行距 30cm 开沟，将种栽按株距 15cm 排放沟内，然后覆土，略露出芦头。

2. 根茎繁殖

秋季或春季收时进行，选具有芽的根茎，切成小段，繁段有 1~2 芽。条栽，按行距 33cm 开沟，沟深 15~17cm，宽 15cm，把根茎横放沟内，每隔 8~10cm 放 1 段，盖土杂肥或细土 14~16cm，浇水。

第十七节　黄　连

一、植物简介

中文名：黄连。

学名：*Coptis chinensis* Franch。

别名：味连、川连、鸡爪连。

科属：毛茛科黄连属。

生长型：多年生草本植物。

入药部位：根茎部位。

花期：2~3 月。

果期：4~6 月。

生境和分布：生于海拔 1000~2000m 山地密林中或山谷阴凉处，海拔 1500~2300m 的高山寒湿的林荫下，野生或栽培。分布于陕西、甘肃、湖北、湖南、四川、贵州、云南西北部及西藏东南部等地；在四川东部，湖北西部和陕西南部有较大量栽培。

繁殖方式：种子繁殖、扦插繁殖和分株繁殖，种子繁殖最为常用。

二、生物学特征

1. 形态特征

茎：根状茎黄色，常分枝，密生多数须根。

叶：叶有长柄；叶片稍带革质，卵状三角形，宽达 10cm，三全裂，中央全裂片卵状菱形，长 3~8cm，宽 2~4cm，顶端急尖，具长 0.8~1.8cm 的细柄，3 或 5 对羽状深裂，在下面分裂最深，深裂片彼此相距 2~6mm，边缘生具细刺尖的锐锯齿，侧全裂片具长 1.5~5mm 的柄，斜卵形，比中央全裂片短，不等二深裂，两面的叶脉隆起，除表面沿脉被短柔毛外，其余无毛；叶柄长 5~12cm，无毛。

花：花葶 1~2 条，高 12~25cm；二歧或多歧聚伞花序有 3~8 朵花；苞片披针形，三或五羽状深裂；萼片黄绿色，长椭圆状卵形，长 9~12.5mm，宽 2~3mm；花瓣线形或线状披针形，长 5~6.5mm，顶端渐尖，中央有蜜槽；雄蕊约 20mm，花药长约 1mm，花丝长 2~5mm；心皮 8~12，花柱微外弯。蓇葖长 6~8mm，柄约与之等长。

种子：蓇葖长 6~8mm，柄约与之等长；种子有 7~8 粒，呈长椭圆形，长约 2mm，宽约 0.8mm，褐色。

2. 物候期

花期：黄连的开花时间大多数集中在每年的 2~3 月，花期约 20~30 天。具体的开花时间因品种和各地的气候等而异。例如，在气候温暖的南方地区开花相对比较早，气候干冷的北方地区开花相对较晚。

果期：果实成熟期为每年 3~6 月。果实类型属于蓇突果，果实颜色多样，果柄很细。黄连果实是子房受精后形成的，胚珠会发育成种子，所以果实是由果皮和种子组成的。

生长周期：生长周期较长，一般为 3~5 年，也有部分产地种植 5~6 年采挖，采收从 9 月开始，一直持续到春季前后。

三、适宜地域及环境条件

1. 种植条件及区域

（1）海拔：一般分布在海拔 1200~1800m 的高山区，以 1400~1700m 的地区最适宜，在低海拔的地区气温高，黄连生长快，枝繁叶茂，根茎不充实，品质差，易染病。

（2）温度：黄连喜高寒冷凉气候，在8~32℃能生长，适宜温度为15~22℃，低于6℃或高于32℃生长缓慢甚至不能生长。在–8~–2℃的温度条件下可越冬。

（3）水分：黄连是湿生植物，喜湿润，不耐干旱，在幼苗期和移栽期如表层土壤干旱，影响生长，降低成活率。生长期间要求雨水充沛，空气湿度大。虽喜湿润，但土壤湿度太大或积水时，通气不良，易染病，影响根系正常生长，使根茎变黑，甚至死亡。

（4）光照：黄连为阴性植物，喜弱光和散射光，怕强光照射，幼苗期遇强光易灼伤致死。但过于荫蔽会使叶片疯长，地下根茎产量低。黄连随着苗龄增加对光的需求也逐渐增加，生产上一般搭棚栽或利用自然树调节光照，做到7阴3阳的散射光，随着苗龄增加逐渐增加光照。

（5）土壤：黄连要求土层深厚、疏松肥沃、排水和透气良好、表层富含腐殖质的壤土最适宜，重壤土和沙壤土也可以，粗沙土和黏重土不宜栽黄连，酸碱度以微酸性至中性为宜，忌连作，种过黄连的土地经过2~3年轮作后可继续栽培，否则产量低，病害严重。

（6）肥料：黄连喜肥，基肥和追肥以农家肥为主，速效性有机肥和化肥用作春季和种子采收后追肥，氮肥对催苗作用大，磷钾肥对提高结实率和根茎充实有很大作用。

2. 种植时间

一般来说，黄连在秋季以及冬季都可以进行种植，秋季通常是在9月进行，此时气候环境最为适宜生长，在种植之后长势较好；冬季既可以在12月进行种植，也可以在2月进行，种植后都可以生长发育。

3. 种植要点

（1）黄连在进行种植的时候，首先要做的就是选地，然后是进行整地并且施肥，之后就可以将种子进行播种，大概3个月就会出苗。

（2）如果想要黄连生长好，需土壤适宜，而且在平时合理地进行浇水以及施肥，不能造成积水和肥害。最好定期浇水，保持土壤湿润，而且要适当追肥，在平时还要有充足的散射光。

（3）在种植黄连的时候需要注意一定要有良好的田间管理，需要及时进行除草并且修剪枝叶。

四、大田栽培技术

1. 选地整地

选土壤上层以富含腐殖质肥沃疏松的沙壤土，下层以保水保肥力较强的黏壤土最适宜；选早晚有斜射光照、土层深厚、排水良好、坡度在 20° 以内、富含 85% 腐殖质的壤土或沙壤土地块种植。

选好地后收集树枝、杂草、秸秆等物铺在地上点燃熏土可减少病虫害及杂草，提高土壤肥力。熏后亩施腐熟厩肥 3000~5000kg 作基肥，深翻 25cm 整平耙细做成宽 1~1.7m 畦，畦向以东西为好，畦面略呈龟背形高畦。

2. 选用良种

黄连实生苗 4 年开花结实，所结的种子数量少且不饱满，发芽率最低，苗最弱，产区称为“抱孙子”。5 年生所结种子青嫩，不充实饱满的也较多，发芽率较低，产区称为“试花种子”。6 年生所结的种子，籽粒饱满，成熟度较一致，发芽率高，产区称为“红山种子”。7 年生所结种子与 6 年生所结种子相近，但数量少，产区称为“老江山种子”。留种以 6 年生者为佳。

3. 田间管理

（1）补苗：栽后 1~3 年，每年均有少量植株枯死，应及时带土移栽补苗。第一次在当年秋季，用同龄壮苗补苗；第二次在第二年新叶未长出前进行。

（2）松土、除草：植株生长较慢，易滋生杂草，应及时清除杂草。种植第一、二年，每年中耕松土 4~5 次；第三、四年每年中耕 3~4 次；第五年除草 1 次。

（3）追肥：移栽后 3 天内淋施稀薄人畜粪水 500~1000kg。以后每年春季和秋季各追肥 1 次，春季每亩施入人畜粪水 1000kg，或尿素 10kg 和过磷酸钙 20~30kg；秋季每亩施腐熟厩肥、草木灰等混合肥 2000kg。

（4）培土：种植后 2~4 年的秋季施肥时结合培土，将细碎腐殖质土均匀撒在畦面，二、三年培土厚 1cm；第四年培土厚 1.5cm。

4. 病虫害防治

（1）白粉病：多发生在当年新叶上，开始起雪白色粉，后呈水浸状，叶逐渐变红至暗褐色。此时可用猪粪水追施，使苗返青，再用 0.3~0.5 波美度石硫合剂喷洒防治。

（2）鼠害及兽害：黄连的兽敌很多，如鹿子、锦鸡、鼠类等。危害黄连嫩叶、花薹及种子，有的也危害根状茎，一般发生在 12 月至翌年 4 月的寒冷季节。防鼠可用磷化锌和玉米粉按 1∶20 拌成毒饵撒于田间或鼠洞内。

5. 采收加工

黄连移栽后第 5 年才能收获，是生长年限较长的药用植物。黄连最适宜的收获期为 10 月上旬至 11 月下旬上冻前。用四齿耙按行株距将黄连挖出，剪去须根和叶子，每亩可产 500kg 左右鲜根。鲜根出土后，最好用炕烘干，烘干时不宜火力过大，边烘边翻，直到干燥为止，一般亩产干黄连根茎成品 100kg 左右。

五、种子种苗繁育

1. 种子繁殖

（1）采种：立夏前后，采移栽 3 年以上健壮植株所结的种子，当种子呈黄绿色即应采收，晴天摘回果枝堆放室内 1~2 天，即可脱粒，忌日晒，保持湿润，低温处理，完成种胚后熟。生产中采用温床或腐殖质混合均匀，埋于窖中厚 3cm，上面再覆盖沙或腐殖质土 3~6cm 厚，再盖树枝保湿，经常检查。

（2）精细育苗：选半阴半阳湿润肥沃的杂木林或二荒地，铲除杂草和不需要的条木烧炭作肥，搭 80cm 左右荫棚及栏边，并深翻土地 23cm 左右，做 130cm 宽的高畦、畦沟宽 30cm，畦面平整，呈弓背形，无碎石、树根，土细，每公顷施腐熟牛、马粪 15 000~22 500kg，畦面盖 1.5cm 厚的熏土。11 月左右取贮藏的种子、拌 20~30 倍腐殖质土、均匀撒在畦面（每公顷用种 37.5kg 左右），再撒牛粪粉或草木灰 0.6cm 厚。第二年春苗长出 3 片叶时结合除草追施清粪水或尿素，施化肥应分多次少量，硫酸铵每公顷施 75~112.5kg，最好是在晴天叶上无露水时撒施，再用小竹枝轻轻扫一下，使药掉落，防止烧苗。6 月施腐殖质土培土保苗，11 月每公顷施细牛粪或马粪拌草木灰 11 250kg，利于幼苗越冬。

（3）林间育苗：选荫蔽度在 80% 以上，林高度在 300cm 以下的树林。地整好后每公顷播种 75kg 左右的种子，播法基本同精细育苗，于 2 月中下旬出苗前，清扫一次落叶，出苗后至移栽前应进行 2~3 次拔草施肥，此法节省劳动力。

（4）移栽：出苗第二年春移栽，按行株距 10cm × 10cm，深 3~5cm 栽。此外还可采用林间栽黄连，使遮阴在 70% 左右作自然天棚，方法同上。也可与高秆作物如早熟的玉米间作，先播玉米，按株距 30cm 开穴，插入畦的两旁，每穴 3~4 粒种子，定苗留一株苗。7 月玉米封垄，在畦中，玉米行间按行株距 10cm × 10cm 栽黄连苗。玉米收后，在畦两旁搭 100cm 高的架子把玉米秆均匀放在架上遮阴。每年重新播种玉米，第二年株距 40cm，第三年 50cm，第四年 60cm，第五年 60~100cm。

2. 扦插繁殖

在种子或幼苗缺少的地区可采此法。即在黄连栽培 5 年后，提早于 8~9 月收获，收获后将黄连植株自根茎顶端以下 0.1~0.13cm 处连茎叶摘（剪）下，作插条用，随剪随栽。栽时应将叶柄全部埋入土中，只留叶片在外，并压紧即可。此方法的整地、做畦、施肥等与上相同，亦要 5 年才能收获。

第十八节　地　椒

一、植物简介

中文名：地椒。

学名：*Thymus quinquecostatus* Cêlak.。

别名：百里香、长藤草、地香、花椒堆、山胡椒、五脉地椒、拦金。

科属：唇形科百里香属。

生长型：多年生草本植物。

入药部位：全株入药。

花期：6~8 月。

果期：9 月。

生境和分布：地椒生长于海拔 600~900m 的地区，常生长于山坡及海边低丘上，喜光和干燥的环境，喜生于山坡等向阳地。在疏松且排水良好的沙质土壤中生长良好。产于甘肃、陕西、山西、内蒙古、青海、山东、河北、河南、辽宁等地，其中，在甘肃省庆阳市，华池县、环县、宁县、镇原等地均有分布。

繁殖方式：种子繁殖、分株繁殖和扦插繁殖。

二、生物学特性

1. 形态特征

根：根浓密，呈灰褐色。

茎枝：地椒属半灌木，茎匍匐或上升；不育枝从茎的末端或基部生出，被短柔毛；花枝高 2~10cm，在花序下密被向下曲或稍平展的疏柔毛，下部毛变短而疏，基部有脱落的先出叶。

叶：叶柄明显，下部茎叶的叶柄长约为叶片长度的二分之一，上部茎叶的叶柄则较短；叶片卵圆形，长 4~10mm，宽 2~4.5mm，无毛，先端钝或稍锐尖，基部渐狭，全缘或稀有 1~2 对小锯齿，侧脉 2~3 对，在背面微突起；苞叶与叶同形，边缘在下部 1/3 具缘毛。

花：花顶簇生；花萼不规则：上缘分三瓣，下缘裂开；花冠管状，4~10mm 长，呈白色、粉色或紫色。

果实：小坚果近圆形或卵圆形，压扁状，光滑。

2. 物候期

地椒属多年生植物，当年可以开花，第二年会再次开花，可以存活十多年，具体情况取决于种植环境和气候。

种植地椒最合适的季节是春季，春季 3~4 月播种育苗，种子发芽时间 12~20 天，发芽后初期生长较慢，第二年的早春开始急速生长，5~7 月开始开花，这时收割后又会长出新的枝条，在 8~9 月第二次开花，成熟时间 90~100 天。

三、适宜地域及环境条件

1. 种植条件及区域

地椒（百里香）是阳性植物，喜光也稍耐阴；抗寒耐高温，夏季能耐受 40℃以上高温，冬季可抵御 -30℃以下的低温，适宜生长温度为 20~25℃；耐干旱，但不耐潮湿，怕涝；对土壤要求不严，适宜土壤 pH 值为 8~9，在排水性和透气性较好的土壤生长最佳。在中国西北、东北和华北各地均适宜栽培。

2. 种植时间

春季 3~4 月播种育苗。

3. 种植要点

地椒的种植需要选择泥炭土作为栽用土，还需要增添 20% 的有利于排水的其他物质。种植前要翻耕土地并施肥。播种可以选择条播或是穴播，播种前将种子拌药，避免地下害虫危害。土壤较干时应先浇水，再将种子播入准备好的土壤中并覆土。在出苗之前不宜浇水，等到苗出齐之后再进行间苗，同时要锄地松土，提高地温。在幼苗期土地较为干燥的时候要适量浇水，雨季要及时排除积水。在浇水或雨天时，要施加尿素，让幼苗的长势更加强壮。

四、大田栽培技术

1. 选地、整地

栽培用地尽量选择阳光充足、排水良好、质地疏松的沙壤土为佳，或选用自制的栽培基质，壤土与沙按 1:2 混合即可。整地时，将栽培土壤耙细，除净杂草，起畦，畦间距离可根据栽培习惯设置或为 1~2m。畦面需略高且平整，以利于排水，不致积水淹苗。地椒生长较缓慢，整地时施入适量有机肥作底肥。

2. 田间管理

地椒适宜的生长季节为春秋两季，夏季生长相对较弱，因此田间管理方面除及时除杂草外，还要注意水肥管理，特别是高温的夏季。浇水不宜过勤、过多，要保持栽培基质表面呈稍干燥状态，不可使栽培基质过于潮湿，否则通气性差会影响地椒根系的发育，进而影响到其地上的生物量。

地椒生长较慢，对肥料要求不高。生长旺盛可每月进行追肥，按 50kg/hm^2 的施肥量随水补施尿素；而生长虚弱时要减量施肥，甚至停止施肥，否则会引起地椒茎叶枯黄，地下烂根。

3. 病虫害防治

地椒的根、茎、叶皆具有芳香气味，会遭受蚜虫、菜青虫等危害。发生虫害时，植株受损并萎蔫，有的甚至枯萎。蚜虫可以选用抗蚜威可湿性粉剂防治，菜青虫则可选用青虫菌粉剂防治。

4. 收获利用

地椒植株矮小，株高 20~50cm，茎匍匐生长，极易铺满栽培畦地，且易进行生殖生长，因此要根据地椒的生长状况及时收获。收获时，从匍匐茎基部 4~5 节处剪短，以促进地椒匍匐茎的分枝，提高地椒分枝数量和生物量。

收获的地椒洗净，沥干水分可直接利用。地椒新鲜枝叶可直接生食，也可晒干入药、入茶饮，或作为香料，提取精油。

五、种子种苗繁育

1. 播种繁殖

播种育苗的时间应选择在春季的 3~4 月。地椒种子较小、发芽率较低、价格偏高，因此育苗多于直播。育苗采用平盘或平畦撒播育苗法，平盘内基质为 3∶1 的草炭、蛭石混合物。采用平畦育苗的，要把畦面整平，土块整细，浇水，待水渗下去后即可播种。其种子小，不易播匀，可掺些细土，混匀后撒播。播后不覆土。畦面上或平盘上最好用塑料薄膜支起小拱棚，既可保温，又可保证湿度。如果白天温度过高，可考虑早上掀膜，傍晚再盖上。种子发芽适温为 20℃左右，1~2 周出苗。育苗期，要保持畦面或盘面潮湿，以小水勤浇为原则，同时，也要注意及时锄去田间杂草。地椒种子发芽率较低，一般只有 50% 左右。

2. 扦插繁殖

扦插的方法成活率很高，植株极易发根。可剪取 5~8cm 的带顶芽的植条进行扦插，但不要用有花的枝条扦插，选择已木质化的和无顶芽的枝条进行扦插，扦插夜温不低于 10℃，50 天左右可以定植。扦插选择在直径 2cm 左右的纸筒苗盘中进行，对成活后的移植更有利。

3. 分株繁殖

分株法要选取三年生以上的植株进行。时间选择在 3 月下旬或 4 月上旬还未出芽的时候。具体方法是连根挖出母株，视株丛的实际大小，将其分为 4~6 份，每份确保留芽 4~5 个，并带有长势良好的须根，就能进行栽植。

第十九节　黑果花楸

一、植物简介

中文名：黑果腺肋花楸。

学名：*Aronia melanocarpa*（Michx.）Elliott。

别名：不老莓。

科属：蔷薇科腺肋花楸属。

生长型：落叶丛状灌木。

入药部位：果实、种子、茎和皮都可以入药。

花期：5月。

果期：6~7月。

生境和分布：该树种具有较强的耐寒能力，对土壤、气候适应性强。在辽宁、吉林、黑龙江、山东和江苏等多个省份大面积种植。近年庆阳市华池县引种栽培面积2000亩左右，成活率较高，适应当地栽植。

繁殖方式：播种、扦插和分株。最常用播种繁殖方式。

二、生物学特性

1. 形态特征

根：根棕黄色，浅根系，根不具发枝能力。

丛状树形：树皮光滑，多年生枝条灰褐色，新梢淡褐色；皮孔圆形，灰色。冬芽赤褐色，圆锥形，为混合芽。

叶：叶色深绿，单叶，互生；网状叶脉，叶片卵圆形或椭圆形，叶尖锐或钝。

花：花为完全花，白色；小花冠径 1.5cm，花萼花瓣各 5 枚，离生雄蕊 15~18 枚，花药为背着药，粉红色；雌蕊为合生心皮，5 小室，每室 1~2 个胚珠，子房下位；复伞房花序 6~8cm，由 10~40 朵小花组成。

果实：果实甜酸略有微涩味，球形，果皮紫黑色，果肉暗红色，单果重 1~2g，果径 1.4cm。种子千粒重 4.6g。

2. 物候期

4 月上旬芽萌动，4 月中旬新梢开始生长，4 月下旬展叶；5 月上旬开花，花期 20 天；5 月下旬坐果，7 月末果实变红；8 月上旬新梢高生长停止，8 月末果实变黑、新梢粗生长停止；9 月上旬果实成熟；10 月中旬叶变为紫红色，11 月上旬落叶，彩叶期 20 天。营养生长集中于 5~7 月。从芽膨胀至落叶历时 200 天左右。从新梢生长至新梢高生长停止需 90 天左右；从幼果膨大至果实成熟需 100 天左右。

三、适宜地域及环境条件

1. 种植条件及区域

黑果花楸比较耐寒，可以在低温环境下进行生长；需要将其养护在年降水量 600mm 以上的地区，这样就可以不用进行浇水；它对于土壤的适应性比较强，比较喜微酸性的土壤中。黑果花楸的光照要求是从全光照到部分遮阴（50% 以上），但在遮光条件下果实品质下降，在全光下生长旺盛。生长量和产量取决于立地条件。

2. 种植时间

黑果花楸通常会在春季以及秋季的时候进行种植，具体时间是在 3~5 月以及 10~11 月，这两个时间的气候环境比较适宜生长，在养护期间如果有充足的水分环境以及足够的养分，生长速度会比较快。

3. 种植要点

黑果花楸在进行种植的时候，一般会采用播种繁殖的方式，在每年的春季进行，需要使用疏松肥沃的土壤，这样比较有利于生长发育，而且在养护期间需要及时地进行浇水，保持土壤的湿润，平时还要定期进行修剪。

四、大田栽培技术

1. 选地整地

地块以棕壤土较为宜，要求选择平地或坡位中下腹，相对高差 200mm 以内，坡度≤ 30°，土层厚度≥ 40cm，土壤质地黏质、壤质或轻壤质，土壤 pH 为 5.0~7.5，地下水位 >1m（丰水期），以及排水通畅的地块。整地方法利用拖拉机带动旋耕机对土地进行旋耕，采取机械旋耕矩形整地，利用镰刀和耧耙将地上的杂物全部清理掉，防止进入机械内影响效果。若山坡地沿等高线水平整地，深度≥ 35cm，土块细度≤ 2.5cm，作物根茬要搅碎，旋耕、灭茬、起垄一次完成。垄距 50~100cm，同时开出栽植沟，开沟的深度依据栽植苗木规格及其根系大小，一般沟深比苗木根长多 5~10cm（25~35cm）即可。栽植穴规格 70cm × 100cm × 100cm，栽植株行距 0.7m × 2m，密度 7100 株 /hm^2。

2. 苗木准备

（1）起苗：春季起苗时间在地化冻后至苗芽萌发前，即 3 月下旬至 4 月中旬。秋季起苗时间在秋末落叶至地封冻之前，苗木休眠期进行，即 11 月上中旬。机械起苗或人工起苗均可。

（2）苗木包装：苗木按苗龄标准分级包装，2 年生苗木 20 株一捆。

（3）假植贮苗：假植地点选择在栽培园地边、水源方便的地方进行假植，起苗 12h 后装车，卸车后 1h 内完成假植，假植方法是一层苗木一层河沙，要求单排、不漏根，踩实、浇透水，保证苗木保鲜、少失水。将新起的种苗装车运输至栽植地点，用黑色塑料布遮住苗木，注意保护苗，不要将搬运的苗木放在阳光下直射。

（4）苗木选择：苗木选择苗龄 2 年生以上，高度≥ 50cm、分枝 2 个以上，地径茎粗≥ 0.6cm，没有冻害（干梢）、伤害，检疫合格的苗木。

3. 栽植

（1）栽植时间：在苗木芽膨大之前栽植。

（2）栽植方法：根据苗木大小，做宽度 100cm 条畦状树盘。栽植时表土翻到穴底，栽植方法按“三埋两踩一提苗”的原则栽植。

（3）覆膜浇水：栽植后一次浇透水，水下渗后上覆 2~5cm 地表土，然后覆盖黑色地膜。

（4）补浇水：栽植后需间隔 15~30 天补浇水 2~3 次，浇透水以保证成活率。

4. 田间管理

（1）幼树管理

栽植后的前 3 年，每年需浇水 2~3 次，时间分别为萌芽期、坐果期、越冬期，具体时间及水量依据本地的实际情况而定。树盘清除杂草，每年 3~4 次，或间种马铃薯、红薯、花生、大豆等矮棵作物。春季施肥在每年 4 月下旬至 5 月上旬，施复合肥 50g/ 株；秋季施肥在每年 9 月下旬至 10 月中旬进行，主要施有机肥，亩施有机肥 3000~5000kg。

（2）成树管理

①疏花疏果：进入盛果期后，需要进行疏花疏果。现蕾时开始疏花疏果，宜早不宜晚。

②修剪：黑果腺肋花楸成枝力强，需采用春剪和夏剪相结合的果树修剪方法。春剪在清明左右树液流动后进行，保留主枝 20~40 条，保持树势中庸健壮、自然球形、树体中央部位透光较好。夏剪每年在 6~7 月进行，夏季修剪原则是不短截，以疏枝为主，去密留疏，去弱留强，疏除过密细枝，培养健壮主枝。

③肥水管理：栽植后的第 4 年开始，不要间种其他作物。每年浇水 1~2 次，时间分别为萌芽期、越冬期，具体时间及水量依据本地的实际情况而定；每年田间割草 2 次，时间分别是 6 月和 8 月；割草后覆盖于田面。

施肥采用平衡施肥技术，春季施肥用穴施法，隔年轮换施肥点。栽植当年忌施尿素，栽植当年肥力较好的地块可以不施肥。肥力差的地块仅限施用磷酸二铵，可结合栽植一次亩施入5~10kg。追肥时间在4月20日至5月10日。建园第四年以后，每年施磷酸二铵50g/株，硫酸钾30g/株。具体情况视地块而定。花芽分化期主要施氮肥，坐果期主要施磷肥、钾肥。硫黄粉在春季建园时施用，硫酸钾在5月上旬与氮肥、磷肥结合施用，硫酸亚铁在6月上旬到7月中旬施用，连续喷施。pH ≤ 7.5时，可以选择施用有机肥，不施或少施化肥，防止土壤盐化。

（3）杂草控制

栽植后树盘覆盖地膜可有效控制树盘杂草。除草剂精喹禾灵可有效杀灭禾本科杂草而不伤及黑果腺肋花楸。禁止使用百草枯、草甘膦。除草剂结合人工除草进行6次，保持树盘无杂草，或采取行间种植三叶草（15~20g/m^2），也可缓解杂草的生长、减少人工除草和机械除草，可节约成本35%，同时还可以有效缓解沙尘，增强黑果腺肋花楸的光合作用从而提高产量。

5. 病虫害防治

目前病害仅发现黄化病，通过叶面喷肥和液态肥灌根均可防治。出现黄化症状后，喷施0.2%的螯合铁或0.2%的硫酸亚铁防治效果很明显。喷肥需进行2次，中间间隔15天左右，用0.2%的螯合铁灌根肥效持续更长。通过加强栽培管理，合理施肥，黄化病害便可彻底防治。

黑果腺肋花楸的虫害主要有金龟子、刺蛾和蚜虫等。苗木萌发之初，4月至5月，用敌百虫防治金龟子。6~8月用菊酯类杀虫剂防治刺蛾、美国白蛾、桃小食心虫3~4次。

6. 采收

采收期一般在8月末至9月末，果实糖度达到19°~21°时可采收。干果加工带果柄，果汁加工不带果柄。

五、种子种苗繁育

1. 播种育苗

（1）采种及种子处理：一般在每年的9月底至10月初，待黑果腺肋花楸的果实由红色转变成黑色之后即可采收。需要注意的是，用于繁殖的所采种子植株要品种优良、生长健壮，并且当年无病虫害发生。采收后将果实揉碎，并用清水冲洗，去掉果皮及果肉，掏出种子，晾干后保存。

（2）准备苗床：黑果腺肋花楸的育苗地宜选择土层深厚、土壤疏松、排灌方便的土地。一般采用高床育苗，苗床一般南北走向，床面高出步道 15~20cm，床宽 100~120cm、长 20m。做床前应均匀撒入充分腐熟的农家肥及复合肥，同时撒施五氯硝基苯和代森锌（3:1），深翻土壤，细致整地。做床后打碎床面土块，耧平床面，播种前最好细致做好床面。

（3）种子处理：黑果腺肋花楸的播种育苗可以在春季和秋季进行。首先是用清水将种子浸泡，然后再用高锰酸钾溶液浸种消毒，洗净并消毒后与 2 倍种子体积的河沙充分混合。保持混合物的水分含量在 60% 左右，保持温度在 20~25℃，每 2 天左右翻动一次，待种子基本萌发后即可开始播种。

（4）播种：黑果腺肋花楸的播种时间一般是 5 月或 9 月，以条播为主。播种之前，先浇水使苗地湿透，播幅 10cm，间隔 8cm。播后立即覆土，覆土厚度以 0.5~1cm 为宜，亩播种量为 3~3.5kg。秋播后立即覆帘并浇水，春播后覆盖遮阳网。春播当年出苗，一般 10 天左右即可出齐；秋播后次年 3 月出苗。一般出苗率可达到 70% 以上。

（5）苗期管理：当出苗率超过 50% 以后，及时撤掉覆盖物。因为幼苗的生长速度慢、抵抗能力差，因而需要细心护理。一是水肥管理，需要长期保持土壤湿度。二是除草松土。苗木进入速生期后杂草较多，要及时清除。三是追肥。四是病虫害防治，一般每隔 7 天喷洒一次多菌灵或者代森锌，二者交替使用，可有效防治病虫害的发生。

2. 扦插育苗

（1）准备插床：为了促进插穗的生根，应选择地势平坦、土层深厚、土质肥沃、排灌方便的中性壤土或沙壤土做床。苗床高度为 20cm 左右，宽度为 100~120cm，床间宽度 50cm 左右。在苗床上覆盖一层薄膜，薄膜距离地面的高度不低于 50cm。插床四周用竹片做成栅栏，高度为 200cm 左右，中间保持一定的缝隙，确保通风。

（2）插穗准备：一般在 6 月中旬至 7 月初，选择 2~3 苗龄、生长健壮、无病虫害苗木的中、上部枝条作为插穗。剪下的插穗长度至少 15cm，最好是随剪随插。如果插穗要经过长距离或者长时间的运输保存，则尽量松散放置，不可挤压过紧。

（3）插穗处理：在扦插之前需要对插穗进行处理，首先是剪短，一般确保插穗的长度在 10~12cm 即可，保留最少 2 片叶，但需要将叶片剪掉超过 50% 以上的面积，以减少水分蒸发。并将剪好的插穗每 50 枝左右捆成一扎，捆扎时使其根部对齐。然后将捆扎好的插穗浸入泡有生根粉的溶液中。生根粉溶液一般用 ABT2 号生根粉泡制，浓度为 100mg/kg 即可。

（4）扦插：扦插时将苗床喷足水分，使其充分润湿。在太阳下山以后进行扦插，扦插株行距约为 5cm×5cm。扦插前先用木棍在苗床上戳一个洞，深度为 5~6cm，然后将插穗插入一半的深度，并将土壤压实。扦插后需要及时浇水，一般使用喷洒的方式，保持土壤湿润即可。

（5）幼苗管理：当幼苗成活之后，及时检查，对不成活苗进行补插，以充分利用苗地。由于幼苗的生长对于水分和养分的需求大，一般需要根据幼苗生长情况每年追肥 1~2 次，以氮肥为主。病虫害的防治应贯穿于整个幼苗生长期，通过土壤消毒、插穗消毒等方法减少病虫害的发生概率。

第四章

中药材产地加工储藏技术

第一节　黄芪产地加工储藏技术

一、黄芪

黄芪为豆科植物蒙古黄芪或膜荚黄芪的干燥根。黄芪的嫩叶炒制后可作为药茶使用。黄芪为常用中药，号称“补气之首”，首载于《神农本草经》，被列为上品。李时珍在《本草纲目》释名谓：“耆，长也，黄芪色黄，补气之长，故名。”有关黄芪产地的记载首见于《名医别录》：“生蜀郡山谷，白水（陕西南部）、汉中。”

1. 蒙古黄芪

蒙古黄芪拉丁名为 *Astragalus membranaceus* var. mongholicus (Bunge) P. K. Hsiao，多年生草本，主根长而粗直，条较顺直。茎直立，高 40~80cm，奇数羽状复叶，小叶 12~18 对；小叶片小，宽椭圆形、椭圆形或长圆形，长 5~10mm，宽 3~5mm，两端近圆形，上面无毛，下面被柔毛；托叶披针形，总状花序腋生，常比叶长，其花 5~20 余朵；花萼钟状，密被短柔毛，具 5 萼齿；花冠黄色至淡黄色，长 18~20mm，旗瓣长圆状倒卵形，翼瓣及龙骨瓣均有长爪；雄蕊 10，两体（9 + 1）；子房光滑无毛。荚果膜质，膨胀，半卵圆形，直径 11~15mm，先端有短喙，基部有长子房柄，均无毛。花期 6~7 月，果期 7~9 月。

2. 膜荚黄芪

膜荚黄芪拉丁名为 *Astragalus mcmbranaceus* (Fisch) Bunge，多年生草本，高

50~80cm。主根深长、条直、粗壮或有少数分枝。奇数羽状复叶，小叶 6~13 对；小叶片椭圆形至长圆形或椭圆状卵形至长圆状卵形，长 7~30mm，宽 3~12mm，先端钝、圆或微凹、有时具小尖刺，基部圆形，上面近无毛，下面伏生白色柔毛；托叶卵形至披针状线形，长 5~15mm。总状花序腋生，通常生花 10~20 余朵；花萼钟状，被黑色或白色短毛；萼齿 5，长为萼筒的 1/5~1/4；花冠黄色至淡黄色，或有时稍带淡紫红色，长约 16mm，旗瓣长圆状倒卵形，翼瓣及龙骨瓣均具长爪及短耳；子房有柄，被柔毛。荚果膜质，膨胀，半卵圆形，长 20~30mm，宽 9~12mm，被黑色或黑白相间的短伏毛。花期 6~8 月，果期 7~9 月。

二、采收

栽培黄芪一般 2~3 年收获。采收一般在秋季植株枯萎时进行，也可在翌年春季尚未萌发前进行。挖掘采用人力或机械的方法将根从土中挖出，采收时要深挖，不要伤根，防止挖断主根，影响药材产量与质量。趁鲜去净泥土、切去芦头，小心轻放，装入麻袋、纺织袋或竹筐中运回晾晒加工。

1. 根的采收

高海拔、高纬度、冷凉地区一般于直接播种后 4~5 年采收；移栽黄芪定植两年后采收；半野生黄芪种植于高寒，冷凉山区，以生长 4~5 年采收为佳，但生长 6~7 年其根仍然充实而不木质化。据测定，不同生长年龄采收的黄芪的氨基酸含量不同，以 3 年生以上的含量最高，1 年生次之，2 年生的最低。一般春、秋两季均可采收。春季从土壤解冻后至萌芽前采收，秋季在叶片枯萎后至土壤上冻前采收，以秋季采收质量最好。9 月是黄芪的最佳采收期，根的干品率高、根部坚实、粉性足、品质好、产量高，此时是黄芪皂苷含量的峰值期。野生品种多在立秋后采挖，先割去地上部分，或用机械把深层土抖松，然后用手拔出。

2. 叶的采收

黄芪的叶也可入药，或做保健饮品的原料。叶片一般在 7 月中下旬采收，可以连茎一起收割，也可单独收获叶或茎。如果叶片发生白粉病，则不能采收。

3. 种子的采收

膜荚黄芪播种后，第一年开花少，种子成熟度不高，第二年大量开花结果，第三年枝繁叶茂；蒙古黄芪第一年播种后基本不开花，翌年开花。黄芪为无限花序，种子应分批进行采收，否则，等上部种子成熟时，下部的种子已经脱落。黄芪种子成熟时果荚下垂，果皮变为黄白色半透明状，果内种子呈绿褐色即可采收；若采收过晚，不仅种子硬实率高，而且荚果容易开裂造成损失。也可在 50% 种子成熟时割取果实，晒干脱粒。

三、产地加工

黄芪根部挖出后，去掉根上附着的茎叶，抖落泥土，趁鲜切去根茎（芦头），剪光须根，即行晾晒，待晒至六七成干时，将根理直，扎成小把，再晒至全干。晾晒时避免强光曝晒而发红，晒时放在通风的地方，其上可平铺一层白纸，晒至全干或炕干即成。药材以粗壮、质硬、粉性足、味甜者为佳。要求做到干燥、无芦头、无须根、不霉、不焦、无泥、无杂质。经药学家分析，须根与根茎具有相同的抗流感功效，因此，须根亦可供药用。

1. 晾晒

黄芪运回后，挑出病株、损伤枝，即行晾晒，待晒至含水量为 30%~40% 时，将根理直，扎成小把。

2. 揉搓

晾晒至含水量为 30%~40%，扎成直径为 10cm 左右的小把，用麻绳缠绕，放木板上，用脚来回揉搓条顺。

3. 清洗

用 2~6MPa 的高压水枪淋洗黄芪 10~20min，去除杂质，应严格控制淋洗时间，操作中应防止黄芪表皮破损。

4. 浸润

取净黄芪置润药筐内，润水量为药材量的 30% 左右，每间隔 3h 喷水 1~2 次，尾部喷水量宜少，条粗者喷水量宜多，并经常翻动，至内外湿度一致，多次喷淋，翻动至水尽药透，操作闷润时间为 12~24h，防止时间过长造成药材变味或发霉。使黄芪含浸润水分达到 7%~8%。

5. 切制

药材浸润后切制，切成长度为 15~17cm，厚度为 2~4mm 的厚片、椭圆片、瓜子片（若要整条烘干则省略此步骤）。

6. 干燥

将水分从药材内部借扩散作用到达药材表面，并从表面受热而汽化蒸发除去。

（1）自然晾晒干燥：晾晒到半干状后，再堆放 1~2 天，待黄芪回潮后再摊开晾晒，应白天摊开，晚上堆成堆，在晾晒过程中需要人工翻检，总晾晒时长应大于 300h，确保晾晒至完全干燥为宜。（需要注意的是：在自然晾晒的过程中，切不可大量地堆放，以免没有晾晒干燥的黄芪根茎受热发霉变质。）

（2）太阳房干燥：温度控制在 35~50℃，应白天摊开，晚上堆成堆，利于发汗，在晾晒过程中需要人工翻检，反复晒至含水量 15% 以下。

（3）烘干机干燥：烘箱温度控制在 70~80℃，持续干燥半小时、每 10min 排湿一次，直至干燥，干燥后的饮片水分应控制在 11% 以下。烘干机在黄芪干制品中可保证营养成分不流失，能够储存更长时间。

四、商品规格

黄芪商品的规格标准主要分为特等、一等、二等、三等。

1. 特等：干货

呈圆柱形的单条，去掉疙瘩头或喇叭头，顶端间有空心。表面灰白色或淡褐色。质硬而韧。断面外层白色，中间淡黄色或黄色，有粉性。味甘，有生豆气。长 70cm 以上，上中部直径 2cm 以上，末端直径不小于 0.6cm。无须根、老皮、虫蛀、霉变。

2. 一等：干货

长 50cm 以上，上中部直径 1.5cm 以上，末端直径不小于 0.5cm。无须根、老皮、虫蛀、霉变。其他指标与特等相同。

3. 二等：干货

长 40cm 以上。上中部直径 1cm 以上，末端直径不小于 0.4cm。间有老皮，无须根、虫蛀、霉变。其他指标与特等相同。

4. 三等：干货

上中部直径 0.7cm 以上，末端直径不小于 0.3cm。间有破短节子。无须根、虫蛀、霉变。其他指标与特等相同。

《中华人民共和国药典》2020 年版规定：黄芪片应呈类圆形或椭圆形厚片，外表皮黄白色至淡棕褐色，可见纵皱纹或纵沟。切面皮部黄白色，木部淡黄色，有放射状纹理及裂隙，有的中心偶有枯朽状，黑褐色或呈空洞。气微，味微甜，嚼之有豆腥气。黄芪选货要求厚片直径大于 0.8cm；黄芪统货要求厚片直径大于 0.5cm。黄芪干燥品含黄芪甲苷不得少于 0.04%。

五、黄芪的炮制

黄芪的炮制是指豆科植物蒙古黄芪或膜荚黄芪的干燥根的炮制。

1. 黄芪的现代炮制方法

（1）净制：除去杂质，大小分开，洗净。

（2）切制：洗净，润透，切厚片，干燥。

（3）炮制

①蜜制：取炼蜜加适量开水稀释，加入净黄芪片拌匀，闷透，置锅内用文火炒到深黄色不粘手时，取出，放凉。每 100kg 黄芪用炼蜜 25kg。

②炒制：取黄芪片置锅内，用文火炒至黄色具焦斑或深黄色。

③米制：取米置锅内炒黄，倒入净黄芪片拌炒至棕黄色，取出，筛去米，放凉。每 100kg 黄芪用米 20kg。

④酒制：取黄芪，加米酒拌匀，放 1h 后炒之。每 100kg 黄芪用米酒 12.4kg。

⑤盐制：取黄芪片用盐水拌匀，润透至盐水尽时，置锅内用文火微炒，取出，放凉。每 500g 黄芪用食盐 9g、水适量。

⑥盐、麸制：取麦麸炒热后，加入黄芪炒热，筛去麦麸，加盐水喷匀，用微火

烘干。每 500g 黄芪用食盐 186g、水与麦麸适量。

2. 黄芪的古代炮制方法

黄芪在古代处方中的用名：黄芪、绵黄芪、生黄芪、嫩黄芪、制黄芪、丸制黄芪。

（1）净制：先须去头上皱皮，洗净，去芦头，去苗，刮皮。

（2）切制：薄切，洗净，截成 3~4cm 的段，捶破，细切，或以刀劈开揭薄。

（3）炮制

①蒸制：先须去头上皱皮，蒸熟后焙干。

②蜜制

a. 蜜炙：先须掰开，涂密炙微赤色，薄切，焙干，方入药用。

b. 蜜炒：捣碎，用蜜汤拌，慢火炒，然后微焙。

c. 蜜蒸：去芦头，截成 3~4cm 的段，捶扁，以蜜水浸润湿，盛在瓦器内，盖于饭甑上，蒸 3 次，取出，焙干，粉碎。

d. 蜜酒煮：去芦头，细锉，焙干，为细末，入白蜜 1 匙，好酒 1L，煮成糊。

③盐制

a. 盐焙制：洗净，打破，手撕成丝，以盐少许和水揉，然后焙干。

b. 盐浸：撕开，盐汤浸 1 夜。

c. 盐蒸：剔除虫蛀者，切成 6~7cm 长，拍扁，以冷盐汤湿润，盛在瓦器内，盖甑，上蒸 3 次，焙干，研细粉用。

d. 盐炒：盐水拌炒。

④酒制

a. 酒煮：细切，用米酒浸，夏季 7 天，冬季 14 天。

b. 酒炒：酒拌炒。

c. 酒浸：酒浸 1 夜。

e. 炒制：略炙炒。

f. 姜汗制：姜汁炙。

g. 米泔制：米泔拌炒。

h. 酒制黄芪：一是每 50g 黄芪用桂皮 5g 煎汤，用碗盛，饭上蒸熟；每 500g 黄芪用防风 50g，先将防风用水煎沸，滤去渣后，泡入黄芪 30min，湿透，以火炒干，再炮透再炒干，以汁干为度，再用北五味 15g 煎汤一大碗，再泡，半干半湿复炒之，火焙干用之。第二是 55g 黄芪用川芎 50g，酒煎收入，去川芎。三是取黄芪 1000g，洗净，切片，烘干，第一次用木桶 100g 煎水泡一夜，晒干；第二次用升麻 50g；第三次用牡丹皮 120g，照前；第四次用北沙参 165g，照前；第五次用玉竹 230g，照前；第六次用制附子 50g，照前；第七次用五味 100g，照前；第八次用防风 100g，照前；第九次用蜜糖 150g 拌炒，制完蒸过，7 天可服。每 10g 黄芪用水 1 杯，饭上蒸好，临时兑酒少许服，渣再煎服。

六、包装

黄芪采用抽真空包装方式，有条件的可进行真空充氢、真空充二氧化碳、加脱氧剂气调包装方法。内包装材料采用双层 PVC 膜（厚度为 22~24 丝），规格为 0.5~1kg/ 袋；外包装材料采用瓦楞纸箱，规格为 10~20kg/ 箱。

七、标识

应标有药材品名、规格、重量、产地、生产批号、加工日期、储藏方法及生产企业。

八、储藏

黄芪宜储藏在温度范围为 -10~28℃，相对湿度范围为 60%~75% 的库房内，应保持库房中阴凉、干燥、通风、避光，注意检查，防止虫蛀、霉变。商品安全水分为 10%~13%，炮制品贮于干燥容器中，密封防潮、防变色，发现受潮时应及时晾晒。不应与其他有毒、有害及易串味的物品混存。

库房宽度一般 15m 左右，高度一般 5m 左右，墙壁厚度不少于 35cm，保温库房中墙壁厚度应为 50cm，或者加入保温板。

垛与垛间距不小于 100cm，货垛与墙的间距不小于 50cm；货垛与梁的间距不小于 30cm；货垛与柱的间距不小于 30cm；货垛与地面的间距不小于 10cm；库房内主要通道宽度不小于 200cm；库房水暖散热器、供暖管道与储存药品的距离不小于 30cm；照明灯具垂直下方不准堆放药品，其垂直下方与货垛的水平间距不小于 50cm。

九、运输

运输工具或容器应具有良好的通气性，以保持干燥，同时不应与其他有毒、有害及易串味的物品混装。运输过程中忌雨淋，装卸应轻拿轻放，防止有毒有害物质污染。

第二节　黄芩产地加工储藏技术

一、黄芩

黄芩别名山茶根、土金茶根，是唇形科黄芩属多年生草本植物肉质根茎；按照性状及功效分为枯芩及子芩两种规格（在1970年以前，黄芩在临床上仍分为枯芩和子芩，而今黄芩在临床应用中不再区分使用，医生开方均为黄芩）。黄芩有清热燥湿、凉血安胎、解毒等功效。黄芩广谱抗菌作用强，黄芩提取液是农业病害防治较理想的一味药。

1. 枯芩

枯芩是黄芩芦头中空部分的根，断面深黄色或黄绿色，上部至下部断面的中心均可见棕褐色枯心。6年生黄芩药材距芦头0~15cm全为枯芩，15~40cm既有枯芩又有子芩，大于40cm全为枯芩部分。野生黄芩多为枯芩。

2. 子芩

子芩是黄芩实心、质地坚实部分的根，断面色泽略浅，呈淡黄色至黄色，无枯心，内实体重。3年以下生的黄芩，芦头一般不会出现腹中空的现象，根部全为子芩。栽培黄芩多为子芩。

二、采收

1. 采收时间

黄芩生长到 2~3 年便可采挖，但 3 年生的鲜根和干根产量均比 2 年生增加一倍左右，商品根产量高出 2~3 倍，而且主要有效成分黄芩甙的含量也较高，故以生长 3 年为收获最佳期。以 10 月上、中旬地上部分茎叶枯萎、或春季萌发前采挖为宜。

2. 采收方法

采收时，机械或人工割除地上部分（残留茎秆不超过 2cm），人工利用农具或黄芩专用采挖机，由于黄芩根系深长，根条易断，采收时需要深挖完整根部，尽量避免伤根、断根。抖动去除泥土，忌水冲洗。剪除残茎，挑除病根、腐根及杂质。

3. 及时晾晒

将黄芩主根按大、中、小分开，选择向阳、通风、干燥处晾晒。晒至半干时，每隔 3~5 天，用铁丝筛、竹筛、竹筐或撞皮机撞一遍老皮，连撞 2~3 遍，至黄芩 根形体光滑、外皮黄白色或黄色时为宜。撞下的根尖及细侧根单独收藏，其黄芩苷的含量较粗根更高。晾晒过程中应避免水洗或雨淋，否则，使根变绿变黑，丧失药用价值。一年至一年半生的黄芩由于根外无老皮，所以直接晾晒干燥即可。连阴雨天堆放，底部需用砖和木板架空（高约 5~10cm）防潮，码成宽约 80cm、高约 120cm 垛堆放，须干燥通风，防霉变。

三、产地加工

对采挖后的黄芩鲜根进行清理、干燥、分级、包装等加工步骤。

1. 加工场地

加工场地要求相对独立、清洁、通风，能够遮阳、防雨和防虫、鼠害，避免家禽及家畜窜入。所用器械应该专门备，做到清洁无污染，存放在无虫、鼠害和禽畜的干燥场所。

2. 清理

将挖出的黄芩除去残茎、须根，抖净泥土。

3. 干燥

黄芩的干燥有两种方法，包括自然干燥和烘干法。

（1）自然干燥：将挖出的黄芩鲜根，清理后摊放于干净晒场竹帘或木板上，在自然阳光下晾晒至半干（含水量在40%左右），撞去老皮，去残茎、病根和杂质，根呈棕黄色，然后晒至全干。晾晒过程中，避免在水泥地上暴晒过度导致根条发红；防止雨淋、露打或水泡，使根条变绿发黑。晾晒期间堆放应注意干燥透气，防回潮发霉腐烂。

（2）烘干法：可采用各种烘干设施，将黄芩平铺在烘烤架上，每层厚3~5cm，烘干温度40~60℃，直到烘干为止。加工干燥过程保证场地通风、工具洁净，不受雨淋，加工场地防黄曲霉污染。

4. 根条分级

根据市场需求，可对生长三年左右的子芩，晾晒或烘干至根条水分低于40%，撞去老皮后根据根条的粗细和长度，机械或人工分拣，分为一等（根条长20cm以上，中部直径1cm以上，无侧根），二等（根条长15cm以上，中部直径0.5~1cm）和统货（二等以下的根或根段）。对生长4年及以上、根中部腐空的枯芩，可分拣后根据需求单独加工销售。

四、商品规格

黄芩商品主要分条芩和枯碎芩两个品别。

1. 条芩

（1）条芩一级：干货，呈圆锥形，上部比较粗糙，有明显的网纹及扭曲的纵皱。下部皮细有顺纹或皱纹，表面黄色或黄棕色。质坚、脆，断面深黄色，上部中央间有黄绿色或棕褐色的枯心。气微，味苦。条长10cm以上，中部直径1cm以上，去净粗皮，无杂质、虫蛀和霉变，干燥。

（2）条芩二级：干货，呈圆锥形，条长4cm以上，中部直径1cm以下，但不小于0.4cm。其他性状与条芩一级同。

2. 枯碎芩

统货，即老根多中空的枯芩和块片碎芩及破碎尾芩，表面黄色或浅黄色。质坚、脆，断面黄色。气微，味苦。无粗皮、茎芦、碎渣、杂质、虫蛀和霉变，干燥。

五、黄芩的炮制

切制除去杂质，置沸水中煮10min，取出，闷透，切薄片，干燥；或蒸半小时，取出，切薄片，干燥（注意避免暴晒）。

1. 酒制

酒炒取黄芩片，加酒拌匀，闷透，置锅内，用文火炒干，取出，放凉。每100kg黄芩片用黄酒10kg。

酒润取黄芩片，加酒润1h，至酒被吸尽，晒干或晾干。每100kg黄芩片用黄酒12.5kg。

酒煮取黄芩片，加白酒润透，再加水至与药面平，微火煮干，取出，当天切6mm厚的片，晒干。每100kg黄芩用白酒10kg。

酒蒸取黄芩片加米酒或再加沸水拌匀，放置2h，至酒被吸尽，蒸1~2h至软，晒干或焙干。每黄芩100kg用米酒6.25kg、沸水2.5kg。

2. 制炭

取黄芩片置锅内，用武火加热，炒至外呈黑色、内呈深黄色为适度，如见火星略喷清水使熄，在锅内烘干盛起，放12h凉透。

3. 蜜炙

先将蜜融化过滤，再加热至起泡，加入黄芩片，炒至微黄色；或再喷水，搅至水干时，再炒至黄色，不粘手为度，立即取出晾干。每黄芩片100kg用蜜25kg。

4. 姜炙

取黄芩片，加姜汁与水拌匀，用微火焙干水汽，晒干。每黄芩片100kg用生姜20kg。

5. 酒麸制

取黄芩片，用酒润透，晾至半干。将锅放在大火上烧至微红，取适量蜜制麦麸撒入锅内，浓烟起时，将黄芩片倒入，迅速炒动至老黄色，立即取出，筛去麦麸，摊开晾凉。每 100kg 黄芩片用酒 12.5kg、蜜制麦麸 12.5kg。

6. 炒制

炒黄取黄芩片，在热锅（120℃）内炒黄为度。

炒焦取黄芩片，用大火炒至全焦，或用微火炒至焦黄，边缘微黑色。

7. 成品性状

黄芩：为不规则的薄片。外皮棕黄色或深黄色。切面黄色，中间红棕色，老根中间呈暗棕色或棕黑色，枯朽状或呈空洞，质硬而脆，气微，味苦。

酒黄芩：形如黄芩片。表面棕黄色，略有酒气。

黄芩炭：形如黄芩片。表面黑褐色，体轻，有焦炭气。

六、包装

1. 标签

包装上应附有标签，标明药材名称、产地、数量、日期、质量等级、保质期或保存期、产品标准号和商标等内容。标签要醒目、整齐，字迹应清晰、完整、准确。

2. 包装

将黄芩按等级剪切修整，扎成小捆，包装前应对每批药材按照国家标准进行质量检验，符合国家标准的药材。采用不影响质量、通风透气的编织袋、麻袋等包装，禁止采用包装过肥料、农药或有异味的包装袋包装。每件 25kg，贮于干燥通风的地方。

七、储藏

仓库要求清洁无异味，通风、干燥、避光；远离有毒、有异味、有污染的物品；配有除湿装置，并具有防鼠、虫的措施。黄芩按垛或按件密封保存，垛与垛的间距不小于 0.5m，垛与墙的间距不小于 1m。贮藏期间保持干燥通风，防止虫害和鼠害。也可采用密闭仓库充氯气（或二氧化碳）的气调储藏法，提高贮藏品质，延长贮藏期限。贮存的适宜温度 30℃，相对湿度 70%~75%，安全水分 11%~13%。注意黄芩夏季高温季节易受潮变色和虫蛀。

防治方法：贮藏期间保持环境整洁；高温高湿季节前，按垛或按件密封保藏；发现受潮或轻度霉变品，及时翻垛、通风或晾晒。密闭仓库充氮气（或二氧化碳养护，无霉变和虫害，色泽气味正常，对黄芩成分无明显影响。用 10000∶1 的荜澄茄挥发油密封熏蒸 6 天，其霉菌含量大大减少。实验证明，用荜澄茄挥发油熏蒸防霉，具有经济、实用、无残毒等优点。

八、运输

运输应防止发生混淆、污染、异物混入、包装破损、雨雪淋湿等。

第三节　甘草产地加工储藏技术

一、甘草

甘草是豆科甘草属多年生草本植物乌拉尔甘草的干燥根及根茎。根与根状茎粗壮，直径 1~3cm。具甜味。甘草始载于《神农本草经》，性平，味甘，有解毒、祛痰、止痛、解痉以及抗癌等药理作用。中医认为，甘草补脾益气，润肺止咳，缓急解毒，调和百药，有“十药九甘草”和“药中国老”之称。临床应用有生用与蜜炙之分，生用主治咽喉肿痛，痈疽疮疡，胃肠道溃疡以及解药毒、食物中毒等；蜜炙主治脾胃功能减退，大便溏薄，乏力发热以及咳嗽、心悸等。

二、采收

直播法种植的甘草繁殖 3~4 年起收，育苗移栽或根状茎繁殖 2~3 年即可采收。甘草为深根性药用植物，直播地根长达 50cm，移栽地也有 30cm。一般在秋季 9 月下旬至 10 月初采收，以秋季茎叶枯萎后，土壤封冻前收获，此时收获的甘草根质坚体重、粉性大、甜味浓。把地上干枯的茎枝割掉，用拖拉机带一个犁铧进行耕翻，犁的深度 35cm 左右，每次犁一行，然后人工用四齿耙将犁出的甘草根清出来，再犁第二行。一台拖拉机配 6 个人工，一般每天可收获 8 亩左右，其根的破损率比人工收挖的要少得多，达到了收获的要求。两年生甘草，产量可达1000kg/亩，折干率（2~2.5）:1，产条草250~300kg/亩，毛草300kg/亩。切记采收时必须深挖，不可刨断或伤根皮，挖出后去掉残茎、泥土，忌用水洗，趁鲜分出主根和侧根，去掉芦头、毛须、枝杈，晒至半干，捆成小把，再晒至全干。

三、产地加工

对采挖后的鲜甘草根进行除杂、清洗、分级、干燥、包装等加工步骤。

1. 除杂

将挖出的甘草的根及根茎上附着的泥土抖干净，并拣除杂物。

（1）条草制作：剁去甘草芦头及侧根，将根条按直径大小分成不同等级，并将根条将顺扎成小把，摆放在厚枕木上面，保持通风透气，并要经常翻动检查，使其均匀干燥。

（2）毛草制作：将制作条草时切除的根头、匍匐茎及侧根统一收集起来，晾晒至3成干，通过打包机打包压缩成草墩，稍晾晒后，装入包装袋中。

2. 清洗

将采挖的鲜甘草放入洗药机中，清洗干净。

3. 分级

按《七十六种药材商品规格标准》执行。

4. 干燥

（1）自然干燥：天气晴好时将去杂后的甘草摊放于干净晒场上，在太阳下晾晒直至晒干。

（2）烘房干燥：将甘草平铺在烘烤架上，每层厚3~5cm，推入烘房，直到烘干为止。

5. 标签、包装

（1）标签：产品应附标签，标明产品名称、生产单位、详细地址、产地、生产日期、批号、质量等级、保质期或保存期、净含量、产品标准号和商标等内容。

（2）包装：将条草按等级扎捆，然后装箱封口打包，箱外标注产地、等级、采收时间、初加工日期、净重等。

四、商品规格

1. 条草规格标准

一等：干货。呈圆柱形，单枝顺直。表面红棕色、淡红棕色、红褐色、棕褐色或灰棕色，皮细紧，有纵纹，斩去头尾，口面整齐。质坚实、体重。断面黄色至黄白色，粉性足或一般。味甜。长 15~60cm，顶端直径 1.7cm 以上，尾端直径大于等于 1.1cm。间有黑心。无须根、杂质、虫蛀、霉变。

二等：干货。呈圆柱形，单枝顺直。表面红棕色、淡红棕色、红褐色、棕褐色或灰棕色，皮细紧，有纵纹，斩去头尾，口面整齐。质坚实、体重。断面黄色至黄白色，粉性足或一般。味甜。长 15~60cm，顶端直径 1.1~1.7cm，尾端直径大于等于 0.8cm。间有黑心。无须根、杂质、虫蛀、霉变。

三等：干货。呈圆柱形，单枝顺直。表面红棕色、淡红棕色、红褐色、棕褐色或灰棕色，皮拉紧，有纵纹，斩去头尾，口面整齐。质坚实、体重。断面黄色至黄白色，粉性足或一般。味甜。长 15~60cm，顶端直径 0.8~1.1cm，尾端直径大于等于 0.4cm。间有黑心。无须根、杂质、虫蛀、霉变。

四等：干货。呈圆柱形，单枝顺直。表面红棕色、淡红棕色、红褐色、棕褐色或灰棕色，皮细紧，有纵纹，斩去头尾，口面整齐。质坚实、体重。断面黄色至黄白色，粉性足或一般。味甜。长 15~60cm，顶端直径 0.4~0.8cm，尾端直径大于等于 0.3cm。间有黑心。无须根、杂质、虫蛀、霉变。

2. 毛草规格标准

统货：干货。呈圆柱形弯曲的小草，去净残茎，不分长短。表面红棕色、淡红棕色、红褐色、棕褐色或灰棕色。断面黄色至黄白色，味甜。顶端直径小于等于 0.4cm，无杂质、虫蛀、霉变。

五、甘草的炮制

1. 古代炮制方法

古代炮制文献研究蜜制甘草最早见于唐代的《千金翼方》，其上有“蜜煎甘草涂之”的记载。此外，有的文献尚载有不同的方法和要求，如：宋代的《太平惠民和剂局方》曰：“蜜炒”，明代的《炮制大法》则要求“切片用蜜水拌炒”，此外，明代的《先醒斋医学广笔记》、清代的《成方切用》都提到了“去皮蜜炙”。应先将炼蜜加适量沸水稀释后，加入待炮制的甘草中拌匀，闷透，置炒制容器内，炒至黄色至深黄色，不粘手时取出，放凉即可。

先将待炮制的甘草放置于炒制容器内，用文火炒热，加入炼蜜共炒，至芳香泛黄，不粘手时取出，放凉即可。

2. 现代炮制方法

（1）甘草：取原药材，除去杂质，洗净，润透，带皮或刮去皮，切厚片，干燥。筛去碎屑。带皮者为甘草片，不带皮者为粉甘草片。

（2）甘草梢：取净甘草，用刀剁下甘草的尾部（即细小部分），用水浸泡，切小段。干燥，筛去碎屑。

（3）蜜甘草：带皮者称炙甘草或炙草，不带皮者为炙粉草，或蜜粉草。取炼蜜，加适量开水稀释后，淋入净甘草片或粉甘草片中拌匀，闷润，置炒制容器内，用文火加热，炒至老黄色，不粘手时，取出，晾凉。甘草片每 100kg 用炼蜜 25kg。

六、储藏

1. 注意事项

甘草储藏之前应放在烈日下曝晒 1~2 天，用麻袋封包堆放，四周再用麻袋围封，以防害虫侵入和湿气影响，达到防止霉变的目的；甘草含有大量的淀粉和甘草甜素，极易生虫，生虫后蔓延十分迅速，必须将生虫药材拣出或立即烘干，再用麻袋装好，置于干燥通风处；甘草受蛀不宜硫熏，硫熏后不但褪色，而且还影响甘草外观性状，如有条件则采用冷冻储藏最佳。

2. 仓库要求

仓库要清洁无异味，通风、干燥、避光；远离有毒、有异味、有污染的物品；配有除湿装置，并具有防鼠、虫的措施。甘草应存放在货架上，与墙壁的间距60~70cm，并定期检查，勤翻动、常通风，防止发霉和虫蛀。

七、运输

运输时应防止发生混淆、污染、异物混入、包装破损、雨雪淋湿等。

第四节　柴胡产地加工储藏技术

一、柴胡

柴胡系伞形科植物柴胡或狭叶柴胡的干燥根。载《神农本草经》。按性状不同，分别习称“北柴胡”及“南柴胡”。其主要功效为和表解里，疏肝解郁，升阳举陷，退热截疟。

1. 北柴胡

北柴胡呈圆柱形或长圆锥形，长 6~15cm，直径 0.3~0.8cm。根头膨大，顶端残留 3~15 个茎基或短纤维状叶基，下部分枝。表面黑褐色或浅棕色，具纵皱纹、支根痕及皮孔。质硬而韧，不易折断，断面显片状纤维性，皮部浅棕色，木部黄白色。气微香，味微苦。

2. 南柴胡

南柴胡根茎细，圆锥形，顶端有多数细毛状枯叶纤维，下部多不分枝或稍分枝。表面红棕色或黑棕色，靠近根头处多具紧密环纹。质稍软，易折断，断面略平坦，不显纤维性。具败油气。

二、采收

1. 采收时间

柴胡最佳采收期为秋季，秋季植株下部叶片开始枯萎时即可收获，栽培时间为2年，具体为9月中下旬至10月上旬。

（1）采收柴胡根：播种后生长2~3年即可采挖，秋季植株开始枯萎时或春季新芽未长出前采收。用板锄或镢头从地的一端逐行采挖，抖落泥土除去残茎，剪掉芦头理顺，晒干，按粗细分级打捆交售。

（2）采收种子：每年8~9月当多数种子呈褐色时抓紧收获。先用镰刀连茎秆割下，晒干后打下种子，除去杂物再晒干后装袋，置通风干燥凉爽处贮藏。

2. 采收方式

每年在“霜降”前用镰刀收割，当柴胡地上部枯黄时，先割去地上茎叶，再挖出根，洗净泥土，切除残茎，将整块根或切成段后晒干或烘干即成商品。采挖根部时注意勿伤根部，勿折断主根。

三、产地初加工

对采挖后的柴胡鲜根进行净制、干燥、分级、包装等加工步骤。

1. 净制

（1）环境清洁：对加工器具进行全面清洁与消毒，以保持整洁。加工人员服装及身体要干净卫生。

（2）去杂：将柴胡摊干，除去外皮泥土、基生叶和须根等杂质，保留的芦头茎秆长度不超过1cm。

2. 干燥

（1）自然干燥：去杂后的鲜柴胡，摊放于干净暗场上，在太阳下晾晒直至晒干。

（2）烘房干燥：将鲜柴胡摊在烘烤架上，每层厚3~5cm，推入烘房，直到烘干为止。

3. 分级

按《七十六种药材商品规格标准》执行。

4. 标签、包装

（1）标签：包装上应附有标签，标明药材名称、产地、数量、日期、质量等级、保质期或保存期、产品标准号和商标等内容。标签要醒目、整齐，字迹应清晰、完整、准确。

（2）包装：将捆扎装入编织袋、麻袋或纸箱，打包封口，也可采用真空塑封包装。家用柴胡置于阴凉干燥处，密封保存即可。

四、柴胡的炮制

1. 柴胡

将原药除去杂质、残茎及须根，洗净，润透，切成约 4mm 厚片，干燥，筛去灰屑。

2. 醋柴胡

取净柴胡片，加入定量米醋拌匀，闷润至醋被吸尽，文火加热，炒干，取出，晾凉。筛去碎屑。柴胡片每 100kg，用米醋 20kg。

3. 鳖血柴胡

取净柴胡片，用鳖血及适量清水拌匀，稍闷，待汁液被吸尽后，文火炒干，取出放凉。柴胡片每 100kg 用鳖血 12.5kg。

五、储藏

柴胡易虫蛀，受潮生霉，有螨虫寄居。受潮品软润，有的表面现霉斑。蛀蚀品表面现蛀粉，敲打时有活虫落下。高温高湿季节，可见螨虫活动。储藏期间，应保持环境整洁、干燥，定期用护树大将军消毒。发现吸潮及轻度霉变、虫蛀时，要及时晾晒；严重时，采用熏杀法。也可进行密封抽氧充氮养护。

要求仓库清洁无异味，通风、干燥、避光；远离有毒、有异味、有污染的物品；配有除湿装置，并具有防虫的措施；按袋或按件存放在货架上密封保存；袋与袋的间距不小于 0.5m，袋与墙的间距不小于 10m，定期检查，发现变质药材要及时去除。

第五节　金银花产地加工储藏技术

一、金银花

金银花又名银花、双花、二花，为忍冬科植物忍冬的干燥花蕾或待初开的花。金银花是常用的大宗中药材，除了直接供配方药用外，还是生产多种中成药和保健品的主要原料，每年还有相当数量供出口，全国每年正常需求量达 550~600 万 kg。自古被誉为清热解毒的良药。

二、采收

金银花（含家种和野生）每年开花的时间因品种和气候不同而有差异，一般在平原和丘陵地区 3 月下旬至 4 月开花；在低山、中山和高山地区则推迟至 5~6 月开花。山东“济花”、河南”蜜银花”则在 5 月中、下旬第一次开花，6 月中、下旬至 7 月上、中旬还会陆续第二、三、四次开花。

金银花花期短促而集中，故采收必须适时。采收过早，花朵发育不全，有效成分含量低，质量差，产量也低；如待花朵全部开放后才采收，则花粉、香气散失，干燥率低，质量也差。一般宜在花蕾由绿变白色、顶部膨大、含苞待放、花冠呈金黄色时采收为最佳。一天里上午 9 时所采的花质量最好，当天采花宜在上午完成。

三、晾晒方法

1. 晒干法

将采回的生花去净枝叶后，用硫黄熏蒸至柔软，撒在水泥地或竹竿上晒。厚度以一指半为宜，以当天晒干为好。如当天晒不干，晚上收回屋内要薄薄摊开，并注意留一定空隙，次日再晒。在晒花的过程中，不要随便翻动，以防颜色变黑。如采花期遇阴雨天，可用硫黄熏至发软后放入竹筐内，用麻袋或麻片覆盖好，不要翻动，待晴天再晒。如又遇天气变化，可收回继续熏硫黄后存放。

2. 烘干法

建造一个简易的烘炉，将熏蒸过硫黄的生金银花置于烘炉内烘烤。初烘时温度一般为 30~35℃，2h 后可升到 40℃左右。待鲜花水分大部分排出后，再把室温升高到 55℃左右，使之迅速干燥。一般烘烤 12~20h 即全部干燥，超过时间则花色变黑，质量降低。

四、分类

1. 三青

金银花现蕾后顶端已膨大，微向内弯曲，颜色浅绿未转变成白色。

2. 二白

金银花花蕾顶端明显膨大，明显向内弯曲，开始由浅绿变为白色，但顶端白色、基部还是浅绿色。

3. 大白

金银花花蕾由浅绿色全部变成白色，但还没有开放。

4. 银花

金银花花蕾部分绽开，花瓣呈白色。

5. 金花

金银花已经完全，花瓣从白色变成金黄色。

五、产地初加工

1. 清理

将采收的金银花去除枝、叶和其他杂质。

2. 干燥

（1）自然干燥：刚采收的花蕾及时摊晒在透气的晒盘内，花层厚度 1~2cm。晒时中途不可翻动，晚上连晒具一同搬进室内，连晒数日，直到晒干为止。

（2）烘房干燥：在自动调温控湿的烘房内保持 30~55℃范围（逐渐升温，每隔 2h 升温 5℃）进行多层烘烤。

（3）杀青干燥：将采收的花蕾放入杀青机中进行杀青，杀青后的花蕾放入自动烘干机中在 40~45℃下烘 1h，然后提高温度至 50~60℃烘 2~3h，之后迅速升温至 70℃烘 20min。

六、质量指标

中药金银花的质量应符合《中华人民共和国药典》2015 年版一部金银花的规定。

七、标签、包装

1. 标签

包装上应附有标签，标明药材名称、产地、数量、日期、质量等级、保质期或保存期、产品标准号和商标等内容。标签要醒目、整齐，字迹应清晰、完整。

2. 包装

将金银花按等级装入塑料袋或纸箱封口打包。包装必须符合牢固、整洁、防潮、美观的要求。包装材料应干燥、清洁、无异味，不影响产品质量。包装储运图示按 CB /T 191 执行。包装材料按 GB/T 6543 执行。

八、储藏

仓库要求清洁无异味，远离有毒、有异味、有污染的物品，并且通风、干燥、避光，配有除湿装置，具有防鼠、虫、禽的措施。金银花装在密封的专用袋里存放在货架上，袋与墙壁间隔 1m。定期检查，防止虫蛀、霉变、腐烂等现象的发生。其他指标符合 SB/T 11094 规定。

第六节　大黄产地加工储藏技术

一、大黄

大黄为蓼科大黄属植物掌叶大黄、唐古特大黄或药用大黄的根及根茎。具有泻下攻积，清热泻火，凉血解毒，逐瘀通经的功效。

二、采收

大黄的最佳采收时间是晚秋，当年从茎叶枯萎至地冻前为止，次年春天化冻后到萌芽前为止，两个时间段。晚秋最佳时间为 10 月下旬至 11 月初。如果采收过早则干物质积累少、质量差；过迟则天寒地冻，大黄容易受冻变质，适时采收可以保证大黄的初加工。大黄在生长期的第 3~4 年采收，即移栽后的第 2~3 年 10 月中旬，植株地上部分枯萎后，选晴天，土壤水分在 10%~20% 时采收；采收时，先割去地上茎叶，留 3~5cm 残茎，晾晒 1~2 天后，在距主根茎 30~50cm 处，沿坡从低向高处开挖，刨开根体四周的泥土，将完整的根系取出，抖净泥土，晾晒至侧根柔软时，再用刀削去地上茎的残余部分。

三、晾晒（烘干）

把已经整理好的大黄根茎和块茎分别放在烘烤或晾晒架上，体积过大者可切成对半。目前在大黄的制作中，为了快速制干，一般都是把大黄块茎切成 1.5~2cm 厚薄片，然后再进行晾晒或者烘烤。有些种植户，在天气不好时，会在棚架下面用树根、树枝生火，用微烟熏烤，不用明火，熏烤一周后，看到大黄外层有油状物时，再用较大的烟熏，每隔 10~15 天翻动一次，使热量均匀，温度保持在 12~18℃，昼夜不停地熏烤 60 天，在网架上晾干。也有阴干的，阴干的优点是不用烟熏，让大黄自然干制，既省柴，又省人工。缺点是干制时间长，大约需要 180 天，阴干的具体做法是把整形的根茎分别用网架放好，或者用绳子串成串，挂在屋檐下，或者在通风的室内晾晒。阴干的大黄通风要好，忌潮湿、忌雨淋、防曝晒。根据检测，熏干或阴干的大黄有效成分无显著差异。

四、净制

取大黄原药材拣除泥沙、非药用部位等杂质；大小分档。选用符合生活饮用水卫生标准的水，用压力为 2~6MPa 水枪淋洗大黄，淋洗至水头有淡黄色时或淋洗 10~20min，即停止。并用刷子刷去大黄根茎皱裂栓皮层中藏匿的土粒及杂质；洗净后浸泡 6h，捞起置密闭容器内闷润 22~24h，穿刺法检查润软程度合格，使用往复式切药机进行切片。

五、切制

沥尽水分，晾干大黄根茎表皮上因清洗而残存的水分，先把主根茎和侧根分离；并根据大小分别存放；对根茎大于 50mm 的大黄，纵向切成两份或四份；或对干燥的大黄根茎，浸润后，切制。切制时要求水浸透药，润药时加水量为药材量的 22%~28%，时间为 10~20h，再切片。

六、干燥

烘房或太阳房干燥，温度为 35~45℃，切忌暴晒；白天摊开，晚上堆成堆，利于发汗，反复晒至含水量 15% 以下。

七、包装

应选用安全无毒的真空包装（袋、盒、箱、罐等）。要杜绝纤维、塑料碎屑等异物混入药品中。包装前应再次检查并清除劣质品及异物。包括以下步骤：

①泥沙、杂草及其他杂质等异物尽可能被除去。

②无伪品、破损、虫蛀、霉变的个体夹杂。

③药材经过干燥处理后，水分达到规定的含量要求。

④按规定项目完成质量检验，有合格的质量检验书所使用的包装材料或容器应是无污染、清洁、干燥、无破损，并符合药材质量要求。

⑤包装应按标准操作规程操作，并有批包装记录。包装时应注意：按净度、采收时间、大小等要素分出规格、等级，分别包装；有批包装记录，内容应包括品名、规格、产地、批号、重量、包装工号、包装日期等。并附有药品质量化验卡，卡上注明药材的含水量、品质、农药残留量、重金属含量等检测合格等内容。在每件药材包装上，应有包装标识，并附有质量合格的标志。包装标识内容包括品名、规格、产地、批号、包装日期、生产单位等；标识中用语应规范。

八、贮藏

大黄晾晒必须使之充分干透，成品置通风干燥处，防蛀，炮制品密闭，置阴凉干燥处。贮藏期间要保持环境清洁，不得与有毒、有害和油类等物质接触，不得与其他货物混装，确保药材的安全。储藏温度应小于 25℃，相对湿度小于 70%。及时检查，发现变质或有霉烂变质现象发生，应立即采取行动，重新晾晒。

九、运输

运输应选清洁、干燥、无异味、无污染的工具，并且运输中应防雨、防潮、防曝晒、防污染等，运输时尽可能采用药材单品种的批量运输，不与其他药材或非药材货物混装运输，以避免串味、混杂现象的发生。

第七节　党参产地加工储藏技术

一、党参

党参为桔梗科党参属多年生草本植物党参、素花党参或川党参等的干燥根。根长圆柱形，直径 1~1.7cm，顶端有一膨大的根头，具多数瘤状的茎痕，外皮乳黄色至淡灰棕色，有纵横皱纹。党参药材由于产地不同，有西党、东党、潞党等三种。

1. 西党

西党根部类圆柱形，末端较细，长 8~20cm，直径约 5~13mm。根头部有许多疣状突起的茎痕，俗称“狮子盘头”，每个茎痕呈凹下点状。表面灰黄色或浅棕黄色，有明显纵沟，近根头处有紧密的环状皱纹，逐渐稀疏约占全体之半。皮孔横长、明显，略突出，长约 0.3~0.8cm。支根脱落处常见黑褐色胶状物，系内部乳汁溢出干燥所成。质稍坚脆，易折断。断面皮部白色，有裂隙，木质部淡黄色。气特殊，味微甜。以根条肥大、粗实、皮紧、横纹多、味甜者为佳。

2. 东党

东党根类圆柱形，常分歧。长 12~25cm，直径约 5~22mm。根头大而明显，根外皮黄色及灰黄色，粗糙，有明显纵皱。皮孔短而突出，呈点状突起。质疏松，易折断。断面皮部黄色，木质部黄白色，皮部占本部之 1/3，皮部有横向裂隙，木质部射线亦呈裂隙。以根条肥大、外皮黄色、皮紧肉实、皱纹多者为佳。

3. 潞党

潞党根类扁圆柱形，单一，长约 8~22cm，直径约 7~10mm，亦有较长大者。根头部无明显“狮子盘头”。根表面浅灰棕色，有深而不规则的纵皱沟，近根头处有较稀横纹。质较轻，易折断，断面不规则。气微，无香气，味甜。以独支不分叉、色白、肥壮粗长者为佳。

二、采收

1. 采收时间

党参的采收期应以 3 年为好。党参的采收季节，可从秋季党参地上部分枯萎开始，直到次年春季党参萌芽前为止。以秋季采收的粉性充足，折干率高，质量好，其原因是秋天采收的党参根部有机物积累多，充实，肉厚，同时秋天采收时间长，气温较高易于加工。

2. 采收方法

采挖时，用镰刀割去地上藤蔓，党参根部在田间后熟一周，再起挖，起挖时间要考虑在地冻之前能够结束收获工作。采挖时先用四齿铁杈将党参一侧土壤挖空，再将党参挖倒，挖出的党参根抖去泥土，采挖切勿伤根皮，以免汁液外渗。挖出后，抖去泥土，用水洗净，先按大小、长短、粗细分为老、大、中条，分别晾晒至三四成干，至表皮略起润发软时（绕指而不断），将党参一把一把地顺握或放木板上，用手揉搓，如参梢太干可先放水中浸一下再搓，握或搓后再晒，反复 3~4 次，使党参皮肉紧贴，充实饱满并富有弹性。晒至八九成干后即可收藏。

三、产地加工

1. 鲜药材初加工

（1）清洗：用 1~4MPa 的高压水枪淋洗党参 5~15min，去除杂质，应严格控制淋洗时间，操作中应防止党参表皮破损。

（2）切制：沥尽水分，晾干党参表皮上因清洗而残存的水分，切制成 5~10cm 的党参段。

2. 干药材初加工

（1）晾晒：收挖后，应挑除病、虫及采挖损伤的党参。将表面泥土用水冲洗干净，按粗细大小分成类，细线串成 1m 长的串，摊放于凉席上在干燥通风透光处晾晒，或在干燥平坦的地面、石板、水泥地上晾晒。晾晒 12 天左右至根系变柔软，不易折断。

（2）揉搓：将晾晒后的党参串卷成圆柱状，外包麻包用脚轻轻揉搓，揉搓 3~4 次即可，使皮肉紧实。继续晾晒，反复多遍。

（3）清洗：用 1~4MPa 的高压水枪淋洗党参 5~15min，去除杂质，严格控制淋洗时间，操作中应防止党参表皮破损。

（4）润药：要求做到多次喷淋，喷淋中应多次翻动，润至药材含水量为 30% 左右。

（5）切制：切制成 5~10cm 的党参段。

3. 干燥

使用烘房或太阳房干燥，干燥温度为 35~45℃，切忌曝晒。应白天摊开，晚上堆成堆，进行发汗，反复晒至含水量 13% 以下。

四、商品规格

1. 西党

一等：芦下直径 1.5cm 以上，无油条。

二等：芦下直径 1cm 以上，无油条。

三等：芦下直径 0.6cm 以上，油条不超过 15%。

2. 东党

一等：长 20cm 以上，芦下直径 1cm 以上，无毛须。

二等：长 20cm 以下，芦下直径 0.5cm 以上。

3. 潞党

一等：芦下直径 1cm 以上，无油条。

二等：芦下直径 0.8cm 以上，无油条。

三等：芦下直径 0.4cm 以上，油条不超过 10%。

五、党参的炮制

1. 古代炮制法

清代有蜜炙、蜜拌蒸熟及米炒等炮制法，去皮时要用“竹刀刮”。

2. 现代炮制法

（1）党参：取原药材，除去芦头，洗净，润透，切厚片，干燥。

（2）熟党参：取干净的党参，蒸 2h 至有香甜味时，取出、干燥。

（3）米党参：取大米置炒药锅内，用中火加热至米出烟时，倒入党参生片，炒至大米呈老黄色时，取出，筛去米，放凉。党参每 100kg 用大米 20kg。

（4）蜜党参：取炼蜜用适量开水稀释后，加入党参片拌匀，闷透，置炒药锅内，用文火加热，炒至黄棕色，不粘手时取出，放凉。党参每 100kg 用炼蜜 20kg。

六、包装

党参采用抽真空包装方式，有条件的可进行真空充氮、真空充二氧化碳、加脱氧剂气调包装方法。内包装材料采用符合 CB/T 15267 要求的双层 PVC 膜（厚度为 18~24 丝），规格为 0.5~1kg/ 袋。外包装材料采用符合 GB/T 6543 要求的瓦楞纸箱，规格为 15~25kg/ 箱。

七、标识

应标有药材品名、规格、重量、产地、生产批号、加工日期、储藏方法及生产企业。

八、储藏

（1）党参富含糖类，味甜质柔润，夏季易吸湿、生霉、走油、虫蛀，根头上疣状突起的痕及芽或枝根折断处尤易发生，因此必须贮藏于干燥、凉爽、通风处。党参一般用内衬防潮纸的纸箱盛装，每件 20kg 左右。

（2）党参宜储藏在温度 -10~30℃，相对湿度 30%~60% 库房内。应保持库房中阴凉、干燥、通风、光，注意检查，防止虫蛀、霉变。不应与其他有毒、有害及易串味的物品混存。

（3）库房宽度一般 15m 左右，高度一般 5m 左右，墙壁厚度不少 35cm，保温库房中墙壁厚度应为 50cm，或者加入保温板。

（4）垛与垛间距不小于 100cm，货垛与墙的间距不小于 50cm；货垛与梁的间距不小于 30cm；货垛与柱的间距不小于 30cm；货垛与地面的间距不小于 10cm；库房内主要通道宽度不小于 200cm；库房水暖散热器、供暖管道与储存药品的距离不小于 30cm；照明灯具垂直下方不准堆放药品，其垂直下方与货垛的水平间距不小于 50cm。

九、运输

运输工具与容器应具有良好的通气性，以保持干燥，同时不应与其他有毒、有害及易串味的物品混装。运输过程中忌雨淋，装卸应轻拿轻放，防止有毒有害物质污染。

第八节　当归产地加工储藏技术

一、当归

当归为伞形科植物当归的干燥根。全当归根略呈圆柱形，根上端称“归头”，主根称“归身”或“寸身”。支根称“归尾”或“归腿”，全体称“全归”。全当归既能补血，又可活血，统称和血；当归身补血，当归尾破血。

二、加工技术要求

当归的加工，直接关系着品质的优劣与医疗效果。因鲜当归含有 60%以上的水分和挥发性药用成分，如果加工不及时，或加工不好，就会霉烂变质。加工的质量应符合《中华人民共和国药典》2010 年版一部当归的规定。

1. 挑选

扎把收回的当归要及时挑选，把根部腐烂的，特别是水烂的挑出来，以免水烂蔓延传染。选出的当归摊放在干燥通风的屋檐下晾 7 天左右，使其水分蒸发，根条变柔软后用柳条或树皮进行扎把。每把鲜重 0.5~1kg，形状以扁平为宜。把子若扎得太大，熏炕时通风透气不良，容易腐烂；扎得太小，则费工费时。

2. 熏炕

当归不能采用阴干或晒干的办法，阴干的质虚体轻，皮粗发青，品质差。晒干的会使当归皮色变红，散失油分，品质降低。甘肃岷县都是搭棚进行熏炕。熏棚有特制的，也有在干燥通风的屋内搭设的。熏棚的一侧敞开，或棚顶设置烟道，以便走烟排气。在熏棚内搭120~150cm高的木架，架上铺竹条，将当归把子堆放在上面。堆放方法一般是平放1~2层，立放1层；也有平放一层，立放一层，再平放几层的。厚约30~45cm，再厚就不易干燥。然后用湿柴如豆秆、湿白杨、柳木柴等生火熏烟，不能用明火，烟熏才能使当归上色。约10~15天，当归表皮呈现出红赤色或金黄色时，再用煤火烤10天左右进行翻炕。翻炕后，先急火熏2天，再用慢火熏10天左右，日夜烘炕，干燥度全部达到70%~80%时才可以减少烟火或让其自干。一般需时1~2个月才能制成合乎质量要求的当归。熏炕时生火很重要，烟熏要均匀，火力大小要适中。所以火堆一般离棚架72cm左右，不可太近，并随时注意移动火堆，应一天移动一次，这样才能熏炕均匀。少量当归可放于炕上用火盆熏炕，上色后再放于煮饭灶上用烟火熏炕，1~2个月即可熏干。熏干的当归下棚后，抖净泥土，将扎把时所用的柳条、树皮去掉，清除杂质、烂根或细小毛须，然后按大小重量和规格，包装出售，一般1.3~1.5kg鲜归可干燥0.5kg干当归。

三、采收

当归在育苗移栽后的当年或种子直播繁殖后的第二年10月中下旬，霜降后，当植株地上部分枯萎时，选择晴天，地表干燥时采挖；先割去地上茎叶，留叶柄3~5cm，以利采挖时识别，割后晾晒3~5天；用二齿撅头从侧面20~30cm处刨出全根，抖净泥土，从地的一端向另一端逐个采挖，挖后结合犁地再捡一次漏挖的当归，晾晒至侧根柔软时，小心轻放，装入麻袋、纺织袋或竹筐中，运回晾晒加工。

四、加工

1. 鲜药材初加工

（1）晾晒：收挖后，应挑除病、虫及采挖损伤的当归。根头向上，摊开，置于通风处晾晒至含水量为20%~40%，晾晒温度不宜超过40℃。

（2）清洗：使用符合GB 5749要求的水，用1~4MPa的高压水枪淋洗当归

5~15min，去除杂质，应严格控制淋洗时间，操作中应防止当归表皮破损。

（3）切制：沥尽水分，晾干当归根茎表皮上因清洗而残存的水分，直接切制。

2. 干药材初加工

（1）晾晒：收挖后，应挑除病、虫及采挖损伤的当归。根头向上，摊开，置于通风处晾晒至含水量为 15%以下，晾晒温度不宜超过 40℃。

（2）清洗：选用符合 GB 5749 要求的水，用 1~4MPa 的高压水枪淋洗当归 5~15min，去除杂质，应严格控制淋洗时间，操作中应防止当归表皮破损。

（3）润药：当归干药材切制采用闷润后切制，要求做到多次喷淋并翻动药材，做到水尽药透，润水量为药材量的 25%左右。做到多次喷淋、翻动，润至药材含水量为 30%~40%。

（4）切制：沥尽水分，晾干当归根茎表皮上因清洗而残存的水分，晒至含水量为 30%~40%时直接切制。

3. 干燥

（1）阴干：不在太阳光直射条件下进行的自然干燥。

（2）晒干：将当归放置在太阳光下进行干燥。温度不宜超过 45℃。

（3）烘房或太阳房干燥：将当归放置于 35~45℃烘房或太阳房，切忌曝晒；晚上堆成堆，进行发汗，反复晒至含水量在 15%以下。

五、包装

当归采用抽真空包装方式，有条件的可进行真空充氮、真空充二氧化碳、加脱氧剂气调包装方法。内包装材料采用符合 CB/T 15267 要求的双层 PVC 膜（厚度为 18~24 丝），规格为 0.5~1.5kg/ 袋：外包装材料用符合 GB/T 6543 要求的瓦楞纸箱，规格为 10~20kg/ 箱。

六、标识

应标有药材品名、规格、重量、产地、生产批号、加工日期、储藏方法及生产企业。

七、储藏

（1）当归宜储藏在温度不超过 28℃，相对湿度在 65%以下的库房内。应保持库房中阴凉、干燥、通风、避光，注意检查，防止虫蛀、霉变。不应与其他有毒、有害及易串味的物品混存。

（2）库房宽度一般 15m 左右，高度一般 5m 左右，墙壁厚度不少于 35cm，保温库房中墙壁厚度应为 50cm，或者加入保温板。

（3）垛与垛间距不小于 100cm，货垛与墙的间距不小于 50cm；货垛与梁的间距不小于 30cm；货垛与柱的间距不小于 30cm；货垛与地面的间距不小于 10cm；库房内主要通道宽度不小于 200cm；库房水暖散热器、供暖管道与储存药品的距离不小于 30cm；照明灯具垂直下方不准堆放药品，其垂直下方与货垛的水平间距不小于 50cm。

八、运输

运输工具或容器应具有良好的通气性，以保持干燥，同时不应与其他有毒、有害及易串味的物品混装。运输过程中忌雨淋，装卸应轻拿轻放，防止有毒有害物质污染。

第九节　远志产地加工储藏技术

一、远志

远志是远志科多年生草本植物远志或卵叶远志的干燥根，远志的根皮入药，有益智安神、散郁化痰的功能。

二、采收

远志栽种 2 年以上可收获，以生长 3 年的产量最高。在春季出苗前或秋季回苗后采挖，刨出鲜根，抖去泥土，趁水分未干时，用木棒敲打至松软，抽掉木心，晒干即可，直径超过 0.3cm 以上可加工成远志筒。一等直径 0.6cm 以上，二等 0.5cm 以上，三等 0.4cm 以上。远志肉不分粗细，抽去木心而得。最细小的根不去心，直接晒干而成远志根。远志鲜根的折干率在 3∶1 左右。一般以条粗、皮厚者为好。细叶远志地上部称小草，也可药用。

三、产地加工

由于远志采收后，绝大多数尚呈鲜品，药材内部含水量高，若不及时加工处理，很容易霉烂变质，其药用的有效成分亦随之分解散失，严重影响药材质量和疗效。加工后的远志，既能保证药材质量，同时可防止霉烂腐败，便于贮藏和运输。

另外，在初加工时按照药材和用药的需要，进行分级和其他技术处理，有利于药材的进一步加工炮制和充分发挥其药用功效。

1. 分级

将远志的地下部分采收后，按不同大小进行分级，以便于进一步加工和商业交流与贸易。

2. 净制

又称净选加工，是将远志采收后，去除药材中混杂的泥沙、非药用部位、劣质药用部位的处理方法。净制的目的是纯净药材，保证饮片质量，便于下一步中药材炮制加工。方法如下：

（1）水洗：药用部分采收后，用水洗净掺杂的泥沙、污物，除去芦头和须根，让其干后泥土自行脱落或待干燥过程中再通过搓、撞除去；

（2）刮皮：药材采收后，对于干后难以去皮的根茎，应趁鲜及时刮去外皮；

（3）切片：对于质坚不易干燥的粗大根茎，应在采收后即刻洗净除去残茎和毛须，趁鲜切片、切段或切丁晒干。

3. 干燥

远志采收回来以后，在初步加工时均要及时进行干燥。干燥目的是除去药材中所含的水分，减小体积，便于运输和贮藏。干燥时要根据中药材种类，有效成分的性质，药材的特点，选择适当方法进行干燥。常用的方法有日晒、阴干和烘干三种。

（1）晒干法：可将药材薄摊在水泥板或石灰晒场上晒干，也有把药材摊开放在席子上置阳光下晾晒，如有条件搭架子，把席子放在架上则干燥得更快。晚上将药材堆起或盖好，防雨、露和防风刮走。经多次摊晒至干燥为止。日晒法适用于不要求保持一定颜色和不含挥发油的药材，如党参、薏苡等。

（2）阴干法：即将药材放置于室内或大棚的阴凉处，利用流动的空气，吹去水分而达到干燥的目的。该法常用于阴雨天气，或用于含有挥发油的药材以及易走油、变色的药材，如枣仁、柏子仁、知母、苦杏仁、党参、天冬、火麻仁等。这些药材不宜暴晒，可于日光不太强的场所或通风阴凉处摊晾，以免走油、变质。

（3）烘干法：烘炕法是一种传统的、简便经济的药材干燥方法。应用该法要事先在室内或大棚内垒一个或数个长方形火炕，火炕宽约 1.5m，长度可根据药材多少而定，火炕下面每隔 80cm 留一个能开关的小门以便添加燃料。而后在其中放置一个火炉，火炉的火口处要架一块铁板，以防火苗上升，破坏药材，同时亦可分散热量。炕垒到 1.2~1.5m 高时，每隔 60cm 横放一根直径 3~4cm 的圆钢管，钢管上面铺放金属丝网，丝网上面再覆以泥巴，然后从泥巴以上再把火炕加高 60cm 即可。最后点燃火炉，把火炕及覆盖的泥巴烘干，将药材依先大后小的层次置于炕槽内，但不要装得太满，以厚 30~40cm 为宜，上面覆盖麻袋、草帘等。有大量蒸气冒起时，要及时掀开麻袋或草帘，并注意上下翻动药材，直到炕干为止。该法适用于川芎、泽泻、桔梗等药材的干燥。干燥过程要注意掌握火候，以免将药材烤焦，还要根据药材的性质和对干燥程度的要求分别对待，有些药材不宜用烘炕法干燥。

（4）烘房和干燥机烘干法：该法适合于规模化的药材种植基地使用，且效率高、省劳力、省费用，不受天气的限制，还可起到杀虫驱霉的效果，温度可控，适用于各类药材，不影响药材质量，是一种较先进的干燥方法。但要注意按照规范的技术要求和标准建造烘房并购进专用干燥机械，由熟悉干燥技术的专业人员操作。另外要注意根据药材的不同性质控制干燥温度和时间。

（5）远红外加热干燥法：这是新的干燥技术，其干燥原理是将电能转变为远红外辐射，从而被药材的分子吸收，产生共振，引起分子和原子的振动和转动，导致物体变热，经过热扩散、蒸发和化学变化，最终达到干燥的目的。远红外干燥可节省电能 20%~50%，效果较好。

（6）微波干燥法：这是一项 20 世纪 60 年代迅速发展起来的新技术，微波干燥实际上是通过感应加热和介质加热，使中药材中的水分和脂肪不同程度地吸收微波能量，并把它转变为热量从而达到干燥的目的。微波干燥可杀灭微生物和霉菌，并具有消毒作用，使药材达到卫生标准，并能防止药材在贮藏过程中发霉和生虫。目前中国生产的微波加热成套设备有 915MHz 和 2450MHz 两个频率。

四、贮藏技术

中药材临床应用的过程中，若贮藏保管不当，容易由空气、温度、湿度、贮藏方法等因素造成质量和疗效下降，出现泛油、变色、气味散失、风化等现象。因此，中药材的贮藏保管方法对保证药材质量关系重大，选择合适的贮藏保管方法，能够提高储存效果，保障中药材的质量。可以说，中药材的保管是继中药采集、加工、炮制后的一个重要环节，是一门复杂的、技术性强的、综合性的工作，如何更好地仓储则显得尤为重要。

1. 储藏远志的库房要求

虫蛀和霉变是中药材及中药饮片在日常储藏保管中经常出现的两个严重问题，如何避免这两个现象的出现，是贮藏保管的关键。

首先，霉变和虫蛀的核心问题是温度和湿度，因此在选择储藏药材的库房时，必须把具备通风、降温、防潮的设施作为首要条件。天气炎热，空气的相对湿度大于 75%，这种天气就要求贮藏药材的库房一定要配备必要的除湿和降温设备才行。现在很多企业会直接用楼房作为储存药材的库房，如果这样的话，建议最好选择二楼，而且能够避免阳光直射的房间。一楼的房间一般空气湿度偏大，二楼相对空气湿度小，而且也比较容易根据天气变化，选择通风法、吸湿法、降温法等具体有效的措施来调节库房的温湿度，以达到良好的储藏效果。常规情况下，中药活性成分在常温 15~20℃，空气相对湿度在 60%~70% 的条件下比较稳定，因此，可以在中药材及中药饮片库房安装排风扇、空调、气幕等设施，以保证饮片储藏库房的温度和湿度，在库房内多处配备温湿度计，每天不同时段随时进行观察。另外，库房的清洁卫生是一切防治工作的基础，也是贯彻“以防为主、防治并举”中药保管方针的重要措施。贮藏中药材的库房及其周边环境保持清洁也是必不可少的要求。

2. 远志入库前检查

远志准备入库以前，一定要做必要的检查验收工作。一般我们都会认为，中药材真伪的鉴别和中药材质量优劣的判断是最重要的，但是，对于贮藏保管而言，水分才是控制中药质量的一个基本标准。中药材的含水量控制在适宜范围，不仅可以防止霉败、虫蛀、腐烂，还能够保证临床用药配方计量的准确。传统中药贮藏一般认为中药饮片的含水量在 7%~13% 的范围内相对安全，蜜炙品不得超过 15%，烫制后醋萃制品不得超出 10%。因此，药材入库前详细检查含水量是否超过安全标准是十分必要的。另外，药材的包装也很重要，是否已经受潮破损，药材入库前有没有已经部分出现变质或变异现象，这些都是药材储存前必须要重点检查的内容，凡是药材出现任何不正常的情况，必须要采取对应的措施解决掉问题后才能入库，如果含水量超标了，应该及时进行烘干或晾晒，如果有变质或霉变品，应及时进行拣选或机器筛选。如果药材不能够实现快入库快出库，在库房内需要保存很长时间，那就要求药材入库前必须要使用必要的烘干设备，对药材进行充分干燥，而且要做到库房勤通风、管理员勤检查和倒垛。另外，如果药材细碎的较多，最好先用药筛把细碎的药材筛出，然后采取碎药先用的原则，碎药可先用，特别细碎的直接供制剂使用。

3. 采用不同容器储藏

药材经过之前的入库前检查，储藏的效果会很好，一般可以采取铁箱或铁桶存放块根、根及根茎类的药物，铁箱或铁桶的密闭效果比较好，能够将中药材有效地与影响因素隔离。外界空气中的湿度低于 60% 时，药材容易由于失水过多而导致饮片变形或含水矿物类风化。空气湿度大于 70% 时，就会使饮片含水量增加，导致发霉、腐烂等现象发生。对于用药量大、流通也比较快的药材，库房除了安放挡鼠板以外，用无毒的塑料编织袋储存药材有不错的效果。远志等药材鼠害严重，使用编织袋装，在放置编织袋时，将袋子底下垫高，可以有效地避免老鼠咬。

4. 储藏方法

由于远志含淀粉或糖分比较多，在平时贮藏时最容易发生虫蛀、霉变等变异现象。因此，保管这些中药的库房务必要保证温度和湿度符合规定，保持库房干燥、通风、阴凉就十分必要，对于容易变异的温湿度，应该有专人定时严格管理，必要时也可喷洒 95% 乙醇或 50° 左右的白酒，密封。

附录 1

大宗药材育苗下籽量及成苗量

药 材	每平方米用种量 /g	亩成苗量 / 万株
黄 芪	15~18	20~22
黄 芩	7~9	20~25
甘 草	13~16	15~18
桔 梗	5~7	20~25
丹 参	3.5~5.5	8~10
党 参	3~3.8	30~35
忍 冬	120~140 插条	8~9

附录 2

大宗药材种植密度

药　材	直播亩用种量 /kg	栽植亩用苗 /kg	亩保苗 / 万株
黄　芪	4~5	80~100	2~3
黄　芩	3~4	80~90	2~3
甘　草	3~4	80~100	1.5~2
桔　梗	1~1.5	80~90	2~3
丹　参	0.8~1	80~90	0.8~1
党　参	2~2.5	70~80	2~2.5
柴　胡	1~1.5	6~8 万株	6~8
秦　艽	0.5	5~6 万株	5~6
忍　冬		660~700 株	660~700 株

附录 3

农药管理条例

（1997 年 5 月 8 日中华人民共和国国务院令第 216 号发布；根据 2001 年 11 月 29 日《国务院关于修改〈农药管理条例〉的决定》第一次修订；2017 年 2 月 8 日国务院第 164 次常务会议修订通过；根据 2022 年 3 月 29 日国务院关于修改和废止部分行政法规的决定》第二次修订）

第一章 总 则

第一条 为了加强农药管理，保证农药质量，保障农产品质量安全和人畜安全，保护农业、林业生产和生态环境，制定本条例。

第二条 本条例所称农药，是指用于预防、控制危害农业、林业的病、虫、草、鼠和其他有害生物以及有目的地调节植物、昆虫生长的化学合成或者来源于生物、其他天然物质的一种物质或者几种物质的混合物及其制剂。

前款规定的农药包括用于不同目的、场所的下列各类：

（一）预防、控制危害农业、林业的病、虫（包括昆虫、蜱、螨）、草、鼠、软体动物和其他有害生物；

（二）预防、控制仓储以及加工场所的病、虫、鼠和其他有害生物；

（三）调节植物、昆虫生长；

（四）农业、林业产品防腐或者保鲜；

（五）预防、控制蚊、蝇、蜚蠊、鼠和其他有害生物；

（六）预防、控制危害河流堤坝、铁路、码头、机场、建筑物和其他场所的有害生物。

第三条 国务院农业主管部门负责全国的农药监督管理工作。

县级以上地方人民政府农业主管部门负责本行政区域的农药监督管理工作。

县级以上人民政府其他有关部门在各自职责范围内负责有关的农药监督管理工作。

第四条　县级以上地方人民政府应当加强对农药监督管理工作的组织领导，将农药监督管理经费列入本级政府预算，保障农药监督管理工作的开展。

第五条　农药生产企业、农药经营者应当对其生产、经营的农药的安全性、有效性负责，自觉接受政府监管和社会监督。

农药生产企业、农药经营者应当加强行业自律，规范生产、经营行为。

第六条　国家鼓励和支持研制、生产、使用安全、高效、经济的农药，推进农药专业化使用，促进农药产业升级。

对在农药研制、推广和监督管理等工作中作出突出贡献的单位和个人，按照国家有关规定予以表彰或者奖励。

第二章　农药登记

第七条　国家实行农药登记制度。农药生产企业、向中国出口农药的企业应当依照本条例的规定申请农药登记，新农药研制者可以依照本条例的规定申请农药登记。

国务院农业主管部门所属的负责农药检定工作的机构负责农药登记具体工作。省、自治区、直辖市人民政府农业主管部门所属的负责农药检定工作的机构协助做好本行政区域的农药登记具体工作。

第八条　国务院农业主管部门组织成立农药登记评审委员会，负责农药登记评审。

农药登记评审委员会由下列人员组成：

（一）国务院农业、林业、卫生、环境保护、粮食、工业行业管理、安全生产监督管理等有关部门和供销合作总社等单位推荐的农药产品化学、药效、毒理、残留、环境、质量标准和检测等方面的专家；

（二）国家食品安全风险评估专家委员会的有关专家；

（三）国务院农业、林业、卫生、环境保护、粮食、工业行业管理、安全生产监督管理等有关部门和供销合作总社等单位的代表。

农药登记评审规则由国务院农业主管部门制定。

第九条　申请农药登记的，应当进行登记试验。

农药的登记试验应当报所在地省、自治区、直辖市人民政府农业主管部门备案。

第十条　登记试验应当由国务院农业主管部门认定的登记试验单位按照国务院农业主管部门的规定进行。

与已取得中国农药登记的农药组成成分、使用范围和使用方法相同的农药，免予残留、环境试验，但已取得中国农药登记的农药依照本条例第十五条的规定在登记资料保护期内的，应当经农药登记证持有人授权同意。

登记试验单位应当对登记试验报告的真实性负责。

第十一条　登记试验结束后，申请人应当向所在地省、自治区、直辖市人民政府农业主管部门提出农药登记申请，并提交登记试验报告、标签样张和农药产品质量标准及其检验方法等申请资料；申请新农药登记的，还应当提供农药标准品。

省、自治区、直辖市人民政府农业主管部门应当自受理申请之日起 20 个工作日内提出初审意见，并报送国务院农业主管部门。

向中国出口农药的企业申请农药登记的，应当持本条第一款规定的资料、农药标准品以及在有关国家（地区）登记、使用的证明材料，向国务院农业主管部门提出申请。

第十二条　国务院农业主管部门受理申请或者收到省、自治区、直辖市人民政府农业主管部门报送的申请资料后，应当组织审查和登记评审，并自收到评审意见之日起 20 个工作日内作出审批决定，符合条件的，核发农药登记证；不符合条件的，书面通知申请人并说明理由。

第十三条　农药登记证应当载明农药名称、剂型、有效成分及其含量、毒性、使用范围、使用方法和剂量、登记证持有人、登记证号以及有效期等事项。

农药登记证有效期为 5 年。有效期届满，需要继续生产农药或者向中国出口农药的，农药登记证持有人应当在有效期届满90日前向国务院农业主管部门申请延续。

农药登记证载明事项发生变化的，农药登记证持有人应当按照国务院农业主管部门的规定申请变更农药登记证。

国务院农业主管部门应当及时公告农药登记证核发、延续、变更情况以及有关的农药产品质量标准号、残留限量规定、检验方法、经核准的标签等信息。

第十四条　新农药研制者可以转让其已取得登记的新农药的登记资料；农药生产企业可以向具有相应生产能力的农药生产企业转让其已取得登记的农药的登记资料。

第十五条　国家对取得首次登记的、含有新化合物的农药的申请人提交的其自己所取得且未披露的试验数据和其他数据实施保护。

自登记之日起6年内，对其他申请人未经已取得登记的申请人同意，使用前款规定的数据申请农药登记的，登记机关不予登记；但是，其他申请人提交其自己所取得的数据的除外。

除下列情况外，登记机关不得披露本条第一款规定的数据：

（一）公共利益需要；

（二）已采取措施确保该类信息不会被不正当地进行商业使用。

第三章　农药生产

第十六条　农药生产应当符合国家产业政策。国家鼓励和支持农药生产企业采用先进技术和先进管理规范，提高农药的安全性、有效性。

第十七条　国家实行农药生产许可制度。农药生产企业应当具备下列条件，并按照国务院农业主管部门的规定向省、自治区、直辖市人民政府农业主管部门申请农药生产许可证：

（一）有与所申请生产农药相适应的技术人员；

（二）有与所申请生产农药相适应的厂房、设施；

（三）有对所申请生产农药进行质量管理和质量检验的人员、仪器和设备；

（四）有保证所申请生产农药质量的规章制度。

省、自治区、直辖市人民政府农业主管部门应当自受理申请之日起20个工作日内作出审批决定，必要时应当进行实地核查。符合条件的，核发农药生产许可证；不符合条件的，书面通知申请人并说明理由。

安全生产、环境保护等法律、行政法规对企业生产条件有其他规定的，农药生产企业还应当遵守其规定。

第十八条　农药生产许可证应当载明农药生产企业名称、住所、法定代表人（负责人）、生产范围、生产地址以及有效期等事项。

农药生产许可证有效期为5年。有效期届满，需要继续生产农药的，农药生产企业应当在有效期届满90日前向省、自治区、直辖市人民政府农业主管部门申请延续。

农药生产许可证载明事项发生变化的，农药生产企业应当按照国务院农业主管部门的规定申请变更农药生产许可证。

第十九条　委托加工、分装农药的，委托人应当取得相应的农药登记证，受托人应当取得农药生产许可证。

委托人应当对委托加工、分装的农药质量负责。

第二十条　农药生产企业采购原材料，应当查验产品质量检验合格证和有关许可证明文件，不得采购、使用未依法附具产品质量检验合格证、未依法取得有关许可证明文件的原材料。

农药生产企业应当建立原材料进货记录制度，如实记录原材料的名称、有关许可证明文件编号、规格、数量、供货人名称及其联系方式、进货日期等内容。原材料进货记录应当保存2年以上。

第二十一条　农药生产企业应当严格按照产品质量标准进行生产，确保农药产品与登记农药一致。农药出厂销售，应当经质量检验合格并附具产品质量检验合格证。

农药生产企业应当建立农药出厂销售记录制度，如实记录农药的名称、规格、数量、生产日期和批号、产品质量检验信息、购货人名称及其联系方式、销售日期等内容。农药出厂销售记录应当保存2年以上。

第二十二条　农药包装应当符合国家有关规定，并印制或者贴有标签。国家鼓励农药生产企业使用可回收的农药包装材料。

农药标签应当按照国务院农业主管部门的规定，以中文标注农药的名称、剂型、有效成分及其含量、毒性及其标识、使用范围、使用方法和剂量、使用技术要求和注意事项、生产日期、可追溯电子信息码等内容。

剧毒、高毒农药以及使用技术要求严格的其他农药等限制使用农药的标签还应当标注“限制使用”字样，并注明使用的特别限制和特殊要求。用于食用农产品的农药的标签还应当标注安全间隔期。

第二十三条　农药生产企业不得擅自改变经核准的农药的标签内容，不得在农药的标签中标注虚假、误导使用者的内容。

农药包装过小，标签不能标注全部内容的，应当同时附具说明书，说明书的内容应当与经核准的标签内容一致。

第四章　农药经营

第二十四条　国家实行农药经营许可制度，但经营卫生用农药的除外。农药经营者应当具备下列条件，并按照国务院农业主管部门的规定向县级以上地方人民政府农业主管部门申请农药经营许可证：

（一）有具备农药和病虫害防治专业知识，熟悉农药管理规定，能够指导安全合理使用农药的经营人员；

（二）有与其他商品以及饮用水水源、生活区域等有效隔离的营业场所和仓储场所，并配备与所申请经营农药相适应的防护设施；

（三）有与所申请经营农药相适应的质量管理、台账记录、安全防护、应急处置、仓储管理等制度。

经营限制使用农药的，还应当配备相应的用药指导和病虫害防治专业技术人员，并按照所在地省、自治区、直辖市人民政府农业主管部门的规定实行定点经营。

县级以上地方人民政府农业主管部门应当自受理申请之日起20个工作日内作出审批决定。符合条件的，核发农药经营许可证；不符合条件的，书面通知申请人并说明理由。

第二十五条　农药经营许可证应当载明农药经营者名称、住所、负责人、经营范围以及有效期等事项。

农药经营许可证有效期为5年。有效期届满，需要继续经营农药的，农药经营者应当在有效期届满90日前向发证机关申请延续。

农药经营许可证载明事项发生变化的，农药经营者应当按照国务院农业主管部门的规定申请变更农药经营许可证。

取得农药经营许可证的农药经营者设立分支机构的，应当依法申请变更农药经营许可证，并向分支机构所在地县级以上地方人民政府农业主管部门备案，其分支机构免予办理农药经营许可证。农药经营者应当对其分支机构的经营活动负责。

第二十六条　农药经营者采购农药应当查验产品包装、标签、产品质量检验合格证以及有关许可证明文件，不得向未取得农药生产许可证的农药生产企业或者未取得农药经营许可证的其他农药经营者采购农药。

农药经营者应当建立采购台账，如实记录农药的名称、有关许可证明文件编号、规格、数量、生产企业和供货人名称及其联系方式、进货日期等内容。采购台账应当保存2年以上。

第二十七条　农药经营者应当建立销售台账，如实记录销售农药的名称、规格、数量、生产企业、购买人、销售日期等内容。销售台账应当保存2年以上。

农药经营者应当向购买人询问病虫害发生情况并科学推荐农药，必要时应当实地查看病虫害发生情况，并正确说明农药的使用范围、使用方法和剂量、使用技术要求和注意事项，不得误导购买人。

经营卫生用农药的，不适用本条第一款、第二款的规定。

第二十八条　农药经营者不得加工、分装农药，不得在农药中添加任何物质，不得采购、销售包装和标签不符合规定，未附具产品质量检验合格证，未取得有关许可证明文件的农药。

经营卫生用农药的，应当将卫生用农药与其他商品分柜销售；经营其他农药的，不得在农药经营场所内经营食品、食用农产品、饲料等。

第二十九条　境外企业不得直接在中国销售农药。境外企业在中国销售农药的，应当依法在中国设立销售机构或者委托符合条件的中国代理机构销售。

向中国出口的农药应当附具中文标签、说明书，符合产品质量标准，并经出入境检验检疫部门依法检验合格。禁止进口未取得农药登记证的农药。

办理农药进出口海关申报手续，应当按照海关总署的规定出示相关证明文件。

第五章　农药使用

第三十条　县级以上人民政府农业主管部门应当加强农药使用指导、服务工作，建立健全农药安全、合理使用制度，并按照预防为主、综合防治的要求，组织推广农药科学使用技术，规范农药使用行为。林业、粮食、卫生等部门应当加强对林业、储粮、卫生用农药安全、合理使用的技术指导，环境保护主管部门应当加强对农药使用过程中环境保护和污染防治的技术指导。

第三十一条　县级人民政府农业主管部门应当组织植物保护、农业技术推广等机构向农药使用者提供免费技术培训，提高农药安全、合理使用水平。

国家鼓励农业科研单位、有关学校、农民专业合作社、供销合作社、农业社会化服务组织和专业人员为农药使用者提供技术服务。

第三十二条　国家通过推广生物防治、物理防治、先进施药器械等措施，逐步减少农药使用量。

县级人民政府应当制定并组织实施本行政区域的农药减量计划；对实施农药减量计划、自愿减少农药使用量的农药使用者，给予鼓励和扶持。

县级人民政府农业主管部门应当鼓励和扶持设立专业化病虫害防治服务组织，并对专业化病虫害防治和限制使用农药的配药、用药进行指导、规范和管理，提高病虫害防治水平。

县级人民政府农业主管部门应当指导农药使用者有计划地轮换使用农药，减缓危害农业、林业的病、虫、草、鼠和其他有害生物的抗药性。

乡、镇人民政府应当协助开展农药使用指导、服务工作。

第三十三条 农药使用者应当遵守国家有关农药安全、合理使用制度，妥善保管农药，并在配药、用药过程中采取必要的防护措施，避免发生农药使用事故。

限制使用农药的经营者应当为农药使用者提供用药指导，并逐步提供统一用药服务。

第三十四条 农药使用者应当严格按照农药的标签标注的使用范围、使用方法和剂量、使用技术要求和注意事项使用农药，不得扩大使用范围、加大用药剂量或者改变使用方法。

农药使用者不得使用禁用的农药。

标签标注安全间隔期的农药，在农产品收获前应当按照安全间隔期的要求停止使用。

剧毒、高毒农药不得用于防治卫生害虫，不得用于蔬菜、瓜果、茶叶、菌类、中草药材的生产，不得用于水生植物的病虫害防治。

第三十五条 农药使用者应当保护环境，保护有益生物和珍稀物种，不得在饮用水水源保护区、河道内丢弃农药、农药包装物或者清洗施药器械。

严禁在饮用水水源保护区内使用农药，严禁使用农药毒鱼、虾、鸟、兽等。

第三十六条 农产品生产企业、食品和食用农产品仓储企业、专业化病虫害防治服务组织和从事农产品生产的农民专业合作社等应当建立农药使用记录，如实记录使用农药的时间、地点、对象以及农药名称、用量、生产企业等。农药使用记录应当保存2年以上。

国家鼓励其他农药使用者建立农药使用记录。

第三十七条 国家鼓励农药使用者妥善收集农药包装物等废弃物；农药生产企业、农药经营者应当回收农药废弃物，防止农药污染环境和农药中毒事故的发生。具体办法由国务院环境保护主管部门会同国务院农业主管部门、国务院财政部门等部门制定。

第三十八条 发生农药使用事故，农药使用者、农药生产企业、农药经营者和其他有关人员应当及时报告当地农业主管部门。

接到报告的农业主管部门应当立即采取措施，防止事故扩大，同时通知有关部门采取相应措施。造成农药中毒事故的，由农业主管部门和公安机关依照职责权限组织调查处理，卫生主管部门应当按照国家有关规定立即对受到伤害的人员组织医疗救治；造成环境污染事故的，由环境保护等有关部门依法组织调查处理；造成储粮药剂使用事故和农作物药害事故的，分别由粮食、农业等部门组织技术鉴定和调查处理。

第三十九条　因防治突发重大病虫害等紧急需要，国务院农业主管部门可以决定临时生产、使用规定数量的未取得登记或者禁用、限制使用的农药，必要时应当会同国务院对外贸易主管部门决定临时限制出口或者临时进口规定数量、品种的农药。

前款规定的农药，应当在使用地县级人民政府农业主管部门的监督和指导下使用。

第六章　监督管理

第四十条　县级以上人民政府农业主管部门应当定期调查统计农药生产、销售、使用情况，并及时通报本级人民政府有关部门。

县级以上地方人民政府农业主管部门应当建立农药生产、经营诚信档案并予以公布；发现违法生产、经营农药的行为涉嫌犯罪的，应当依法移送公安机关查处。

第四十一条　县级以上人民政府农业主管部门履行农药监督管理职责，可以依法采取下列措施：

（一）进入农药生产、经营、使用场所实施现场检查；

（二）对生产、经营、使用的农药实施抽查检测；

（三）向有关人员调查了解有关情况；

（四）查阅、复制合同、票据、账簿以及其他有关资料；

（五）查封、扣押违法生产、经营、使用的农药，以及用于违法生产、经营、使用农药的工具、设备、原材料等；

（六）查封违法生产、经营、使用农药的场所。

第四十二条 国家建立农药召回制度。农药生产企业发现其生产的农药对农业、林业、人畜安全、农产品质量安全、生态环境等有严重危害或者较大风险的，应当立即停止生产，通知有关经营者和使用者，向所在地农业主管部门报告，主动召回产品，并记录通知和召回情况。

农药经营者发现其经营的农药有前款规定的情形的，应当立即停止销售，通知有关生产企业、供货人和购买人，向所在地农业主管部门报告，并记录停止销售和通知情况。

农药使用者发现其使用的农药有本条第一款规定的情形的，应当立即停止使用，通知经营者，并向所在地农业主管部门报告。

第四十三条 国务院农业主管部门和省、自治区、直辖市人民政府农业主管部门应当组织负责农药检定工作的机构、植物保护机构对已登记农药的安全性和有效性进行监测。

发现已登记农药对农业、林业、人畜安全、农产品质量安全、生态环境等有严重危害或者较大风险的，国务院农业主管部门应当组织农药登记评审委员会进行评审，根据评审结果撤销、变更相应的农药登记证，必要时应当决定禁用或者限制使用并予以公告。

第四十四条 有下列情形之一的，认定为假农药：

（一）以非农药冒充农药；

（二）以此种农药冒充他种农药；

（三）农药所含有效成分种类与农药的标签、说明书标注的有效成分不符。

禁用的农药，未依法取得农药登记证而生产、进口的农药，以及未附具标签的农药，按照假农药处理。

第四十五条 有下列情形之一的，认定为劣质农药：

（一）不符合农药产品质量标准；

（二）混有导致药害等有害成分。

超过农药质量保证期的农药，按照劣质农药处理。

第四十六条 假农药、劣质农药和回收的农药废弃物等应当交由具有危险废物经营资质的单位集中处置，处置费用由相应的农药生产企业、农药经营者承担；农药生产企业、农药经营者不明确的，处置费用由所在地县级人民政府财政列支。

第四十七条　禁止伪造、变造、转让、出租、出借农药登记证、农药生产许可证、农药经营许可证等许可证明文件。

第四十八条　县级以上人民政府农业主管部门及其工作人员和负责农药检定工作的机构及其工作人员，不得参与农药生产、经营活动。

第七章　法律责任

第四十九条　县级以上人民政府农业主管部门及其工作人员有下列行为之一的，由本级人民政府责令改正；对负有责任的领导人员和直接责任人员，依法给予处分；负有责任的领导人员和直接责任人员构成犯罪的，依法追究刑事责任：

（一）不履行监督管理职责，所辖行政区域的违法农药生产、经营活动造成重大损失或者恶劣社会影响；

（二）对不符合条件的申请人准予许可或者对符合条件的申请人拒不准予许可；

（三）参与农药生产、经营活动；

（四）有其他徇私舞弊、滥用职权、玩忽职守行为。

第五十条　农药登记评审委员会组成人员在农药登记评审中谋取不正当利益的，由国务院农业主管部门从农药登记评审委员会除名；属于国家工作人员的，依法给予处分；构成犯罪的，依法追究刑事责任。

第五十一条　登记试验单位出具虚假登记试验报告的，由省、自治区、直辖市人民政府农业主管部门没收违法所得，并处5万元以上10万元以下罚款；由国务院农业主管部门从登记试验单位中除名，5年内不再受理其登记试验单位认定申请；构成犯罪的，依法追究刑事责任。

第五十二条　未取得农药生产许可证生产农药或者生产假农药的，由县级以上地方人民政府农业主管部门责令停止生产，没收违法所得、违法生产的产品和用于违法生产的工具、设备、原材料等，违法生产的产品货值金额不足1万元的，并处5万元以上10万元以下罚款，货值金额1万元以上的，并处货值金额10倍以上20

倍以下罚款，由发证机关吊销农药生产许可证和相应的农药登记证；构成犯罪的，依法追究刑事责任。

取得农药生产许可证的农药生产企业不再符合规定条件继续生产农药的，由县级以上地方人民政府农业主管部门责令限期整改；逾期拒不整改或者整改后仍不符合规定条件的，由发证机关吊销农药生产许可证。

农药生产企业生产劣质农药的，由县级以上地方人民政府农业主管部门责令停止生产，没收违法所得、违法生产的产品和用于违法生产的工具、设备、原材料等，违法生产的产品货值金额不足1万元的，并处1万元以上5万元以下罚款，货值金额1万元以上的，并处货值金额5倍以上10倍以下罚款；情节严重的，由发证机关吊销农药生产许可证和相应的农药登记证；构成犯罪的，依法追究刑事责任。

委托未取得农药生产许可证的受托人加工、分装农药，或者委托加工、分装假农药、劣质农药的，对委托人和受托人均依照本条第一款、第三款的规定处罚。

第五十三条　农药生产企业有下列行为之一的，由县级以上地方人民政府农业主管部门责令改正，没收违法所得、违法生产的产品和用于违法生产的原材料等，违法生产的产品货值金额不足1万元的，并处1万元以上2万元以下罚款，货值金额1万元以上的，并处货值金额2倍以上5倍以下罚款；拒不改正或者情节严重的，由发证机关吊销农药生产许可证和相应的农药登记证：

（一）采购、使用未依法附具产品质量检验合格证、未依法取得有关许可证明文件的原材料；

（二）出厂销售未经质量检验合格并附具产品质量检验合格证的农药；

（三）生产的农药包装、标签、说明书不符合规定；

（四）不召回依法应当召回的农药。

第五十四条　农药生产企业不执行原材料进货、农药出厂销售记录制度，或者不履行农药废弃物回收义务的，由县级以上地方人民政府农业主管部门责令改正，处1万元以上5万元以下罚款；拒不改正或者情节严重的，由发证机关吊销农药生产许可证和相应的农药登记证。

第五十五条　农药经营者有下列行为之一的，由县级以上地方人民政府农业主管部门责令停止经营，没收违法所得、违法经营的农药和用于违法经营的工具、设备等，违法经营的农药货值金额不足1万元的，并处5000元以上5万元以下罚款，货值金额1万元以上的，并处货值金额5倍以上10倍以下罚款；构成犯罪的，依法追究刑事责任：

（一）违反本条例规定，未取得农药经营许可证经营农药；

（二）经营假农药；

（三）在农药中添加物质。

有前款第二项、第三项规定的行为，情节严重的，还应当由发证机关吊销农药经营许可证。

取得农药经营许可证的农药经营者不再符合规定条件继续经营农药的，由县级以上地方人民政府农业主管部门责令限期整改；逾期拒不整改或者整改后仍不符合规定条件的，由发证机关吊销农药经营许可证。

第五十六条　农药经营者经营劣质农药的，由县级以上地方人民政府农业主管部门责令停止经营，没收违法所得、违法经营的农药和用于违法经营的工具、设备等，违法经营的农药货值金额不足1万元的，并处2000元以上2万元以下罚款，货值金额1万元以上的，并处货值金额2倍以上5倍以下罚款；情节严重的，由发证机关吊销农药经营许可证；构成犯罪的，依法追究刑事责任。

第五十七条　农药经营者有下列行为之一的，由县级以上地方人民政府农业主管部门责令改正，没收违法所得和违法经营的农药，并处5000元以上5万元以下罚款；拒不改正或者情节严重的，由发证机关吊销农药经营许可证：

（一）设立分支机构未依法变更农药经营许可证，或者未向分支机构所在地县级以上地方人民政府农业主管部门备案；

（二）向未取得农药生产许可证的农药生产企业或者未取得农药经营许可证的其他农药经营者采购农药；

（三）采购、销售未附具产品质量检验合格证或者包装、标签不符合规定的农药；

（四）不停止销售依法应当召回的农药。

第五十八条　农药经营者有下列行为之一的，由县级以上地方人民政府农业主管部门责令改正；拒不改正或者情节严重的，处2000元以上2万元以下罚款，并由发证机关吊销农药经营许可证：

（一）不执行农药采购台账、销售台账制度；

（二）在卫生用农药以外的农药经营场所内经营食品、食用农产品、饲料等；

（三）未将卫生用农药与其他商品分柜销售；

（四）不履行农药废弃物回收义务。

第五十九条　境外企业直接在中国销售农药的，由县级以上地方人民政府农业主管部门责令停止销售，没收违法所得、违法经营的农药和用于违法经营的工具、设备等，违法经营的农药货值金额不足5万元的，并处5万元以上50万元以下罚款，货值金额5万元以上的，并处货值金额10倍以上20倍以下罚款，由发证机关吊销农药登记证。

取得农药登记证的境外企业向中国出口劣质农药情节严重或者出口假农药的，由国务院农业主管部门吊销相应的农药登记证。

第六十条　农药使用者有下列行为之一的，由县级人民政府农业主管部门责令改正，农药使用者为农产品生产企业、食品和食用农产品仓储企业、专业化病虫害防治服务组织和从事农产品生产的农民专业合作社等单位的，处5万元以上10万元以下罚款，农药使用者为个人的，处1万元以下罚款；构成犯罪的，依法追究刑事责任：

（一）不按照农药的标签标注的使用范围、使用方法和剂量、使用技术要求和注意事项、安全间隔期使用农药；

（二）使用禁用的农药；

（三）将剧毒、高毒农药用于防治卫生害虫，用于蔬菜、瓜果、茶叶、菌类、中草药材生产或者用于水生植物的病虫害防治；

（四）在饮用水水源保护区内使用农药；

（五）使用农药毒鱼、虾、鸟、兽等；

（六）在饮用水水源保护区、河道内丢弃农药、农药包装物或者清洗施药器械。

有前款第二项规定的行为的，县级人民政府农业主管部门还应当没收禁用的农药。

第六十一条　农产品生产企业、食品和食用农产品仓储企业、专业化病虫害防治服务组织和从事农产品生产的农民专业合作社等不执行农药使用记录制度的，由县级人民政府农业主管部门责令改正；拒不改正或者情节严重的，处 2000 元以上 2 万元以下罚款。

第六十二条　伪造、变造、转让、出租、出借农药登记证、农药生产许可证、农药经营许可证等许可证明文件的，由发证机关收缴或者予以吊销，没收违法所得，并处 1 万元以上 5 万元以下罚款；构成犯罪的，依法追究刑事责任。

第六十三条　未取得农药生产许可证生产农药，未取得农药经营许可证经营农药，或者被吊销农药登记证、农药生产许可证、农药经营许可证的，其直接负责的主管人员 10 年内不得从事农药生产、经营活动。

农药生产企业、农药经营者招用前款规定的人员从事农药生产、经营活动的，由发证机关吊销农药生产许可证、农药经营许可证。

被吊销农药登记证的，国务院农业主管部门 5 年内不再受理其农药登记申请。

第六十四条　生产、经营的农药造成农药使用者人身、财产损害的，农药使用者可以向农药生产企业要求赔偿，也可以向农药经营者要求赔偿。属于农药生产企业责任的，农药经营者赔偿后有权向农药生产企业追偿；属于农药经营者责任的，农药生产企业赔偿后有权向农药经营者追偿。

第八章　附　则

第六十五条　申请农药登记的，申请人应当按照自愿有偿的原则，与登记试验单位协商确定登记试验费用。

第六十六条　本条例自 2017 年 6 月 1 日起施行。

附录4

国家禁/限用的农药目录

根据《农药管理条例》第三十四条对农药禁限用方面也作出了相关规定：农药使用者应当严格按照农药的标签标注的使用范围、使用方法和剂量、使用技术要求和注意事项使用农药，不得扩大使用范围、加大用药剂量或者改变使用方法。农药使用者不得使用禁用的农药。标签标注安全间隔期的农药，在农产品收获前应当按照安全间隔期的要求停止使用。剧毒、高毒农药不得用于防治卫生害虫，不得用于蔬菜、瓜果、茶叶、菌类、中草药材的生产，不得用于水生植物的病虫害防治。

企业应严格遵守该规定，如使用禁用的农药或者超出农药登记批准使用范围的农药，均按照假农药处理，除面临罚款外，情节严重的由发证机关吊销农药生产许可证和相应的农药登记证，构成犯罪的，依法追究刑事责任。

至2020年1月，我国将禁限用89种农药，其中41种为禁用农药（表1）、48种限用农药（表2），另外还有23种停止新增登记的农药（表3）。预计未来一段时间内，随着风险评估的引入和国家对安全、高效、经济农药的鼓励和支持，会有越来越多的高风险农药产品被列为禁限用农药，企业也要注意开发新的农药产品，淘汰高风险的农药产品，从而增强企业竞争力。

表 1　国家禁止使用的农药清单（41 种）

<table>
<tr><th>序号</th><th>农药名称</th><th>禁用原因</th><th>禁用范围</th><th>撤销登记日期</th><th>禁止销售使用日期</th><th>公告</th></tr>
<tr><td>1</td><td>六六六</td><td rowspan="5">持久有机污染物</td><td rowspan="17">国家明令禁止使用 17 种</td><td rowspan="17">2002 年 6 月 5 日</td><td rowspan="17">2002 年 6 月 5 日</td><td rowspan="17">农业部公告第 199 号</td></tr>
<tr><td>2</td><td>滴滴涕</td></tr>
<tr><td>3</td><td>毒杀芬</td></tr>
<tr><td>4</td><td>艾氏剂</td></tr>
<tr><td>5</td><td>狄氏剂</td></tr>
<tr><td>6</td><td>二溴乙烷</td><td rowspan="5">致癌、致畸、生殖毒性</td></tr>
<tr><td>7</td><td>除草醚</td></tr>
<tr><td>8</td><td>杀虫脒</td></tr>
<tr><td>9</td><td>敌枯双</td></tr>
<tr><td>10</td><td>二溴氯丙烷</td></tr>
<tr><td>11</td><td>砷、铅类</td><td rowspan="2">高毒、富集</td></tr>
<tr><td>12</td><td>汞制剂</td></tr>
<tr><td>13</td><td>氟乙酰胺</td><td rowspan="10">高毒、剧毒</td></tr>
<tr><td>14</td><td>甘氟</td></tr>
<tr><td>15</td><td>毒鼠强</td></tr>
<tr><td>16</td><td>氟乙酸钠</td></tr>
<tr><td>17</td><td>毒鼠硅</td></tr>
<tr><td>18</td><td>甲胺磷</td><td rowspan="5">禁止使用</td><td rowspan="5">2003 年 12 月 31 日（混配制剂）</td><td rowspan="5">2004 年 6 月 30 日（混配制剂）；2008 年 1 月 9 日（原药和单剂）</td><td rowspan="5">农业部公告第 274 号；五部门 2008 年公告第 1 号</td></tr>
<tr><td>19</td><td>对硫磷</td></tr>
<tr><td>20</td><td>甲基对硫磷</td></tr>
<tr><td>21</td><td>久效磷</td></tr>
<tr><td>22</td><td>磷胺</td></tr>
<tr><td>23</td><td>八氯二丙醚</td><td>在生产，使用过程中对人畜安全具有较大风险、危害</td><td>禁止使用</td><td>2007 年 3 月 1 日</td><td>2008 年 1 月</td><td>农业部公告第 747 号</td></tr>
<tr><td>24</td><td>苯线磷</td><td rowspan="10">高毒</td><td rowspan="10">禁止使用</td><td rowspan="10">2011 年 10 月 31 日</td><td rowspan="10">2013 年 10 月 31 日</td><td rowspan="10">农业部公告第 1586 号</td></tr>
<tr><td>25</td><td>地虫硫磷</td></tr>
<tr><td>26</td><td>甲基硫环磷</td></tr>
<tr><td>27</td><td>磷化钙</td></tr>
<tr><td>28</td><td>磷化镁</td></tr>
<tr><td>29</td><td>磷化锌</td></tr>
<tr><td>30</td><td>硫线磷</td></tr>
<tr><td>31</td><td>蝇毒磷</td></tr>
<tr><td>32</td><td>治螟磷</td></tr>
<tr><td>33</td><td>特丁硫磷</td></tr>
</table>

续表

<table>
<tr><th>序号</th><th>农药名称</th><th>禁用原因</th><th>禁用范围</th><th>撤销登记日期</th><th>禁止销售使用日期</th><th>公告</th></tr>
<tr><td>34</td><td>百草枯水</td><td>对人畜毒害大</td><td>禁止使用</td><td>2014 年 7 月 1 日撤销百草枯水剂登记和生产许可、停止生产，保留母药生产企业水剂出口境外使用登记、允许专供出口生产</td><td>2016 年 7 月 1 日停止水剂在国内销售和使用</td><td>农业部、工业和信息化部，国家质量监督检验检疫总局公告第 1745 号</td></tr>
<tr><td>35</td><td>氯磺隆（包括原药、单剂和复配制剂）</td><td rowspan="3">长残效致药害</td><td rowspan="5">禁止使用</td><td>2013 年 12 月 31 日</td><td>2015 年 12 月 31 日</td><td rowspan="3">农业部公告第 2032 号</td></tr>
<tr><td>36</td><td>胺苯磺隆</td><td>2013 年 12 月 31 日撤销单剂产品登记证：2015 年 7 月 1 日，撤销原药和复配制剂产品登记证</td><td>2015 年 12 月 31 日禁止单剂产品销售使用：2015 年 7 月 1 日禁止复配制剂产品销售使用</td></tr>
<tr><td>37</td><td>甲磺隆</td><td>2013 年 12 月 31 日撤销单剂产品登记证：2015 年 7 月 1 日销原药和复配制剂产品登记证</td><td>禁止单剂产品在国内销售使用：2017 年 7 月 1 日禁止在国内销售使用，保留出口境外使用登记</td></tr>
<tr><td>38</td><td>福美胂</td><td rowspan="2">对人类和环境高风险、杂质致癌</td><td rowspan="2">2013 年 12 月 31 日</td><td rowspan="2">2015 年 12 月 31 日</td><td rowspan="2"></td></tr>
<tr><td>39</td><td>福美甲胂</td></tr>
<tr><td>40</td><td>三氯杀螨醇</td><td>高毒</td><td rowspan="2">禁止使用</td><td>2016 年 9 月 7 日</td><td>2018 年 10 月 1 日</td><td>农业部公告第 2445 号</td></tr>
<tr><td>41</td><td>氟虫胺</td><td>持久有机污染物</td><td>2019 年 3 月 26 日</td><td>2020 年</td><td>农业部公告第 148 号</td></tr>
</table>

注：目前，农业农村部对六六六等 41 种农药采取禁用措施，其中公告第 148 号新增对氟虫胺的管理措施，自 2019 年 3 月 22 日起，不再受理、批准含氟虫胺农药产品（包括该有效成分的原药、单剂、复配制剂）的农药登记和登记延续；自 2019 年 3 月 26 日起，撤销含氟虫胺农药产品的农药登记和生产许可；自 2020 年 1 月 1 日起，禁止使用含氟虫胺成分的农药产品。

表 2　国家限制使用农药清单（48 种）

<table>
<tr><th>序号</th><th>农药名称</th><th>禁用范围</th><th>公告</th><th>施行日期</th><th>限用原因</th><th>备注</th></tr>
<tr><td rowspan="2">1</td><td rowspan="2">氧乐果</td><td>甘蓝</td><td>农业部公告第 194 号</td><td>2002. 6. 1</td><td rowspan="13">高毒</td><td rowspan="29">实行定点经营，标签还应标注“限制使用”字样。用于食用农产品的，还应标注安全间隔期</td></tr>
<tr><td>柑橘树</td><td>农业部公告第 1586 号</td><td>2011. 6. 15</td></tr>
<tr><td rowspan="3">2</td><td rowspan="3">甲基异柳磷</td><td>果树</td><td>农业部公告第 194 号</td><td>2002. 6. 1</td></tr>
<tr><td>蔬菜、果树、茶叶、中草药材</td><td>农业部公告第 199 号</td><td>2002. 6. 5</td></tr>
<tr><td>甘燕</td><td>农业部公告第 2445 号</td><td>2008. 10. 1</td></tr>
<tr><td rowspan="2">3</td><td rowspan="2">涕灭威</td><td>苹果树</td><td>农业部公告第 194 号</td><td>2002. 6. 1</td></tr>
<tr><td>蔬菜、果树、茶叶、中草药材</td><td>农业部公告第 199 号</td><td>2002. 6. 5</td></tr>
<tr><td rowspan="3">4</td><td rowspan="3">克百威</td><td>柑桔树</td><td>农业部公告第 194 号</td><td>2002. 6. 1</td></tr>
<tr><td>蔬菜、果树、茶叶、中草药材</td><td>农业部公告第 199 号</td><td>2002. 6. 5</td></tr>
<tr><td>甘蔗</td><td>农业部公告第 2445 号</td><td>2008. 10. 1</td></tr>
<tr><td rowspan="3">5</td><td rowspan="3">甲拌磷</td><td>柑桔树</td><td>农业部公告第 194 号</td><td>2002. 6. 1</td></tr>
<tr><td>蔬菜、果树、茶叶、中草药材</td><td>农业部公告第 199 号</td><td>2002. 6. 5</td></tr>
<tr><td>甘蔗</td><td>农业部公告第 2445 号</td><td>2008. 10. 1</td></tr>
<tr><td rowspan="2">6</td><td rowspan="2">特丁硫磷</td><td>甘蔗</td><td>农业部公告第 194 号</td><td>2002. 6. 1</td><td rowspan="16">高毒</td></tr>
<tr><td>蔬菜、果树、茶叶、中草药材</td><td>农业部公告第 199 号</td><td>2002. 6. 5</td></tr>
<tr><td>7</td><td>甲胺磷</td><td rowspan="14">蔬菜、果树、茶叶、中草药材</td><td rowspan="14">农业部公告第 199 号</td><td rowspan="14">2002. 6. 5</td></tr>
<tr><td>8</td><td>甲基对硫磷</td></tr>
<tr><td>9</td><td>对硫磷</td></tr>
<tr><td>10</td><td>久效磷</td></tr>
<tr><td>11</td><td>磷胺</td></tr>
<tr><td>12</td><td>甲基硫环磷</td></tr>
<tr><td>13</td><td>治螟磷</td></tr>
<tr><td>14</td><td>内吸磷</td></tr>
<tr><td>15</td><td>灭线磷</td></tr>
<tr><td>16</td><td>硫环磷</td></tr>
<tr><td>17</td><td>蝇毒磷</td></tr>
<tr><td>18</td><td>地虫硫磷</td></tr>
<tr><td>19</td><td>氯唑磷</td></tr>
<tr><td>20</td><td>苯线磷</td></tr>
</table>

续表

<table>
<tr><th>序号</th><th>农药名称</th><th>禁用范围</th><th>公告</th><th>施行日期</th><th>限用原因</th><th>备注</th></tr>
<tr><td>21</td><td>三氯杀螨醇</td><td rowspan="2">茶树</td><td rowspan="2">农业部公告第 199 号</td><td rowspan="2">2002. 6. 5</td><td rowspan="2">杂质为有机氯，残留超标</td><td rowspan="4">标签应标注“限制使用”字样。用于食用农产品的，还应标注安全间隔期</td></tr>
<tr><td>22</td><td>氰戊菊酯</td></tr>
<tr><td>23</td><td>丁酰肼（比久）</td><td>花生</td><td>农业部公告第 274 号，农农发（2010）2 号通知</td><td>2003. 4. 30</td><td>致癌</td></tr>
<tr><td>24</td><td>氟虫腈</td><td>仅限于卫生用、玉米等部分旱田种子包衣剂和专供出口产品使用</td><td>农业部公告第 1157 号</td><td>2009. 10. 1</td><td>对甲壳类水生生物和蜜蜂具有高风险，在水和土壤中降解慢</td></tr>
<tr><td>25</td><td>水胺硫磷</td><td>柑橘树</td><td rowspan="4">农业部公告第 1586 号</td><td rowspan="4">2011. 6. 15</td><td rowspan="5">高毒</td><td rowspan="2">实行定点经营，标签还应标注“限制使用”字样。用于食用农产品的，还应标注安全间隔期</td></tr>
<tr><td>26</td><td>灭多威</td><td>柑橘树、苹果树、茶树、十字花科蔬菜</td></tr>
<tr><td>27</td><td>硫线磷</td><td>柑橘树、黄瓜</td><td>/</td></tr>
<tr><td rowspan="2">28</td><td rowspan="2">硫丹</td><td>苹果树、黄瓜</td><td rowspan="5">实行定点经营，标签还应标注“限制使用”字样。用于食用农产品的，还应标注安全间隔期</td></tr>
<tr><td>农业</td><td>农业部公告第 2552 号</td><td>2019. 1. 1</td></tr>
<tr><td rowspan="3">29</td><td rowspan="3">溴甲烷</td><td>草莓、黄瓜</td><td>农业部公告第 1586 号</td><td>2011. 6. 15</td><td rowspan="3">高毒／蒙特利尔协议管制物（破坏臭氧层）</td></tr>
<tr><td>限用于土壤熏蒸，在专业技术人员指导下使用</td><td>农业部公告第 2289 号</td><td>2015. 10. 1</td></tr>
<tr><td>农业</td><td>农业部公告第 2552 号</td><td>2019. 1. 1</td></tr>
<tr><td>30</td><td>毒死蜱</td><td rowspan="2">蔬菜</td><td rowspan="2">农业部公告第 2032 号</td><td rowspan="2">2016. 12. 31</td><td rowspan="2">残留超标</td><td rowspan="2">标签应标注“限制使用”字样。用于食用农产品的，还应标注安全间隔期</td></tr>
<tr><td>31</td><td>三唑磷</td></tr>
<tr><td>32</td><td>杀扑磷</td><td>柑橘树</td><td rowspan="2">农业部公告第 2289 号</td><td rowspan="2">2015. 10. 1</td><td rowspan="2">高毒</td><td>/</td></tr>
<tr><td>33</td><td>氯化苦</td><td>限用于土壤熏蒸，在专业技术人员指导下使用</td><td>实行定点经营，标签还应标注“限制使用”字样。用于食用农产品的，还应标注安全间隔期</td></tr>
</table>

续表

序号	农药名称	禁用范围	公告	施行日期	限用原因	备注
34	氟苯虫酰胺	水稻	农业部公告第 2445 号	2018. 10. 1	高毒	标签应标注“限制使用”字样。用于食用农产品的，还应标注安全间隔期
35	磷化铝	限规范包装的磷化铝农药产品。应当内外双层包装。外包装应具有良好的密闭性，防水防潮防气体外泄。内包装应具有通透性，便于直接熏蒸使用。内外包装均应标注高毒标识及“人畜居住场所禁止使用”等注意事项。			对人畜高毒	实行定点经营，标签还应标注“限制使用”字样。用于食用农产品的，还应标注安全间隔期
36	乙酰甲胺磷	蔬菜、瓜果、茶叶、菌类和中草药材	农业部公告第 2552 号	2019. 8. 1	剧毒、高毒	标签应标注“限制使用”字样。用于食用农产品的，还应标注安全间隔期
37	丁硫克百威				高毒	
38	乐果					
39	氟鼠灵	/	农业部公告 2567 号	2017. 10. 1	/	实行定点经营，标签还应标注“限制使用”字样用于食用农产品的，还应标注安全间隔期
40	百草枯					
41	2. 4- 滴丁酯					
42	C 型肉毒梭菌毒素					
43	D 型肉毒梭菌毒素					
44	敌鼠钠盐					
45	杀鼠灵					
46	杀鼠醚					
47	溴敌隆					
48	溴鼠灵					

注：目前，农业农村部对氧乐果等 48 种农药在某些作物上进行限制使用。其中，从 2019 年 8 月 1 日起，禁止乙酰甲胺磷、丁硫克百威、乐果在蔬菜、瓜果、茶叶、菌类和中草药材作物上使用。灭线磷实行定点经营，标签还应标注“限制使用”字样，用于食用农产品的，还应标注安全间隔期。

表 3 停止新增农药等级清单（23 种）

序号	农药名称	原因	公告	施行日期
1	内吸磷	高毒	农业部公告第 194 号	2002 年 4 月 22 日（临时登记申请）
2	甲拌磷		农业部公告第 194 号 农业部公告第 1586 号	2002 年 4 月 22 日（临时登记申请） 2011 年 6 月 15 日（登记申请）
3	氧乐果			
4	水胺硫磷			
5	特丁硫磷			
6	甲基硫环磷			
7	治螟磷			
8	甲基异柳磷			
9	涕灭威			
10	克百威			
11	灭多威			
12	苯线磷	高毒	农业部公告第 1586 号	2011 年 6 月 15 日 （登记申请）
13	地虫硫磷			
14	磷化钙			
15	磷化镁			
16	磷化锌			
17	硫线磷			
18	蝇毒磷			
19	杀扑磷			
20	灭线磷			
21	磷化铝			
22	溴甲烷			
23	硫丹			

附录 5

国家药监局 农业农村部 国家林草局 国家中医药局 关于发布《中药材生产质量管理规范》的公告

（2022 年第 22 号）

为贯彻落实《中共中央 国务院关于促进中医药传承创新发展的意见》，推进中药材规范化生产，加强中药材质量控制，促进中药高质量发展，依据《中华人民共和国药品管理法》《中华人民共和国中医药法》，国家药监局、农业农村部、国家林草局、国家中医药局研究制定了《中药材生产质量管理规范》（以下称本规范），现予发布实施，并将有关事项公告如下：

一、本规范适用于中药材生产企业规范生产中药材的全过程管理，是中药材规范化生产和管理的基本要求。本规范涉及的中药材是指来源于药用植物、药用动物等资源，经规范化的种植（含生态种植、野生抚育和仿野生栽培）、养殖、采收和产地加工后，用于生产中药饮片、中药制剂的药用原料。

本公告所指中药材生产企业包括具有企业性质的种植、养殖专业合作社或联合社。

二、鼓励中药饮片生产企业、中成药上市许可持有人等中药生产企业在中药材产地自建、共建符合本规范的中药材生产企业及生产基地，将药品质量管理体系延伸到中药材产地。

鼓励中药生产企业优先使用符合本规范要求的中药材。药品批准证明文件等有明确要求的，中药生产企业应当按照规定使用符合本规范要求的中药材。相关中药生产企业应当依法开展供应商审核，按照本规范要求进行审核检查，保证符合要求。

三、使用符合本规范要求的中药材，相关中药生产企业可以参照药品标签管理的相关规定，在药品标签中适当位置标示“药材符合 GAP 要求”，可以依法进行宣传。对中药复方制剂，所有处方成分均符合本规范要求，方可标示。

省级药品监督管理部门应当加强监督检查，对应当使用或者标示使用符合本规范中药材的中药生产企业，必要时对相应的中药材生产企业开展延伸检查，重点检查是否符合本规范。发现不符合的，应当依法严厉查处，责令中药生产企业限期改正、取消标示等，并公开相应的中药材生产企业及其中药材品种，通报中药材产地人民政府。

四、各省相关管理部门在省委省政府领导下，配合和协助中药材产地人民政府做好中药材规范化发展工作，如完善中药材产业高质量发展工作机制；制定中药材产业发展规划；细化推进中药材规范化发展的激励政策；建立中药材生产企业及其生产基地台账和信用档案，实施动态监管；建立中药材规范化生产追溯信息化平台等。鼓励中药材规范化、集约化生产基础较好的省份，结合本辖区中药材发展实际，研究制定实施细则，积极探索推进，为本规范的深入推广积累经验。

五、各省相关管理部门依职责对本规范的实施和推进进行检查和技术指导。农业农村部门牵头做好中药材种子种苗及种源提供、田间管理、农药和肥料使用、病虫害防治等指导。林业和草原部门牵头做好中药材生态种植、野生抚育、仿野生栽培，以及属于濒危管理范畴的中药材种植、养殖等指导。中医药管理部门协同做好中药材种子种苗、规范种植、采收加工以及生态种植等指导。药品监督管理部门对相应的中药材生产企业开展延伸检查，做好药用要求、产地加工、质量检验等指导。

六、各省相关管理部门应加强协作，形成合力，共同推进中药材规范化、标准化、集约化发展，按职责强化宣传培训，推动本规范落地实施。加强实施中日常监管，如发现存在重大问题或者有重大政策完善建议的，请及时报告国家相应的管理部门。

特此公告。

附件：中药材生产质量管理规范

国家药监局 农业农村部 国家林草局 国家中医药

2022 年 3 月 1 日

附件：

中药材生产质量管理规范

第一章　总　则

第一条　为落实《中共中央 国务院关于促进中医药传承创新发展的意见》，推进中药材规范化生产，保证中药材质量，促进中药高质量发展，依据《中华人民共和国药品管理法》《中华人民共和国中医药法》，制定本规范。

第二条　本规范是中药材规范化生产和质量管理的基本要求，适用于中药材生产企业（以下简称企业）采用种植（含生态种植、野生抚育和仿野生栽培）、养殖方式规范生产中药材的全过程管理，野生中药材的采收加工可参考本规范。

第三条　实施规范化生产的企业应当按照本规范要求组织中药材生产，保护野生中药材资源和生态环境，促进中药材资源的可持续发展。

第四条　企业应当坚持诚实守信，禁止任何虚假、欺骗行为。

第二章　质量管理

第五条　企业应当根据中药材生产特点，明确影响中药材质量的关键环节，开展质量风险评估，制定有效的生产管理与质量控制、预防措施。

第六条　企业对基地生产单元主体应当建立有效的监督管理机制，实现关键环节的现场指导、监督和记录；统一规划生产基地，统一供应种子种苗或其他繁殖材料，统一肥料、农药或者饲料、兽药等投入品管理措施，统一种植或者养殖技术规程，统一采收与产地加工技术规程，统一包装与贮存技术规程。

第七条　企业应当配备与生产基地规模相适应的人员、设施、设备等，确保生产和质量管理措施顺利实施。

第八条　企业应当明确中药材生产批次，保证每批中药材质量的一致性和可追溯。

第九条　企业应当建立中药材生产质量追溯体系，保证从生产地块、种子种苗或其他繁殖材料、种植养殖、采收和产地加工、包装、储运到发运全过程关键环节可追溯；鼓励企业运用现代信息技术建设追溯体系。

第十条　企业应当按照本规范要求，结合生产实践和科学研究情况，制定如下主要环节的生产技术规程：

（1）生产基地选址；

（2）种子种苗或其他繁殖材料要求；

（3）种植（含生态种植、野生抚育和仿野生栽培）、养殖；

（4）采收与产地加工；

（5）包装、放行与储运。

第十一条　企业应当制定中药材质量标准，标准不能低于现行法定标准。

（一）根据生产实际情况确定质量控制指标，可包括：药材性状、检查项、理化鉴别、浸出物、指纹或者特征图谱、指标或者有效成分的含量；药材农药残留或者兽药残留、重金属及有害元素、真菌毒素等有毒有害物质的控制标准等；

（二）必要时可制定采收、加工、收购等中间环节中药材的质量标准。

第十二条　企业应当制定中药材种子种苗或其他繁殖材料的标准。

第三章　机构与人员

第十三条　企业可采取农场、林场、公司＋农户或者合作社等组织方式建设中药材生产基地。

第十四条　企业应当建立相应的生产和质量管理部门，并配备能够行使质量保证和控制职能的条件。

第十五条　企业负责人对中药材质量负责；企业应当配备足够数量并具有和岗位职责相对应资质的生产和质量管理人员；生产、质量的管理负责人应当有中药学、药学或者农学等相关专业大专及以上学历并有中药材生产、质量管理三年以上实践经验，或者有中药材生产、质量管理五年以上的实践经验，且均须经过本规范的培训。

第十六条　生产管理负责人负责种子种苗或其他繁殖材料繁育、田间管理或者药用动物饲养、农业投入品使用、采收与加工、包装与贮存等生产活动；质量管理负责人负责质量标准与技术规程制定及监督执行、检验和产品放行。

第十七条　企业应当开展人员培训工作，制定培训计划、建立培训档案；对直接从事中药材生产活动的人员应当培训至基本掌握中药材的生长发育习性、对环境条件的要求，以及田间管理或者饲养管理、肥料和农药或者饲料和兽药使用、采收、产地加工、贮存养护等的基本要求。

第十八条　企业应当对管理和生产人员的健康进行管理；患有可能污染药材疾病的人员不得直接从事养殖、产地加工、包装等工作；无关人员不得进入中药材养殖控制区域，如确需进入，应当确认个人健康状况无污染风险。

第四章　设施、设备与工具

第十九条　企业应当建设必要的设施，包括种植或者养殖设施、产地加工设施、中药材贮存仓库、包装设施等。

第二十条　存放农药、肥料和种子种苗，兽药、饲料和饲料添加剂等的设施，能够保持存放物品质量稳定和安全。

第二十一条　分散或者集中加工的产地加工设施均应当卫生、不污染中药材，达到质量控制的基本要求。

第二十二条　贮存中药材的仓库应当符合贮存条件要求；根据需要建设控温、避光、通风、防潮和防虫、防鼠禽畜等设施。

第二十三条　质量检验室功能布局应当满足中药材的检验条件要求，应当设置检验、仪器、标本、留样等工作室（柜）。

第二十四条　生产设备、工具的选用与配置应当符合预定用途，便于操作、清洁、维护，并符合以下要求：

（1）肥料、农药施用的设备、工具使用前应仔细检查，使用后及时清洁；

（2）采收和清洁、干燥及特殊加工等设备不得对中药材质量产生不利影响；

（3）大型生产设备应当有明显的状态标识，应当建立维护保养制度。

第五章 基地选址

第二十五条 生产基地选址和建设应当符合国家和地方生态环境保护要求。

第二十六条 企业应当根据种植或养殖中药材的生长发育习性和对环境条件的要求，制定产地和种植地块或者养殖场所的选址标准。

第二十七条 中药材生产基地一般应当选址于道地产区，在非道地产区选址，应当提供充分文献或者科学数据证明其适宜性。

第二十八条 种植地块应当能满足药用植物对气候、土壤、光照、水分、前茬作物、轮作等要求；养殖场所应当能满足药用动物对环境条件的各项要求。

第二十九条 生产基地周围应当无污染源；生产基地环境应当持续符合国家标准：

（1）空气符合国家《环境空气质量标准》二类区要求；

（2）土壤符合国家《土壤环境质量农用地污染风险管控标准（试行）》的要求；

（3）灌溉水符合国家《农田灌溉水质标准》，产地加工用水和药用动物饮用水符合国家《生活饮用水卫生标准》。

第三十条 基地选址范围内，企业至少完成一个生产周期中药材种植或者养殖，并有两个收获期中药材质量检测数据且符合企业内控质量标准。

第三十一条 企业应当按照生产基地选址标准进行环境评估，确定产地，明确生产基地规模、种植地块或者养殖场所布局；

（1）根据基地周围污染源的情况，确定空气是否需要检测，如不检测，则需提供评估资料；

（2）根据水源情况确定水质是否需要定期检测，没有人工灌溉的基地，可不进行灌溉水检测。

第三十二条 生产基地应当规模化，种植地块或者养殖场所可成片集中或者相对分散，鼓励集约化生产。

第三十三条 产地地址应当明确至乡级行政区划；每一个种植地块或者养殖场所应当有明确记载和边界定位。

第三十四条 种植地块或者养殖场所可在生产基地选址范围内更换、扩大或者缩小规模。

第六章　种子种苗或其他繁殖材料

第一节　种子种苗或其他繁殖材料要求

第三十五条　企业应当明确使用种子种苗或其他繁殖材料的基原及种质，包括种、亚种、变种或者变型、农家品种或者选育品种；使用的种植或者养殖物种的基原应当符合相关标准、法规。使用列入《国家重点保护野生植物名录》的药用野生植物资源的，应当符合相关法律法规规定。

第三十六条　鼓励企业开展中药材优良品种选育，但应当符合以下规定：

（1）禁用人工干预产生的多倍体或者单倍体品种、种间杂交品种和转基因品种；

（2）如需使用非传统习惯使用的种间嫁接材料、诱变品种（包括物理、化学、太空诱变等）和其他生物技术选育品种等，企业应当提供充分的风险评估和实验数据证明新品种安全、有效和质量可控。

第三十七条　中药材种子种苗或其他繁殖材料应当符合国家、行业或者地方标准；没有标准的，鼓励企业制定标准，明确生产基地使用种子种苗或其他繁殖材料的等级，并建立相应检测方法。

第三十八条　企业应当建立中药材种子种苗或其他繁殖材料的良种繁育规程，保证繁殖的种子种苗或其他繁殖材料符合质量标准。

第三十九条　企业应当确定种子种苗或其他繁殖材料运输、长期或者短期保存的适宜条件，保证种子种苗或其他繁殖材料的质量可控。

第二节　种子种苗或其他繁殖材料管理

第四十条　企业在一个中药材生产基地应当只使用一种经鉴定符合要求的物种，防止与其他种质混杂；鼓励企业提纯复壮种质，优先采用经国家有关部门鉴定，性状整齐、稳定、优良的选育新品种。

第四十一条　企业应当鉴定每批种子种苗或其他繁殖材料的基原和种质，确保与种子种苗或其他繁殖材料的要求相一致。

第四十二条　企业应当使用产地明确、固定的种子种苗或其他繁殖材料；鼓励企业建设良种繁育基地，繁殖地块应有相应的隔离措施，防止自然杂交。

第四十三条　种子种苗或其他繁殖材料基地规模应当与中药材生产基地规模相匹配；种子种苗或其他繁殖材料应当由供应商或者企业检测达到质量标准后，方可使用。

第四十四条　从县域之外调运种子种苗或其他繁殖材料，应当按国家要求实施检疫；用作繁殖材料的药用动物应当按国家要求实施检疫，引种后进行一定时间的隔离、观察。

第四十五条　企业应当采用适宜条件进行种子种苗或其他繁殖材料的运输、贮存；禁止使用运输、贮存后质量不合格的种子种苗或其他繁殖材料。

第四十六条　应当按药用动物生长发育习性进行药用动物繁殖材料引进；捕捉和运输时应当遵循国家相关技术规定，减免药用动物机体损伤和应激反应。

第七章　种植与养殖

第一节　种植技术规程

第四十七条　企业应当根据药用植物生长发育习性和对环境条件的要求等制定种植技术规程，主要包括以下环节：

（1）种植制度要求：前茬、间套种、轮作等；

（2）基础设施建设与维护要求：维护结构、灌排水设施、遮阴设施等；

（3）土地整理要求：土地平整、耕地、做畦等；

（4）繁殖方法要求：繁殖方式、种子种苗处理、育苗定植等；

（5）田间管理要求：间苗、中耕除草、灌排水等；

（6）病虫草害等的防治要求：针对主要病虫草害等的种类、危害规律等采取的防治方法；

（7）肥料、农药使用要求。

第四十八条　企业应当根据种植中药材营养需求特性和土壤肥力，科学制定肥料使用技术规程：

（1）合理确定肥料品种、用量、施肥时期和施用方法，避免过量施用化肥造成土壤退化；

（2）以有机肥为主，化学肥料有限度使用，鼓励使用经国家批准的微生物肥料及中药材专用肥；

（3）自积自用的有机肥须经充分腐熟达到无害化标准，避免掺入杂草、有害物质等；

（4）禁止直接施用城市生活垃圾、工业垃圾、医院垃圾和人粪便。

第四十九条　防治病虫害等应当遵循“预防为主、综合防治”原则，优先采用生物、物理等绿色防控技术；应制定突发性病虫害等的防治预案。

第五十条　企业应当根据种植的中药材实际情况，结合基地的管理模式，明确农药使用要求：

（1）农药使用应当符合国家有关规定；优先选用高效、低毒生物农药；尽量减少或避免使用除草剂、杀虫剂和杀菌剂等化学农药。

（2）使用农药品种的剂量、次数、时间等，使用安全间隔期，使用防护措施等，尽可能使用最低剂量、降低使用次数；

（3）禁止使用：国务院农业农村行政主管部门禁止使用的剧毒、高毒、高残留农药，以及限制在中药材上使用的其他农药；

（4）禁止使用壮根灵、膨大素等生长调节剂调节中药材收获器官生长。

第五十一条　按野生抚育和仿野生栽培方式生产中药材，应当制定野生抚育和仿野生栽培技术规程，如年允采收量、种群补种和更新、田间管理、病虫草害等的管理措施。

第二节　种植管理

第五十二条　企业应当按照制定的技术规程有序开展中药材种植，根据气候变化、药用植物生长、病虫草害等情况，及时采取措施。

第五十三条　企业应当配套完善灌溉、排水、遮阴等田间基础设施，及时维护更新。

第五十四条 及时整地、播种、移栽定植；及时做好多年生药材冬季越冬田地清理。

第五十五条 采购农药、肥料等农业投入品应当核验供应商资质和产品质量，接收、贮存、发放、运输应当保证其质量稳定和安全；使用应当符合技术规程要求。

第五十六条 应当避免灌溉水受工业废水、粪便、化学农药或其他有害物质污染。

第五十七条 科学施肥，鼓励测土配方施肥；及时灌溉和排涝，减轻不利天气影响。

第五十八条 根据田间病虫草害等的发生情况，依技术规程及时防治。

第五十九条 企业应当按照技术规程使用农药，做好培训、指导和巡检。

第六十条 企业应当采取措施防范并避免邻近地块使用农药对种植中药材的不良影响。

第六十一条 突发病虫草害等或者异常气象灾害时，根据预案及时采取措施，最大限度降低对中药材生产的不利影响；要做好生长或者质量受严重影响地块的标记，单独管理。

第六十二条 企业应当按技术规程管理野生抚育和仿野生栽培中药材，坚持“保护优先、遵循自然”原则，有计划地做好投入品管控、过程管控和产地环境管控，避免对周边野生植物造成不利影响。

第三节 养殖技术规程

第六十三条 企业应当根据药用动物生长发育习性和对环境条件的要求等制定养殖技术规程，主要包括以下环节：

（1）种群管理要求：种群结构、谱系、种源、周转等；

（2）养殖场地设施要求：养殖功能区划分，饲料、饮用水设施，防疫设施，其他安全防护设施等；

（3）繁育方法要求：选种、配种等；

（4）饲养管理要求：饲料、饲喂、饮水、安全和卫生管理等；

（5）疾病防控要求：主要疾病预防、诊断、治疗等；

（6）药物使用技术规程；

（七）药用动物属于陆生野生动物管理范畴的，还应当遵守国家人工繁育陆生野生动物的相关标准和规范。

第六十四条　按国务院农业农村行政主管部门有关规定使用饲料和饲料添加剂；禁止使用国务院农业农村行政主管部门公布禁用的物质以及对人体具有直接或潜在危害的其他物质；不得使用未经登记的进口饲料和饲料添加剂。

第六十五条　按国家相关标准选择养殖场所使用的消毒剂。

第六十六条　药用动物疾病防治应当以预防为主、治疗为辅，科学使用兽药及生物制品；应当制定各种突发性疫病发生的防治预案。

第六十七条　按国家相关规定、标准和规范制定预防和治疗药物的使用技术规程：

（1）遵守国务院畜牧兽医行政管理部门制定的兽药安全使用规定；

（2）禁止使用国务院畜牧兽医行政管理部门规定禁止使用的药品和其他化合物；

（3）禁止在饲料和药用动物饮用水中添加激素类药品和国务院畜牧兽医行政管理部门规定的其他禁用药品；经批准可以在饲料中添加的兽药，严格按照兽药使用规定及法定兽药质量标准、标签和说明书使用，兽用处方药必须凭执业兽医处方购买使用；禁止将原料药直接添加到饲料及药用动物饮用水中或者直接饲喂药用动物；

（4）禁止将人用药品用于药用动物；

（5）禁止滥用兽用抗菌药。

第六十八条　制定患病药用动物处理技术规程，禁止将中毒、感染疾病的药用动物加工成中药材。

第四节　养殖管理

第六十九条　企业应当按照制定的技术规程，根据药用动物生长、疾病发生等情况，及时实施养殖措施。

第七十条　企业应当及时建设、更新和维护药用动物生长、繁殖的养殖场所，及时调整养殖分区，并确保符合生物安全要求。

第七十一条　应当保持养殖场所及设施清洁卫生，定期清理和消毒，防止外来污染。

第七十二条　强化安全管理措施，避免药用动物逃逸，防止其他禽畜的影响。

第七十三条　定时定点定量饲喂药用动物，未食用的饲料应当及时清理。

第七十四条　按要求接种疫苗；根据药用动物疾病发生情况，依规程及时确定具体防治方案；突发疫病时，根据预案及时、迅速采取措施并做好记录。

第七十五条　发现患病药用动物，应当及时隔离；及时处理患传染病药用动物；患病药用动物尸体按相关要求进行无害化处理。

第七十六条　应当根据养殖计划和育种周期进行种群繁育，及时调整养殖种群的结构和数量，适时周转。

第七十七条　应当按照国家相关规定处理养殖及加工过程中的废弃物。

第八章　采收与产地加工

第一节　技术规程

第七十八条　企业应当制定种植、养殖、野生抚育或仿野生栽培中药材的采收与产地加工技术规程，明确采收的部位、采收过程中需除去的部分、采收规格等质量要求，主要包括以下环节：

（1）采收期要求：采收年限、采收时间等；

（2）采收方法要求：采收器具、具体采收方法等；

（3）采收后中药材临时保存方法要求；

（4）产地加工要求：拣选、清洗、去除非药用部位、干燥或保鲜，以及其他特殊加工的流程和方法。

第七十九条　坚持“质量优先、兼顾产量”原则，参照传统采收经验和现代研究，明确采收年限范围，确定基于物候期的适宜采收时间。

第八十条　采收流程和方法应当科学合理；鼓励采用不影响药材质量和产量的机械化采收方法；避免采收对生态环境造成不良影响。

第八十一条　企业应当在保证中药材质量前提下，借鉴优良的传统方法，确定适宜的中药材干燥方法；晾晒干燥应当有专门的场所或场地，避免污染或混淆的风险；鼓励采用有科学依据的高效干燥技术以及集约化干燥技术。

第八十二条　应当采用适宜方法保存鲜用药材，如冷藏、砂藏、罐贮、生物保鲜等，并明确保存条件和保存时限；原则上不使用保鲜剂和防腐剂，如必须使用应当符合国家相关规定。

第八十三条　涉及特殊加工要求的中药材，如切制、去皮、去心、发汗、蒸、煮等，应根据传统加工方法，结合国家要求，制定相应的加工技术规程。

第八十四条　禁止使用有毒、有害物质用于防霉、防腐、防蛀；禁止染色增重、漂白、掺杂使假等。

第八十五条　毒性、易制毒、按麻醉药品管理中药材的采收和产地加工，应当符合国家有关规定。

第二节　采收管理

第八十六条　根据中药材生长情况、采收时气候情况等，按照技术规程要求，在规定期限内，适时、及时完成采收。

第八十七条　选择合适的天气采收，避免恶劣天气对中药材质量的影响。

第八十八条　应当单独采收、处置受病虫草害等或者气象灾害等影响严重、生长发育不正常的中药材。

第八十九条　采收过程应当除去非药用部位和异物，及时剔除破损、腐烂变质部分。

第九十条　不清洗直接干燥使用的中药材，采收过程中应当保证清洁，不受外源物质的污染或者破坏。

第九十一条　中药材采收后应当及时运输到加工场地，及时清洁装载容器和运输工具；运输和临时存放措施不应当导致中药材品质下降，不产生新污染及杂物混入，严防淋雨、泡水等。

第三节 产地加工管理

第九十二条 应当按照统一的产地加工技术规程开展产地加工管理，保证加工过程方法的一致性，避免品质下降或者外源污染；避免造成生态环境污染。

第九十三条 应当在规定时间内加工完毕，加工过程中的临时存放不得影响中药材品质。

第九十四条 拣选时应当采取措施，保证合格品和不合格品及异物有效区分。

第九十五条 清洗用水应当符合要求，及时、迅速完成中药材清洗，防止长时间浸泡。

第九十六条 应当及时进行中药材晾晒，防止晾晒过程雨水、动物等对中药材的污染，控制环境尘土等污染；应当阴干药材不得曝晒。

第九十七条 采用设施、设备干燥中药材，应当控制好干燥温度、湿度和干燥时间。

第九十八条 应当及时清洁加工场地、容器、设备；保证清洗、晾晒和干燥环境、场地、设施和工具不对药材产生污染；注意防冻、防雨、防潮、防鼠、防虫及防禽畜。

第九十九条 应当按照制定的方法保存鲜用药材，防止生霉变质。

第一百条 有特殊加工要求的中药材，应当严格按照制定的技术规程进行加工，如及时去皮、去心，控制好蒸、煮时间等。

第一百零一条 产地加工过程中品质受到严重影响的，原则上不得作为中药材销售。

第九章 包装、放行与储运

第一节 技术规程

第一百零二条 企业应当制定包装、放行和储运技术规程，主要包括以下环节：

（1）包装材料及包装方法要求：包括采收、加工、贮存各阶段的包装材料要求及包装方法；

（2）标签要求：标签的样式，标识的内容等；

（3）放行制度：放行检查内容，放行程序，放行人等。

（4）贮存场所及要求：包括采收后临时存放、加工过程中存放、成品存放等对环境条件的要求；

（5）运输及装卸要求：车辆、工具、覆盖等的要求及操作要求；

（6）发运要求。

第一百零三条　包装材料应当符合国家相关标准和药材特点，能够保持中药材质量；禁止采用肥料、农药等包装袋包装药材；毒性、易制毒、按麻醉药品管理中药材应当使用有专门标记的特殊包装；鼓励使用绿色循环可追溯周转筐。

第一百零四条　采用可较好保持中药材质量稳定的包装方法，鼓励采用现代包装方法和器具。

第一百零五条　根据中药材对贮存温度、湿度、光照、通风等条件的要求，确定仓储设施条件；鼓励采用有利于中药材质量稳定的冷藏、气调等现代贮存保管新技术、新设备。

第一百零六条　明确贮存的避光、遮光、通风、防潮、防虫、防鼠等养护管理措施；使用的熏蒸剂不能带来质量和安全风险，不得使用国家禁用的高毒性熏蒸剂；禁止贮存过程使用硫黄熏蒸。

第一百零七条　有特殊贮存要求的中药材贮存，应当符合国家相关规定。

第二节　包装管理

第一百零八条　企业应当按照制定的包装技术规程，选用包装材料，进行规范包装。

第一百零九条　包装前确保工作场所和包装材料已处于清洁或者待用状态，无其他异物。

第一百一十条　包装袋应当有清晰标签，不易脱落或者损坏；标示内容包括品名、基原、批号、规格、产地、数量或重量、采收日期、包装日期、保质期、追溯标志、企业名称等信息。

第一百一十一条　确保包装操作不影响中药材质量，防止混淆和差错。

第三节　放行与储运管理

第一百一十二条　应当执行中药材放行制度，对每批药材进行质量评价，审核生产、检验等相关记录；由质量管理负责人签名批准放行，确保每批中药材生产、检验符合标准和技术规程要求；不合格药材应当单独处理，并有记录。

第一百一十三条　应当分区存放中药材，不同品种、不同批中药材不得混乱交叉存放；保证贮存所需要的条件，如洁净度、温度、湿度、光照和通风等。

第一百一十四条　应当建立中药材贮存定期检查制度，防止虫蛀、霉变、腐烂、泛油等的发生。

第一百一十五条　应当按技术规程要求开展养护工作，并由专业人员实施。

第一百一十六条　应当按照技术规程装卸、运输；防止发生混淆、污染、异物混入、包装破损、雨雪淋湿等。

第一百一十七条　应当有产品发运的记录，可追查每批产品销售情况；防止发运过程中的破损、混淆和差错等。

第十章　文　件

第一百一十八条　企业应当建立文件管理系统，全过程关键环节记录完整。

第一百一十九条　文件包括管理制度、标准、技术规程、记录、标准操作规程等。

第一百二十条　应当制定规程，规范文件的起草、修订、变更、审核、批准、替换或撤销、保存和存档、发放和使用。

第一百二十一条　记录应当简单易行、清晰明了；不得撕毁和任意涂改；记录更改应当签注姓名和日期，并保证原信息清晰可辨；记录重新誊写，原记录不得销毁，作为重新誊写记录的附件保存；电子记录应当符合相关规定；记录保存至该批中药材销售后至少三年以上。

第一百二十二条　企业应当根据影响中药材质量的关键环节，结合管理实际，明确生产记录要求：

（1）按生产单元进行记录，覆盖生产过程的主要环节，附必要照片或者图像，保证可追溯；

（2）药用植物种植主要记录：种子种苗来源及鉴定，种子处理，播种或移栽、定植时间及面积；肥料种类、施用时间、施用量、施用方法；重大病虫草害等的发生时间、为害程度，施用农药名称、来源、施用量、施用时间、方法和施用人等；灌溉时间、方法及灌水量；重大气候灾害发生时间、危害情况；主要物候期。

（3）药用动物养殖主要记录：繁殖材料及鉴定；饲养起始时间；疾病预防措施，疾病发生时间、程度及治疗方法；饲料种类及饲喂量。

（4）采收加工主要记录：采收时间及方法；临时存放措施及时间；拣选及去除非药用部位方式；清洗时间；干燥方法和温度；特殊加工手段等关键因素。

（5）包装及储运记录：包装时间；入库时间；库温度、湿度；除虫除霉时间及方法；出库时间及去向；运输条件等。

第一百二十三条　培训记录包括培训时间、对象、规模、主要培训内容、培训效果评价等。

第一百二十四条　检验记录包括检品信息、检验人、复核人、主要检验仪器、检验时间、检验方法和检验结果等。

第一百二十五条　企业应当根据实际情况，在技术规程基础上，制定标准操作规程用于指导具体生产操作活动，如批的确定、设备操作、维护与清洁、环境控制、贮存养护、取样和检验等。

第十一章　质量检验

第一百二十六条　企业应当建立质量控制系统，包括相应的组织机构、文件系统以及取样、检验等，确保中药材质量符合要求。

第一百二十七条　企业应当制定质量检验规程，对自己繁育并在生产基地使用的种子种苗或其他繁殖材料、生产的中药材实行按批检验。

第一百二十八条 购买的种子种苗、农药、商品肥料、兽药或生物制品、饲料和饲料添加剂等，企业可不检测，但应当向供应商索取合格证或质量检验报告。

第一百二十九条 检验可以自行检验，也可以委托第三方或中药材使用单位检验。

第一百三十条 质量检测实验室人员、设施、设备应当与产品性质和生产规模相适应；用于质量检验的主要设备、仪器，应当按规定要求进行性能确认和校验。

第一百三十一条 用于检验用的中药材、种子种苗或其他繁殖材料，应当按批取样和留样：

(1)保证取样和留样的代表性；

(2)中药材留样包装和存放环境应当与中药材贮存条件一致，并保存至该批中药材保质期届满后三年；

(3)中药材种子留样环境应当能够保持其活力，保存至生产基地中药材收获后三年；种苗或药用动物繁殖材料依实际情况确定留样时间；

(4)检验记录应当保留至该批中药材保质期届满后三年。

第一百三十二条 委托检验时，委托方应当对受托方进行检查或现场质量审计，调阅或者检查记录和样品。

第十二章 内 审

第一百三十三条 企业应当定期组织对本规范实施情况的内审，对影响中药材质量的关键数据定期进行趋势分析和风险评估，确认是否符合本规范要求，采取必要改进措施。

第一百三十四条 企业应当制定内审计划，对质量管理、机构与人员、设施设备与工具、生产基地、种子种苗或其他繁殖材料、种植与养殖、采收与产地加工、包装放行与储运、文件、质量检验等项目进行检查。

第一百三十五条 企业应当指定人员定期进行独立、系统、全面的内审，或者由第三方依据本规范进行独立审核。

第一百三十六条　内审应当有记录和内审报告；针对影响中药材质量的重大偏差，提出必要的纠正和预防措施。

第十三章　投诉、退货与召回

第一百三十七条　企业应当建立投诉处理、退货处理和召回制度。

第一百三十八条　企业应当建立标准操作规程，规定投诉登记、评价、调查和处理的程序；规定因中药材缺陷发生投诉时所采取的措施，包括从市场召回中药材等。

第一百三十九条　投诉调查和处理应当有记录，并注明所调查批次中药材的信息。

第一百四十条　企业应当指定专人负责组织协调召回工作，确保召回工作有效实施。

第一百四十一条　应当有召回记录，并有最终报告；报告应对产品发运数量、已召回数量以及数量平衡情况予以说明。

第一百四十二条　因质量原因退货或者召回的中药材，应当清晰标识，由质量部门评估，记录处理结果；存在质量问题和安全隐患的，不得再作为中药材销售。

第十四章　附　则

第一百四十三条　本规范所用下列术语的含义是：

（1）中药材

指来源于药用植物、药用动物等资源，经规范化的种植（含生态种植、野生抚育和仿野生栽培）、养殖、采收和产地加工后，用于生产中药饮片、中药制剂的药用原料。

（2）生产单元

基地中生产组织相对独立的基本单位，如一家农户，农场中一个相对独立的作业队等。

（3）技术规程

指为实现中药材生产顺利、有序开展，保证中药材质量，对中药材生产的基地选址，种子种苗或其他繁殖材料，种植、养殖，野生抚育或者仿野生栽培，采收与产地加工，包装、放行与储运等所做的技术规定和要求。

（4）道地产区

该产区所产的中药材经过中医临床长期应用优选，与其他地区所产同种中药材相比，品质和疗效更好，且质量稳定，具有较高知名度。

（5）种子种苗

药用植物的种植材料或者繁殖材料，包括籽粒、果实、根、茎、苗、芽、叶、花等，以及菌物的菌丝、子实体等。

（6）其他繁殖材料

除种子种苗之外的繁殖材料，包括药用动物供繁殖用的种物、仔、卵等。

（7）种质

生物体亲代传递给子代的遗传物质。

（8）农业投入品

生产过程中所使用的农业生产物资，包括种子种苗或其他繁殖材料、肥料、农药、农膜、兽药、饲料和饲料添加剂等。

（9）综合防治

指有害生物的科学管理体系，是从农业生态系统的总体出发，根据有害生物和环境之间的关系，充分发挥自然控制因素的作用，因地制宜、协调应用各种必要措施，将有害生物控制在经济允许的水平以下，以获得最佳的经济、生态和社会效益。

（10）产地加工

中药材收获后必须在产地进行连续加工的处理过程，包括拣选、清洗、去除非药用部位、干燥及其他特殊加工等。

（11）生态种植

应用生态系统的整体、协调、循环、再生原理，结合系统工程方法设计，综合考虑经济、生态和社会效益，应用现代科学技术，充分应用能量的多级利用和物质的循环再生，实现生态与经济良性循环的中药农业种植方式。

（12）野生抚育

在保持生态系统稳定的基础上，对原生境内自然生长的中药材，主要依靠自然条件、辅以轻微干预措施，提高种群生产力的一种生态培育模式。

（13）仿野生栽培

在生态条件相对稳定的自然环境中，根据中药材生长发育习性和对环境条件的要求，遵循自然法则和生物规律，模仿中药材野生环境和自然生长状态，再现植物与外界环境的良好生态关系，实现品质优良的中药材生态培育模式。

（14）批

同一产地且种植地、养殖地、野生抚育或者仿野生栽培地的生态环境条件基本一致，种子种苗或其他繁殖材料来源相同，生产周期相同，生产管理措施基本一致，采收期和产地加工方法基本一致，质量基本均一的中药材。

（15）放行

对一批物料或产品进行质量评价后，做出批准使用、投放市场或者其他决定的操作。

（16）储运

包括中药材的贮存、运输等。

（17）发运

指企业将产品发送到经销商或者用户的一系列操作，包括配货、运输等。

（18）标准操作规程

也称标准作业程序，是依据技术规程将某一操作的步骤和标准，以统一的格式描述出来，用以指导日常的生产工作。

第一百四十四条　本规范自发布之日起施行（2022 年 3 月 1 日）。

附录 6

中药材饮片的生产工艺

一、中药材净选工艺流程

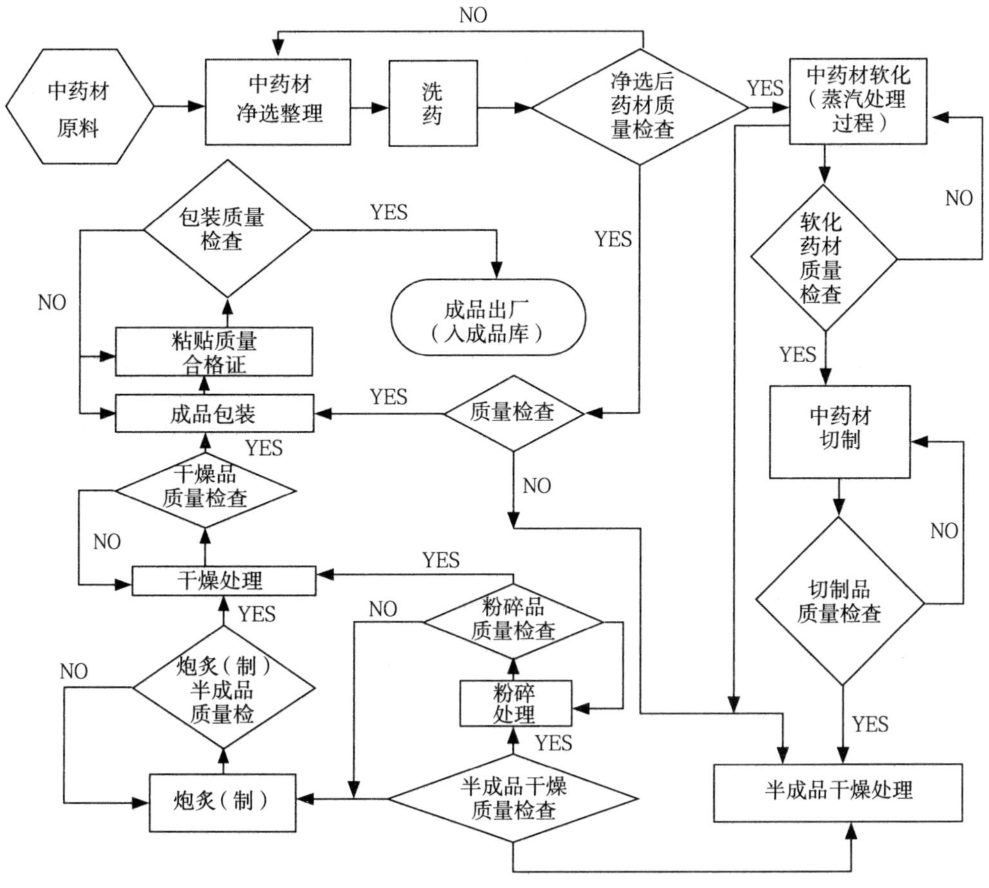

中药材净选过程工艺流程图

1. 净选过程的质量控制要点

（1）挑选整理：除去杂质、非入药部位和变质失效者。

（2）挑选整理方法：拣选、风选、筛选、剪、切、刮削、剔除、刷、搽、碾串等方法。

（3）各类药材采取的方法

根及根茎类：拣选、剪、切、刮、剔除、刷等方法。

种子果实类：风选、筛选、碾串等方法。

全草类：拣选、剪等方法。

花叶类：拣选、剪、切等方法。

皮类（茎皮及根皮）：拣选、剪、切、剔除、搽、刷等方法。

藤（茎）木类：切、刮、剪等方法。

树脂类：拣选、剔除、刮等方法。

菌藻类：拣选、刷、刮等方法。

动物类：剪、切、刮、搽（"chá"涂抹）、刷等方法。

矿物类：剔除、刮、搽碾（"niǎn"压平）、串等方法。

（4）洗药：洗涤至无泥沙、无其他杂质为止。

（5）质量要求：经挑选整理后的药材必须分档加工，无伪品，无虫蛀、霉变、走油变色，无杂质。

2. 净选过程的质量指标

（1）根、根茎、藤木、叶、花、皮类，泥沙和非药用部位等杂质不得超过 2%。

（2）果实、种子类，泥沙和非药用部位等杂质不得超过 3%。

（3）全草类，不允许有非药用部位，泥沙等杂质不得超过 3%。

（4）动物类，附着物、腐肉和非药用部位等杂质不得超过 2%。

（5）矿物类，夹石、非药用部位等杂质不得超过 2%。

（6）菌藻类，杂质不得超过 3%。

（7）树脂类，杂质不得超过 3%。

（8）需去毛、刺的药材，其未去净茸毛和硬刺的药材不得超过 1%。

3. 净选过程检查方法

取定量样品，过二号或三号筛筛净灰屑，拣出非药用部位等杂质，合并称重计算。

$$杂质\% = \frac{非药用部位的重量}{样品重量} \times 100\%$$

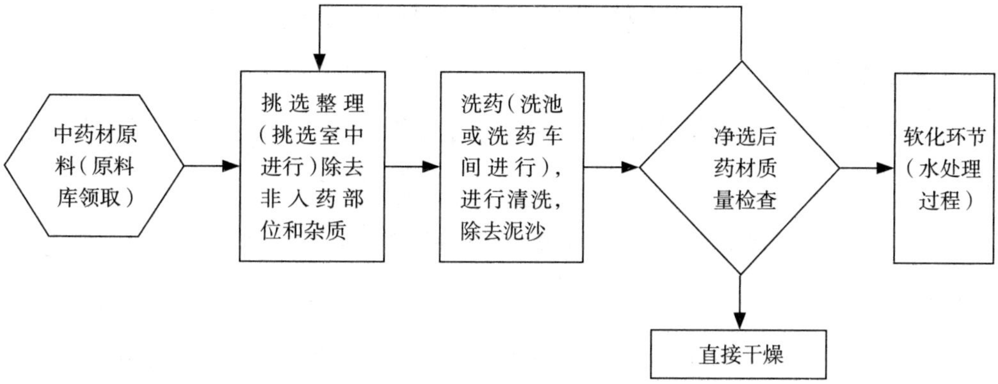

中药材软化（水处理）过程生产工艺流程图

二、中药材软化（水处理）生产工艺流程

1.中药材软化质量控制要点

（1）分档：中药材在水处理过程中，应按大小、粗细、软硬程度等分别处理，注意掌握气温、水量、时间等条件。除必须浸泡者外，一般都应坚持“少泡多润”“药透汁尽”的原则。

（2）水处理方法：喷淋、淘洗、浸泡、漂洗、润渍等方法。

根及根茎类：质地较硬的根及根茎类药材多采用淘洗、浸泡、漂洗等方法；质地软的根及根茎类药材多采用喷淋、润渍等方法。

种子果实类：喷淋、淘洗等方法。

全草类：喷淋、淘洗等方法。

叶类：喷淋、淘洗等方法。

皮类（茎皮及根皮）：喷淋、淘洗等方法。

藤（茎）木类：浸泡、漂洗、润渍等方法。

菌藻类：喷淋、略漂洗等方法，冬虫夏草不宜用液体处理。

动物类：漂洗、浸泡、润渍等方法。

（3）蒸煮软化：部分药材与水接触易发生有效成分的变化，不宜直接与冷水处理的药材。黄芩需沸水喷淋、蒸煮达到软化程度。

2. 中药材软化质量要求

必须无泥沙等杂质，无伤水、腐败，无霉变异味，软硬均匀适度。

3. 中药材软化质量指标

（1）喷淋：经清水喷洒或喷淋的药材应略润或润透。未润透后水分过大的不得超过 5%。

（2）淘洗：经清水淘洗、冲洗或抢水洗的药材，不得伤水。水分过大和未透者不得超过 5%。

（3）浸泡：经清水或液体辅料浸泡的药材，应软硬适度，未泡透的不得超过 5%，伤水的不得超过 3%。

（4）漂洗：经漂洗需去除腥味、咸味、毒性或需浸洗透心的药材，漂洗后应无或微有腥味、咸味，内无白心，有毒药材略有麻辣味，不得有霉变、腐烂、酸败。

（5）润渍：经清水润过的药材，应软硬适度，不伤水、不酸败，润透程度一致。未润透的不得超过 5%。

4. 中药材软化检查方法

（1）取定量样品，用下列方法拣出未润透和水分过大的药材，合并称重计算。

①刀劈：质地坚硬药材用刀劈开，内心应有潮湿痕迹。

②指掐：团块状药材用指甲应能掐入药材表体（白术、天花粉）。

③穿刺法（针刺法）：用钢针穿刺药材中心应无坚硬感（大黄、虎杖）。

④弯曲：长条形药材用手弯曲应曲而不折断（白芍、山药）。

⑤口尝：口尝断面应无异味。

⑥鼻闻：应有该药材特有气味，无异味。

（2）表面泥土较重的药材，取定量样品置清水中淘（冲）洗，洗水不得有明显的沉积物。

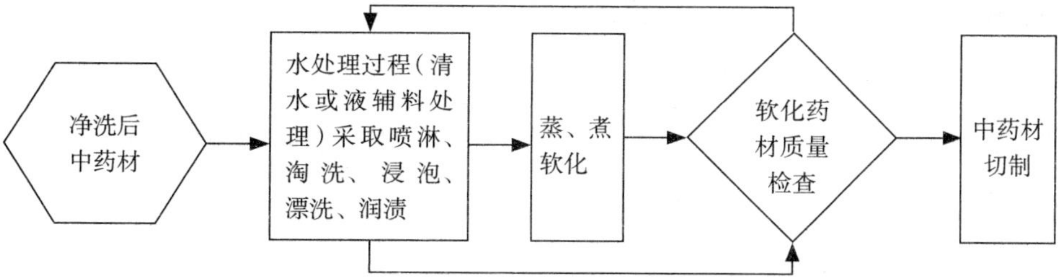

中药材切制过程生产工艺流程图

三、中药材切制过程生产工艺流程

1. 中药材切制质量控制要点

(1)片形

质地疏松或坚实的根及根茎类、菌类药材厚片 2~4mm(切制斜片:厚度数 2~4mm、直顺片:厚度 2~4mm)。

皮类(根皮及茎皮)药材切制成细丝:皮类丝宽 2~3mm。

质地坚硬的根及根茎类、藤木类和部分动物角类药材切制成极薄片 0.5mm 以下。

质地较紧实,不易切碎的药材成薄片 1~2mm。

质地疏松或坚实的根及根茎类、菌类药材厚片 2~4mm。

(2)极薄片不得超过该品种标准厚度的 0.5mm;薄片、厚片、丝、块不得超过标准 1mm;段不得超过标准的 2mm。

(3)异形片不得超过 10%。

(4)中药材切制检查方法:取定量样品拣出异型片计算。

$$\text{异形片}\,\% = \frac{\text{异形片重量}}{\text{取样量}} \times 100\%$$

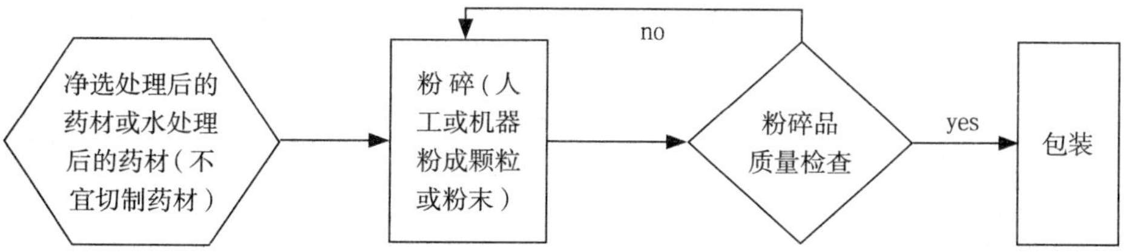

中药材粉碎处理生产工艺流程图

四、中药材粉碎处理生产工艺流程

1. 中药材粉碎质量控制要点

粉碎：矿物药、部分种子果实类药、部分菌类等不宜切制的药材，根药材入

2. 药需进行粉碎

中药材粉碎质量要求：

最粗粉：能全部通过一号筛，通过三号筛的不超过 20%。

粗粉：能全部通过二号筛，通过四号筛的不超过 40%。

中粉：能全部通过四号筛，通过五号筛的不超过 60%。

细粉：能全部通过五号筛，含通过六号筛的不少于 95%。

最细粉：能全部通过六号筛，含通过七号筛的不少于 95%。

极细粉：能全部通过八号筛，含通过九号筛的不少于 95%。

3. 中药材粉碎检查方法

取定量样品，用规定筛号过筛，称重计算。

$$杂质\% = \frac{筛子上的药粉重量}{药粉的总重量} \times 100\%$$

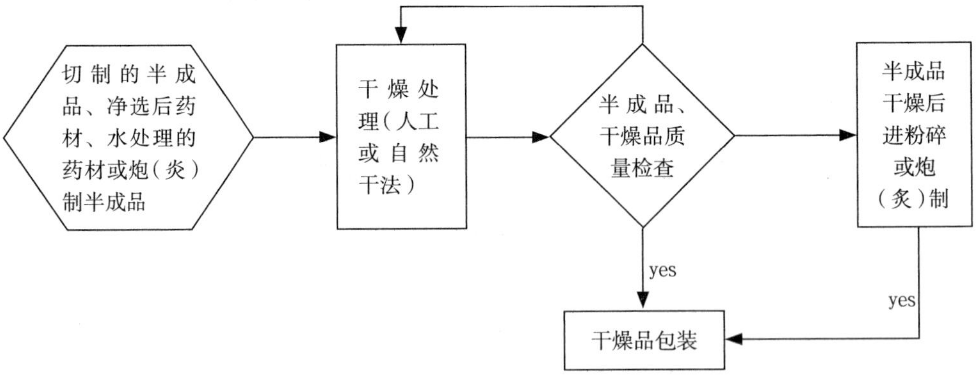

中药饮片半成品干燥过程生产工艺流程图

五、中药饮片半成品干燥过程生产工艺流程

1. 中药饮片半成品干燥过程质量控制要点

（1）人工干燥：利用蒸气烘干、干燥箱烘干或炕干方法对水处理、切制、粉碎、炮制后的饮片进行干燥时，要注意控制温度，一般饮片干燥温度不超过80℃；含挥发性成分的饮片，干燥温度不超过60℃。

（2）自然干燥：利用自然阳光干燥时，注意控制周边环境对饮片的影响，饮片不宜直接与地面接触，防止污染，影响饮片质量。部分花类药材或者含挥发油类的药材不宜直接在阳光下曝晒，防止变色，需要有一定的遮光措施（阴干）。

2. 中药饮片半成品干燥过程质量要求

干燥后的饮片，必须干湿均匀，保持固有、气味，片型整齐。

3. 中药饮片半成品干燥过程质量指标

（1）水分：饮片7%~13%，个别品种除外。

（2）干燥后不得变色：中药饮片半成品干燥过程检查方法：取定量样品，按《中华人民共和国药典》2015年版附则中测定水分方法进行中药饮片水分测定。

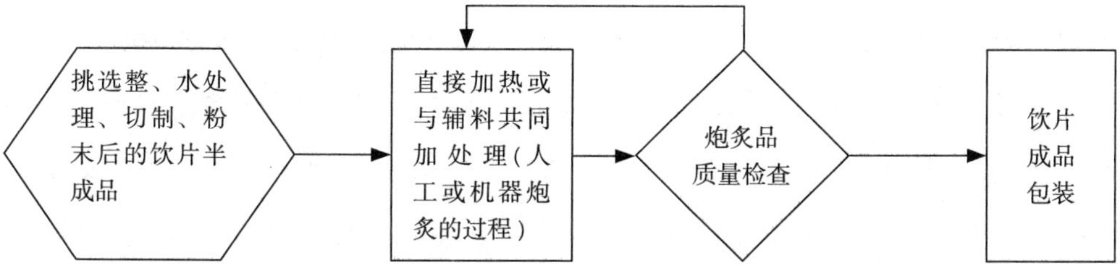

中药饮片炮炙生产工艺流程图

六、中药饮片炮炙生产工艺流程

1. 中药饮片炮炙质量控制要点

（1）炒制：在中药饮片炒制过程中，注意控制温度。炒制过程中，火力要均匀，不断翻动。根据药材的特性和炮炙的要求，分为：炒黄、炒焦、炒碳。

（2）炒黄：适宜种子果类药材（逢子必炒、逢子必破）。将净药材或饮片置热锅内，文火炒至表面呈黄色或较原色稍深，或膨胀鼓起，种皮破，并透出固有香气

时，取出放凉，防止炒黄的药物焦化。

（3）炒焦：适宜种子果类药物。将药材或饮片置热锅内，用中火炒至表面呈现焦黄色或焦褐色，断面颜色加深，并透出焦香气味或达到规定程度，取出，放凉。炒焦易燃的药材，可喷洒量清水或炒干或晒干。炒焦的药物多用中火，防止炭化。

（4）炒炭：止血将净选或切制后的药物，置炒制容器内，用武火或中加热，炒至药材表面呈现焦黑色，内部颜色呈焦黄色或焦褐色。或规定程度时，喷淋清水少许，熄灭火星，取出，晾干。注意炒炭存放，防止药材灰化。

（5）加辅料炒：是指药物与固体辅料共同拌炒的方法。常用的方法有麸炒、土炒、米炒。

①麸炒：用中火将锅烧热，撒入定量麦麸，至冒烟时投入药物，快速均匀翻动，炒至药物表面呈焦黄色或黄色，麦麸呈焦黑色时，取出，筛去麦麸，放凉。一般每 100kg 药物，用麦麸 10~15kg。麸炒的药物要求干燥，以免药物黏附焦化麦麸。多用中火，防止药物焦化。

②土炒：将土研成细粉，置于锅内，武火加热，炒至呈活状态时，投入净药物拌炒，至表面均匀挂上一层土粉，物表面呈焦黄色，色泽均匀。并透出药物固有的香气时，取出，筛去土粉，放凉。一般药物 100kg 药物，用土粉 20~25kg。

③米炒：先将锅炒热，加入定量的米和净药物，不断翻炒至米呈焦黄色，药物变色或至规定程度时，取出，筛去焦米，放凉。一般每 100kg 药物，用米 20kg。

（6）炙法：是指药物加入液体辅料拌炒的方法。根据辅料的不同。炙法可分为蜜炙、酒炙、盐炙、油炙、姜汁炙、米泔水炙等。

①蜜炙：先拌蜜后炒药，蜜炙时，应将炼蜜加适量开水稀释后，加入净药物或饮片中拌匀，闷透，置锅内，文火炒至药物颜色加深，不粘手，或规定程度时，取出，放凉，封闭贮存。一般 100kg 药物，用炼蜜 25kg。

②酒炙：取净药材或饮片，加入定量黄酒拌匀，如不易拌匀时可将酒加适量水稀释后与药物拌匀，闷透，置锅内，文火炒至近干，或药物颜色加深，或至规定程时，取出，放凉。除另有规定外，一般每 100kg 药物，用黄酒 10kg。

③醋炙：先拌醋后炒药，取净药物或饮片，加定量醋拌匀，如不易拌匀时，可

将醋加适量水稀释后，与药物拌匀，闷透，置锅内，文火炒至近干，或药物颜色加深，或至规定程度时，取出，放凉。一般每 100kg 药物，用醋 10~30kg。

④盐炙：先拌盐水后炒药，取净药物或饮片，加盐水拌匀，闷透，置锅内，用文火炒至药物表面呈黄色或微带焦斑，或规定程度时，取出放凉。一般每 100kg 药物用食盐 2kg。

⑤油炙：用油炸或油拌炒药材的方法，常用芝麻油、羊脂油，使药材炙后酥脆、易于粉碎，有效成分易煎出，并可祛毒。将油置锅中熬至微沸，投入药材，随时翻动，炙炸至药物表面呈黄色或焦黄色，油润酥松，色泽均匀。取出晾凉。用油量视炸炙药材多少而定。

⑥姜汁炙：生姜捣烂，榨取其汁，与药材拌匀焖润使姜汁吸尽，置锅内文火炒至微黄或黄色，略见焦斑，色泽均匀，有辅料香气时取出。一般为每千克药材用姜汁 100~250mL。

⑦米泔水炙：用米泔水（用第二次淘米水）喷洒湿润，置锅内用文火炒至微黄色药。

（7）烫制：常用的辅料有净砂子、蛤粉、滑石粉。烫后的药物表面呈焦黄色或黄褐色，色泽均匀，鼓起泡酥或爆裂起花。须醋淬的应有醋香气，干燥，不得有辅料。

①沙烫：选取颗粒均匀洁净之粗砂，置锅内加热至 100℃以上，放入药材翻炒，使药材均匀受热，表面逐渐鼓起，内部组织由坚硬转为松脆，直至表面焦黄，倒入铁筛中筛去沙粒。需要醋淬者，可乘热倾入醋中，取出晾干使用。

②蛤粉烫：蛤粉受热传热较沙慢，烫药不易焦。动物胶类常用蛤粉烫，使内外受热均匀，质坚韧转为松脆。

③滑石粉烫，将洁净的滑石粉依蛤粉烫操作。

（8）蒸制：是将净药材或切制品直接或加入液体辅料拌匀后置于蒸罐或笼中隔水加热进行蒸制的方法。蒸制后的药物表面略鼓起，内无生心，色泽黑润，有辅料特有气味。

（9）煮制：是指将净药材或切制品加水或液体辅料共煮的方法。主要分为清水煮、矾水煮、醋煮、药汁煮、豆腐煮等。煮制时用“武火煮沸，文火煮透”。

①清水煮、矾水煮：煮后药物内外应色泽一致，无白心；有毒药材必须煮至口尝无麻辣感或微有麻辣感。

②醋煮：取净药物或饮片，加定量醋拌匀，置锅内煮至透匀为度。煮后药物表面黄色或棕褐色，有醋香气。一般每100kg药物，用醋10~30kg。“引药入肝”甘遂、大戟、芫花、商陆。

③药汁煮、豆腐煮：药物表面较原色加深，色泽均匀。

④燀制：药物在沸水中短时间处理的方法，燀至种皮由皱缩到舒展，能搓去皮时，捞出，放入冷水中，有助于除去非药用部分，及破坏酶的活性，使有效成分得以保存。

（10）煨制：将药材用湿纸、面团包裹置于炭火中，烘房中烘烤，或放于锅内烫炒的方法，药物表面较原色加深，色泽均匀，有特殊香气。以除去不利于治疗的油脂、挥发性物质，达到缓和药性的目的。

①面裹煨：将面粉加水和成团块，包裹药材，放锅内以热沙土烫煨，或直接放入炭火中，煨至面黄黑为度，除皮备用。

②纸浆煨：利用粗草纸将药物包裹三层以上，放入水中湿透，置锅内热沙中或炭火中煨至焦黄为度。

③隔纸煨：将药材切成饮片，平铺在草纸上、药片上又铺纸，纸上又铺药，这样层层堆起，置炉火旁烘烤，使部分挥发性成分及油脂，受热渗到草纸中，以减低烈性和副作用。

④直接煨：将药物直接埋于无焰之灰火中，使药物受热而发泡或近裂，质地松脆。

（11）煅制：用强火烧制药物的方法，使药材松脆、性能改变、有效成分易于煎出，药材易于加工粉碎。煅可分为明煅、暗煅两类，矿石类要煅到红透为度，时间宜长；贝壳类只要煅至微红为度，时间宜短。

①明煅：将药材直接置火上或锅内煅烧。直火煅烧至药材红透为止，如磁石、自然铜、礞石、牡蛎、石决明等；或将药物置坩埚内煅，使熔化、发生气泡，待完

全冷却后取出，如白矾煅后为枯矾，硼砂（月石）煅后为煅月石等。

②暗煅：（焖煅或干馏）：将药材放于锅中，上盖一小锅，合缝处以黄泥封固，上压一重物，小锅上放数粒米，以文火烤烧，等米变焦黄，停火后取出药材，本法适于煅炭。

（12）发芽类：将稻、谷、豆等用水浸湿润，在一定温度下使其发芽。发芽之目的，主要在于增加药物的健脾和胃，助消化，解表邪的作用。注意发芽的温度和芽的长度。一般发芽时的温度控制在18~25℃，发芽的种应取新鲜、成熟、饱满的果实或种子，要求发芽充满在85%以上。

（13）发酵类：将药物加水加温，在一定温湿度条件下，使其发酵生上菌丝。如六神曲、半夏曲做成小块后，用草或麻袋盖紧，待其发酵药物表面有黄白色霉衣，无霉气，不腐烂，有药材固有气味，取出晒干。不得检出黄曲霉、活螨等致病菌。

（14）制霜：将含油脂的药物去壳研碎，用数层草纸纱布包裹、压榨去其油脂，反复数次至无油为度，所得粉末称“霜”。

（15）水飞：系借药物的微粒大小不同，在水中有不同的沉降速度，以制取微细粉末的一种方法。一般常用于矿物类药材，操作时把已经粉碎的药物加水共研，研至乳钵底部无响声时，再加较多的清水搅拌，这样药材自然细浮粗沉，倾倒出上部的混悬液，然后再将剩下的粗末继续加水研磨，如此反复操作，至全部药材都变成混悬液为止。将混悬液合并静置沉淀，倾出清水，将沉淀物晒干研细备用文火：手掌与锅口平，微有烤手感。武火：人站在锅前，有烤脸感。

2. 中药饮片炮炙质量要求

炮炙后的饮片应保持原片型，色泽均匀，炮炙适度，药屑、杂质应严格控制在规定的范围内。

3. 中药饮片炮炙质量指标

（1）清炒：是指不加辅料的炒法。分为炒黄、炒焦、炒炭。

①炒黄：药物表面微黄或鼓起或爆裂，色泽均匀，有药材固有气味，生片、糊片不得超过2%，药屑杂质不得超过1%。

②炒焦：药物表面焦褐色，色泽均匀，有焦香气，生片、炭化片不得超过3%，

药屑杂质不得超过 2%。

③炒炭：药物表面黑色，内室焦褐色或焦黄色，存性，并基本保存原片型。生片和完全炭化片不得超过 5%，药屑杂质不得超过 3%，不允许灰化。

（2）加辅料炒：是指药物与固体辅料共同拌炒的方法。常用的方法有麸炒、土炒、米炒。

①麸炒：药物表面呈焦黄色或黄色，色泽均匀，有药材固有气味，生片、糊片不得超过 2%，药屑杂质不得超过 2%。

②土炒：药物表面呈焦黄色，色泽均匀。生片、糊片不得超过 2%，药屑杂质不得超过 3%。

③米炒：炒至米呈焦黄色，饮片较原色稍深，色泽均匀。生片、糊片不得超过 2%，药屑杂质不得超过 1%。

（3）炙法：是指药物加入液体辅料拌炒的方法。根据辅料的不同。炙法可分为蜜炙、酒炙、盐炙、油炙、姜汁炙、米泔水炙等。

①蜜炙：色泽均匀，有光泽，不粘手，有辅料香气。生片、糊片不得超过 2%，药屑杂质不得超过 0.5%，水分不得超过 15%。

②酒炙：药物表面呈黄色或微带焦斑，色泽均匀，有辅料香气。生片、糊片不得超过 2%，药屑杂质不得超过 1%，水分不得超过 13%。

③醋炙：药物表面呈黄色或微带焦斑，色泽均匀，有辅料香气。生片、糊片不得超过 2%，药屑杂质不得超过 1%，水分不得超过 13%。

④盐炙：药物表面呈黄色或微带焦斑，色泽均匀，有辅料香气。生片、糊片不得超过 2%，药屑杂质不得超过 1%，水分不得超过 13%。

⑤油炙：药物表面呈黄色或焦黄色，油润酥松，色泽均匀。生片、糊片不得超过 2%，药屑杂质不得超过 0.5%。

⑥姜汁炙：药物表面呈黄色，色泽均匀，有辅料香气。生片、糊片不得超过 2%，药屑杂质不得超过 1%，水分不得超过 13%。

⑦米泔水炙：药物表面呈微黄色，色泽均匀。生片、糊片不得超过 2%，药屑杂质不得超过 1%，水分不得超过 13%。

（4）烫制：常用的辅料有净砂子、蛤粉、滑石粉。烫后的药物表面呈焦黄色或黄褐色，色泽均匀，鼓起泡酥或爆裂起花。须醋淬的应有醋香气，干燥，不得有辅料。僵片、生片、糊片不得超过 2%，药屑杂质不得超过 3%，醋淬品水分不得超过 1%。

（5）蒸制：是将净药材或切制品直接或加入液体辅料拌匀后蒸制的方法。蒸制后的药物表面略鼓起，内无生心，色泽黑润，有辅料特有气味。未蒸透的不得超过 3%。

（6）煮制：是指将净药材或切制品加水或液体辅料共煮的方法。主要分为清水煮、矾水煮、醋煮、药汁煮、豆腐煮等。

①清水煮、矾水煮：煮后药物内外应色泽一致，无白心；有毒药材必须煮至口尝无麻辣感或微有麻辣感，《药典》规定有含量测定的品种应按《中国药典》规定执行。未煮透的不得超过 2%。

②醋煮：煮后药物表面黄色或棕褐色，有醋香气。未煮透的不得超过 2%。

③药汁煮、豆腐煮：药物表面较原色加深，色泽均匀。不得有辅料残渣，未煮透的不得超过 2%，杂质不得超过 2%。

（7）煨制：药物表面较原色加深，色泽均匀，有特殊香气。未煨透的和糊片不得超过 5%。杂质不得超过 3%。

（8）煅制：药物表面无光泽，内外色泽一致，酥脆易碎或内呈蜂窝状，不得灰化。未煅透及灰化者不得超过 3%，杂质不得超过 2%。

（9）发芽类：谷类芽长 <5mm，豆类芽长 5~10mm。发芽率不得低于 85%，芽超长者不得多于 20%。

（10）发酵类：发酵药物表面有黄白色霉衣，无霉气，不腐烂，有药材固有气味。不得检出黄曲霉、活螨等致病菌。

4. 中药饮片炮炙检查方法

（1）取定量样品，拣出生片、糊片、僵片，称重计算。

（2）取定量样品，拣出杂质，草类、细小种子类过三号筛，其他类过二号筛。药屑、杂质合并称重计算。

（3）量样品按《药典》法测定水分。

（4）发芽类

①取定量样品，拣出未发芽者称重计算发芽率。

②取定量样品，拣出芽过长者称重计算。

（5）发酵类：取定量样品，做卫生学检查，不得检出黄曲霉、活螨等致病菌。

七、中药饮片包装生产工艺流程

中药饮片包装质量控制要点：

①中药饮片包装应符合药用要求。中药饮片的包装（纸箱）上或标签上要标示生产企业的名称、地址、电话、采用的炮制规范、生产许可证号、净重、生产日期、生产批号，并在外包装箱上标有防潮、防热、防压等警示标志。

②包装的中药饮片质量必须符合规定标准，水分要求控制在规定范围。

③在分装包装室内进包装，每次只能一个品种一个批号地进行作业，不能有两个或两个以上的不同品种不同批号的中药饮片进行分装作业。

④计量要求准确，精确到 ±0.5%。封口严密，标签、质量合格证上项目规范、完整，符合国家关于中药饮片包装管理的规定要求。

⑤成品入库及时，按中药饮片贮藏条件进行储存。

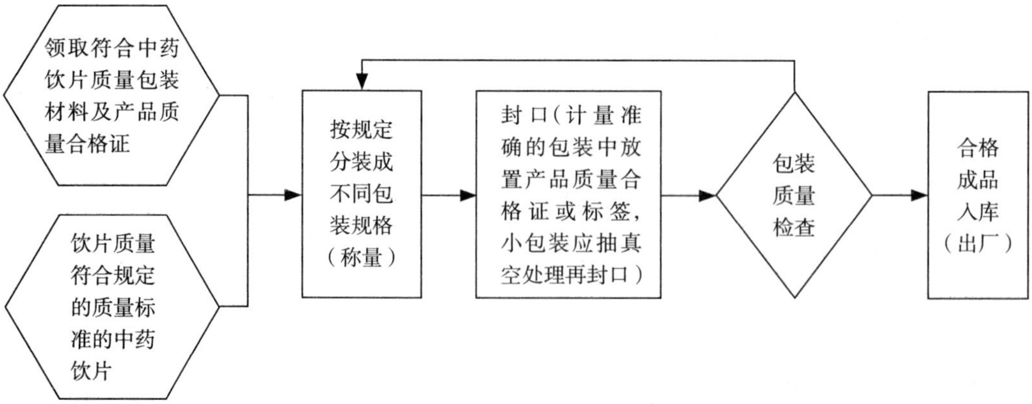

中药饮片包装生产工艺流程图

附录 7

中药材 GAP 生产试点认证检查评定标准

1. 根据《中药材生产质量管理规范（试行）》（简称中药材 GAP），制定本认证检查评定标准。

2. 中药材 GAP 认证检查项目共 79 项，其中关键项目（条款号前加“*”）15 项，一般项目 64 项。关键项目不合格则称为严重缺陷，一般项目不合格则称为一般缺陷。

3. 根据申请认证品种确定相应的检查项目。

4. 结果评定

项目		结果
严重缺陷	一般缺陷	
0	≤ 20%	通过 GAP 认证
0	＞ 20%	不能通过 GAP 认证
≥ 1 项	0	

中药材 GAP（种植）认证检查项目

条款	检查内容
0301	生产企业是否对申报品种制定了保护野生药材资源、生态环境和持续发展的方案。
**0401	生产企业是否按产地适宜性优化原则（地域性、安全性、可行性等）选定和建造生产基地，种植区域的环境条件是否与药用植物生物学和生态学特性相对应。
0501	中药材产地空气是否符合国家大气环境质量二级标准。
*0502	中药材产地土壤是否符合国家土壤质量二级标准。
0503	土壤质量一般每 4 年检测一次。
*0504	中药材灌溉水是否符合国家农田灌溉水质量标准。
0505	灌溉水至少每年检测一次。
*0701	对养殖、栽培或野生采集的药用动植物，是否准确鉴定其物种（包括亚种、变种或品种、中调及学名等）。
0801	种子、菌种和繁殖材料在生产、储运过程中是否进行检验及检疫，并具有检验及检疫报告书。
0802	是否有防止伪劣种子、菌种和繁殖材料的交易与传播的管理制度和有效措施。

续表

条款	检　查　内　容
0803	是否根据具体品种情况制定药用植物种子菌种和繁殖材料的生产管理制度和操作规程。
*1001	是否进行中药材良种选育、配种工作，是否建立与生产规模相适应的良种繁育基地。
*1101	是否根据药用植物生长发育要求制定相应的种植规程。
1201	是否根据药用植物的营养特点及土壤的供肥能力，制定并实施施肥的标准操作规程（包括施肥种类、时间、方法和数量）。
1202	施用肥料的种类是否以有棚巴为主。若需使用化学肥料，是否制定有限度使用的岗位操作法或标准操作规程。
1301	施用农家肥是否充分腐熟达到无害化卫生标准。
*1302	是否施用城市生活垃圾、工业垃圾及医院垃圾和粪便。
1401	是否制定药用植物合理灌溉和排水的管理制度及标准操作规程。
1501	是否根据药用植物不同生长发育特性和不同药用部位，制定药用植物田间管理制度及标准操作规程，加强田间管理，及时采取打顶、摘蕾、整枝修剪、覆盖遮荫等栽培措施，提高药材产量，保持质量稳定。
*1601	药用植物病虫害的防治是否采取综合防治策略。
*1602	药用植物如必须施用农药时，是否按照《中华人民共和国农药管理条例》的规定，采用最小有效剂量并选用高效、低毒、低残留农药等。
2601	野生或半野生药用动植物的采集是否坚持“最大持续产量”原则，是否有计划地进行野生抚育、轮采与封育。
*2701	是否根据产品质量及植物单位面积产量或动物养殖数量，并参考传统采收经验等因素确定适宜的采收时间（包括采收期、采收年限）。
2702	是否根据产品质量及植物单位面积产量或动物养殖数量，并参考传统采收经验等因素确定适宜的采收方法。
2801	采收机械、器具是否保持清洁、无污染，是否存放在无虫鼠害和禽畜的干燥场所。
2901	采收及初加工过程中是否排除非药用部分及异物，特别是杂草及有毒物质，剔除破损、腐烂变质的部分。
3001	中药材采收后，是否进行拣选、清洗、切制或修整等适宜的加工。
3002	需干燥的中药材采收后，是否及时采用适宜的方法和技术进行干燥，保证中药材不受污染、有效成分不被破坏。
3101	鲜用中药材是否采用适宜的保鲜方法。如必须使用保鲜剂和防腐剂时，是否符合国家对食品添加大的有关规定。
3201	加工场周围环境是否有污染源，场地是否清洁卫生，是否有满足中药材加工的必要设施，是否有防雨、防鼠、防尘、防虫、防禽畜措施。
3301	地道药材是否按传统方法进行初加工。如有改动，是否提供充分实验数据，证明其不影响中药材质量。
3401	包装是否有标准操作规程。
3402	包装前是否再次检查并清除劣质品及异物。
3403	包装是否有批包装记录，其内容应包括品名、规格、产地、批号、重量、包装工号、包装日期等。
3501	所使用的包装材料是否无污染、清洁、干燥、无破损，并不影响中药材质量。

续表

条款	检 查 内 容
3601	在每件中药材包装上，是否注明品名、规格、产地、批号、包装日期、生产单位、采收日期、贮藏条件、注意事项，并附有质量合格的标志。
3701	易破碎的中药材是否装在坚固的箱盒内。
*3702	毒性中药材、按麻醉药品管理的中药材是否使用特殊包装，是否有明显的规定标记。
3801	中药材批量运输时，是否与其他有毒、有害、易串味物质混装。
3802	运载容器是否具有较好的通气性，并有防潮措施。
3901	是否制订仓储养护规程和管理制度。
3902	中药材仓库是否保持清洁和通风、干燥、避光、防霉变。温度、湿度是否符合储存要求并具有防鼠、虫、禽畜的措施。
3903	中药材仓库地面是否整洁、无缝隙、易清洁。
3904	中药材存放是否与墙壁、地面保持足够距离，是否有虫蛀、霉变、腐烂、泛油等现象发生，并定期检查。
3905	应用传统贮藏方法的同时，是否注意选用现代贮藏保管新技术、新设备。
*4001	生产企业是否设有质量管理部门，负责中药材生产全过程的监督管理和质量监控。
4002	是否配备与中药材生产规模、品种检验要求相适应的人员。
4003	是否配备与中药材生产规模、品种检验要求相适应的场所、仪器和设备。
4101	质量管理部门是否履行环境监测、卫生管理的职责。
4102	质量管理部门是否履行对生产资料、包装材料及中药材的检验，并出具检验报告书。
4103	质量管理部门是否履行制订培训计划并监督实施的职责。
4104	质量管理部门是否履行制订和管理质量文件，并对生产、包装、检验、留样等各种原始记录进行管理的职责。
*4201	中药材包装前，质量检验部门是否对每批中药材，按国家标准或经审核批准的中药材标准进行检验。
4202	检验项目至少包括中药材性状与鉴别、杂质、水分、灰分与酸不溶性灰分、浸出物、指标性成分或有效成分含量。
*4203	中药材农药残留量、微生物限度、重金属含量等是否符合国家标准和有关规定。
4204	是否制订有采样标准操作规程。
4205	是否设立留样观察室，并按规定进行留样。
4301	检验报告是否由检验人员、质量检验部门负责人签章并存档。
*4401	不合格的中药材是否出场和销售。
4501	生产企业的技术负责人是否有相关专业的大专以上学历，并有中药材实践经验。
4601	质量管理部门负责人是否有相关专业大专以上学历，并有中药材质量管理经验。
4701	从事中药材生产的人员是否具有基本的中药学、农学、林学或畜牧学常识，并经生产技术、安全及卫生学知识培训。
4702	从事田间工作的人员是否熟悉栽培技术，特别是农药的施用及防护技术。
4801	从事加工、包装、检验、仓储管理人员是否定期进行健康检查，至少每年一次。患有传染病、皮肤病或外伤性疾病等的人员是否从事直接接触中药材的工作。

续表

条款	检　查　内　容
4802	是否配备专人负责环境卫生及个人卫生检查。
4901	对从事中药材生产的有关人员是否定期培训与考核。
5001	中药材产地是否设有厕所或盥洗室，排出物是否对环境及产品造成污染。
5101	生产和检验用的仪器、仪表、量具、衡器等其适用范围和精密度是否符合生产和检验的要求。
5102	检验用的仪器、仪表、量具、衡器等是否有明显的状态标志，并定期检查。
5201	是否有生产管理、质量管理等标准操作规程，是否完整合理。各部门、各岗位人员是否有自己应该具有的管理制度和操作规程。
5301	每种中药材的生产全过程均是否详细记录，必要时可附照片或图像。
5302	记录是否包括种子、菌种和繁殖材料的来源。
5303	记录是否包括药用植物的播种时间、量及面积；育苗、移栽以及肥料的种类、施用时间、施用量、施用方法；农药（包括杀虫剂、杀菌剂及除莠剂）的种类、施用量、施用时间和方法等。
5304	记录是否包括药用动物养殖日志、周转计划、选配种记录、产仔或产卵记录、病例病志、死亡报告书、死亡登记表、检免疫统计表、饲料配合表、饲料消耗记录、谱系登记表、后裔鉴定表等。
5305	记录是否包括药用部分的采收时间、采收量、鲜重和加工、干燥、干燥减重、运输、贮藏等。
5306	记录是否包括气象资料及小气候等。
5307	记录是否包括中药材的质量评价（中药材性状及各项检测）。
5401	所有原始记录、生产计划及执行情况、合同及协议书等是否存档，至少保存至采收或初加工后 5 年。
5402	档案资料是否有专人保管。

备注："*" 项目为关键项目，其他项目为一般项目。

附录 8

甘肃省中药材产地生产加工标准

黄芪产地片质量标准（DB62/T002BZ—2019）

前 言

本标准按 GB/T1.1—2009 给出的规则起草。

编制本标准的样品采自甘肃省主要的中药饮片生产企业，全部样品为人工种植和野生黄芪产地加工成的商品规格与等级。编制本标准时，充分保留了甘肃各地在长期的产地加工和商品流通中形成的各类产地加工片规格，以利于各行业的应用。

本标准由甘肃省药品监督管理局提出并归口。

本标准负责起草单位：甘肃省药品检验研究院、定西市中医药产业发展局。

本标准参加起草单位：甘肃九州天润中药产业有限公司、岷县顺兴和中药材有限责任公司、甘肃省高校协同创新科技团队、陇西保和堂药业有限责任公司、甘肃中天药业有限责任公司、北京中医药大学、中国食品药品检定研究院、甘肃同君堂药业有限公司、甘肃弘润药业有限公司、甘肃华庆堂药业饮片有限公司、陇西奇正药材有限公司、甘肃伊真堂药业有限责任公司、甘肃神农文峰药业有限公司、甘肃圣源中药材有限公司、甘肃普尔康药业有限公司、甘肃国峰药业有限公司、甘肃汉草品汇中药饮片有限公司、岷县蘅阳中药材药业有限公司、甘肃岷归中药材科技有限公司、陇西正大药业有限公司、岷县归芪堂药业有限公司、甘肃省道地药材研究所、甘肃省中藏药检验检测技术工程研究中心、

甘肃省中藏药检验检测技术工程实验室、甘肃省药学学会、渭源县市场监督管理局。

本标准主要起草人：杨平荣、宋平顺、刘柏龙、李安平、魏锋、马双成、杨克

谦、刘春生、景小勤、党伟、贺军权。

本标准参加起草人：赵文祯、孟小中、王引权、马中森、曹登铭、陈杰、刘小燕、马尚贤、夏巧红、王丽梅、关东辉、刘生彩、杨新平、李庆、李小军、李雪雯、王啟龙、刘富强、杨耘、卢雪蕊、李登鹏、乔玉梅、王雁云、孙维宏、刘明芳、黄满中、肖海云、张守福、刘蘅嶙。本标准首次发布，为推荐性标准。

黄芪产地片质量标准

1 范围

本标准规定了采用传统方法加工黄芪产地片的质量要求，内容包括：黄芪产地片规格与等级、质量要求、检验方法等。

本标准适用于黄芪产地片生产、经营和使用的质量检验。

2 规范性引用文件

下列文件对于本文件的应用是必不可少的。凡是注日期的引用文件，仅所注日期的版本适用于本文件。凡是不注日期的引用文件，其最新版本（包括所有的修改单项）适用于本文件。

《中华人民共和国药典》（2015 年版一部、四部）

《中药饮片质量标准通则》（国家中医药管理局）

3 术语和定义

下列术语和定义适用于本文件。

3.1 黄芪

为豆科植物蒙古黄芪 *Astragalus membranaceus*(Fish.)Bge.var. *mongholicus*(Bge.) Hsiao 或膜荚黄芪 *Astragalus membranaceus* (Fish.) Bge. 的干燥根。

主产于甘肃、内蒙古、山西，黑龙江、吉林、河北等地亦产。为甘肃的道地药材。

3.2 原药材

春、秋二季采挖，除去须根和根头，晒干并经搓揉或不搓揉后的黄芪药材。

3.3 产地加工切片

对黄芪原药材在产地进行净选、切制等传统工艺的处理，加工成片、段、节、条、粒等一定形状的原料，简称产地片。

3.4 规格

在黄芪商品流通中形成的不同交易品类，一个交易品类称为一个规格。

3.5 等级

在黄芪各规格下，用于区分黄芪品质级别的交易品种，一个交易品种称为一个等级。

4 质量要求

4.1 性状

黄芪产地片性状要求见表 1。

表 1 黄芪产地片性状要求

规格	等级	性状要求	
		性状描述	等级描述
黄芪片	特等	呈类圆形。外表面黄白色、浅棕黄色或棕褐色；具纵皱纹。切面皮部黄白色，木部呈类圆形、淡黄色，有放射状纹理及裂隙，有的中心具空洞。气微，味微甜，嚼之有豆腥味。无杂质、虫蛀、霉变	直径 1.4~2.5cm，厚 2~4mm
	一等		直径 1~1.4cm，厚 2~4mm
	二等		直径 0.6~1cm，厚 2~4mm
	三等		直径 0.2~0.6cm，厚 2~4mm
黄芪瓜子片	特等	呈椭圆形。木部呈椭圆形。气微，味微甜，嚼之有豆腥味。无杂质、虫蛀、霉变	长 3.5~4cm，宽 1.4~1.8cm，厚 2~4mm
	一等		长 2.5~3.5cm，宽 1.2~1.4cm，厚 2~4mm
	二等		长 2~3cm，宽 1.0~1.2cm，厚 2~4mm
	三等		长 2~3cm，宽 0.8~1.0cm，厚 2~4mm
	四等		长 2~3cm，宽 0.6~0.8cm，厚 2~4mm
	五等		长 1.0~1.5cm，宽 0.4~0.6cm，厚 2~4mm
黄芪指甲片	一等	呈类长方形。一面是栓皮，较为平坦或具纵皱纹，有时呈破裂状；另一面是木部，呈长方形。味微甜，嚼之有豆腥味。无杂质、虫蛀、霉变	长 7~8cm，宽 1.5~2cm，厚 2~3mm
	二等		长 4~6cm，宽 1~1.5cm，厚 2~3mm
	三等		长 3.5~4cm，宽 0.8~1.2cm，厚 2~3mm

续表

规格	等级	性状要求	
		性状描述	等级描述
黄芪原切片	一等	呈类长椭圆形。一面是栓皮，较为平坦或具纵皱纹，有时呈破裂状；另一面是木部，呈长椭圆形。味微甜，嚼之有豆腥味	长 7~8cm，宽 1.5~2cm，厚 2~3mm
	二等		长 6~7cm，宽 1~1.5cm，厚 2~3mm
	三等		长 5~6cm，宽 0.8~1cm，厚 2~3mm
黄芪柳叶片	一等	呈长条形厚片。外表面有纵皱纹和散在的横长皮孔样突起，或较为平坦。木部呈长椭圆形。有特殊香气，味微甜，嚼之有豆腥味。无杂质、虫蛀、霉变	长 6.5~7cm，宽 1.2~1.5cm，厚 2~3mm
	二等		长 6~6.5cm，宽 1.1~1.2cm，厚 2~3mm
	三等		长 5.5~6cm，宽 0.9~1.1cm，厚 2~3mm
	四等		长 5~5.5cm，宽 0.7~0.9cm，厚 2~3mm
	五等		长 4.5~5cm，宽 0.5~0.7cm，厚 2~3mm
黄芪宽带片	一等	呈宽带形、不规则厚片，两边略呈弧形。表面为淡黄白色或浅黄色，可见纵纹或浅纵沟。韧皮部与木质部界限不清。有特殊香气，味微甜。嚼之有豆腥味。无杂质、虫蛀、霉变	长 10~17cm，宽 5~7cm，厚 2~3mm
	二等		长 10~15cm，宽 4~5cm，厚 2~3mm
	三等		长 10~15cm，宽 3~4cm，厚 2~3mm
黄芪白切片	一等	呈长条形的，两边略带外表皮，略呈弓形。刨面皮部黄白色，木部呈淡黄色。有特殊香气，味微甜，嚼之有豆腥味。无杂质、虫蛀、霉变	长 16~18cm，宽 2~3cm，厚 2~3mm
	二等		长 14~16cm，宽 1.5~2cm，厚 2~3mm
	三等		长 10~14cm，宽 1.5~2cm，厚 2~3mm
黄芪粒	一等	呈短圆柱形。具纵皱纹、横长皮孔及支根断痕。气微，味微甜，嚼之有豆腥味	厚 0.4~0.6cm，直径 0.8~1.4cm
	二等		厚 0.4~0.6cm，直径 0.2~0.8cm
黄芪段	一等	呈长圆柱形。具纵皱纹、横长皮孔及支根断痕。气微，味微甜，嚼之有豆腥味。无杂质、虫蛀、霉变	长 2~5cm，直径 0.8~1.4cm
	二等		长 2~5cm，直径 0.2~0.8cm

4.2 鉴别

4.2.1 显微鉴别 本品粉末黄白色。纤维成束或散离，直径 8~30μm，壁厚，表面有纵裂纹，初生壁常与次生壁分离，两端常断裂成须状，或较平截。具缘纹孔导管无色或橙黄色，具缘纹孔排列紧密。石细胞少见，圆形、长圆形或形状不规则，壁较厚。

4.2.2 薄层色谱鉴别　(1)取本品粉末3g，加甲醇20ml，加热回流1小时，滤过，滤液加于中性氧化铝柱(100~120目，5g，内径为10~15mm)上，用40%甲醇100ml洗脱，收集洗脱液，蒸干，残渣加水30ml使溶解，用水饱和的正丁醇振摇提取2次，每次20ml，合并正丁醇液，用水洗涤2次，每次20ml，弃去水液，正丁醇液蒸干，残渣加甲醇0.5ml使溶解，作为供试品溶液。另取黄芪甲苷对照品，加甲醇制成每1ml含1mg的溶液，作为对照品溶液。照薄层色谱法(中国药典2015年版通则0502)试验，吸取上述两种溶液各2μl，分别点于同一硅胶G薄层板上，以三氯甲烷—甲醇—水(13∶7∶2)的下层溶液为展开剂，展开，取出，晾干，喷以10%硫酸乙醇溶液，在105℃加热至斑点显色清晰。供试品色谱中，在与对照品色谱相应的位置上，日光下显相同的棕褐色斑点；紫外光灯(365nm)下显相同的橙黄色荧光斑点。

(2)取本品粉末2g，加乙醇30ml，加热回流20分钟，滤过，滤液蒸干，残渣加0.3%氢氧化钠溶液15ml使溶解，滤过，滤液用稀盐酸调节pH值至5~6，用乙酸乙酯15ml振摇提取，分取乙酸乙酯液，用铺有适量无水硫酸钠的滤纸滤过，滤液蒸干。残渣加乙酸乙酯1ml使溶解，作为供试品溶液。另取黄芪对照药材2g，同法制成对照药材溶液。照薄层色谱法(中国药典2015年版通则0502)试验，吸取上述两种溶液各10μl，分别点于同一硅胶G薄层板上，以三氯甲烷—甲醇(10∶1)为展开剂，展开，取出，晾干，置氨蒸气中熏后，置紫外光灯(365nm)下检视。供试品色谱中，在与对照药材色谱相应的位置上，显相同颜色的荧光柱斑点。

4.3 检查

4.3.1 水分　不得过10.0%(中国药典2015年版通则0832第二法)。

4.3.2 总灰分　不得过5.0%(中国药典2015年版通则2302)。

4.3.3 饮片等级窜等　饮片等级上下限窜等不得超过15%。宽度介于两个等级之间的片形、光滑度好的归上一等级。

4.3.4 异形片和药屑杂质　不得过5%。

4.3.5 二氧化硫残留量　照二氧化硫残留量测定法(中国药典2015年版通则2331)测定，不得过150mg/kg。

4.4 浸出物

照水溶性浸出物测定法（中国药典2015年版通则2201）项下的冷浸法测定，不得少于20.0%。

4.5 含量测定　黄芪甲苷　照高效液相色谱法（中国药典2015年版通则0512）测定。

色谱条件与系统适用性试验　以十八烷基硅烷键合硅胶为填充剂；以乙腈—水（32:68）为流动相；蒸发光散射检测器。理论板数以黄芪甲苷峰计算应不低于4000。

对照品溶液的制备　精密称取黄芪甲苷对照品适量，加甲醇制成每1ml含0.5mg的溶液，即得。

供试品溶液的制备　取本品中粉约4g，精密称定，置索氏提取器中，加甲醇40ml，冷浸过夜，再加甲醇适量，加热回流4小时，提取液回收溶剂并浓缩至干，残渣加水10ml，微热使溶解，用水饱和的正丁醇振摇提取4次，每次40ml，合并正丁醇液，用氨试液充分洗涤2次，每次40ml，弃去氨液，正丁醇液蒸干，残渣加水5ml使溶解，放冷，通过D101型大孔吸附树脂柱（内径1.5cm，长12cm），以水50ml洗脱，弃去水液，再用40%乙醇30ml洗脱，弃去洗脱液，继用70%乙醇80ml洗脱，收集洗脱液，蒸干，残渣加甲醇溶解并转移至5ml量瓶中，加甲醇至刻度，摇匀，即得。

测定法　分别精密吸取对照品溶液10μl、20μl，供试品溶液20μl，注入液相色谱仪，测定，以外标两点法对数方程计算，即得。

本品按干燥品计算，含黄芪甲苷（$C_{41}H_{68}O_{14}$）不得少于0.040%。

毛蕊异黄酮葡萄糖苷　照高效液相色谱法（中国药典2015年版通则0512）测定。

色谱条件与系统适用性试验　以十八烷基硅烷键合硅胶为填充剂；以乙腈为流动性A，以0.2%甲酸溶液为流动相B，按下表中的规定进行梯度洗脱；检测波长为260nm。理论板数按毛蕊异黄酮葡萄糖苷峰计算应不低于3000。

时间（分钟）	流动相 A（%）	流动相 B（%）
0~20	20 → 40	80 → 60
20~30	40	60

对照品溶液的制备　取毛蕊异黄酮葡萄糖苷对照品适量，精密称定，加甲醇制成每 1ml 含 50μg 的溶液，即得。

供试品溶液的制备　取本品粉末（过四号筛）约 1g，精密称定，置圆底烧瓶中，精密加入甲醇 50ml，称定重量，加热回流 4 小时，放冷，再称定重量，用甲醇补足减失的重量，摇匀，滤过，精密量取续滤液 25ml，回收溶剂至干，残渣加甲醇溶解，转移至 5ml 量瓶中，加甲醇至刻度，摇匀，即得。

测定法　分别精密吸取对照品溶液与供试品溶液各 10μl，注入液相色谱仪，测定，即得。本品按干燥品计算，含毛蕊异黄酮葡萄糖苷（$C_{22}H_{22}O_{10}$）不得少于 0.030%。

5 附注

5.1 重金属及有害元素　黄芪原药材中的重金属及有害元素，照铅、镉、砷、汞、铜测定法（中国药典 2015 年版四部通则 2321）测定。

5.2 农药残留量　黄芪原药材中的农药残留量，照农药残留量测定法（中国药典 2015 年版四部通则 2341）测定。

5.3 黄芪原切片、黄芪白切片、黄芪指甲片、黄芪宽带片和黄芪段除含量测定项外，其余应符合质量要求。

甘草产地片质量标准（DB62/T004BZ—2019）

前　言

本标准按 GB/T 1.1—2009 给出的规则起草。

编制本标准的样品采自甘肃省主要的中药饮片生产企业，全部样品为当地人工种植和野生甘草产地加工成的商品规格与等级。编制本标准时，充分保留了甘肃各地在长期的产地加工和商品流通中形成的各类产地加工片规格，以利于各行业的应用。

本标准由甘肃省药品监督管理局提出并归口。

本标准负责起草单位：甘肃省药品检验研究院、定西市中医药产业发展局。

本标准参加起草单位：甘肃省高校协同创新科技团队、陇西保和堂药业有限责任公司、陇西中天药业有限责任公司、平凉市青松饮片有限公司、北京中医药大学、中国食品药品检定研究院、甘肃伊真堂药业有限责任公司、甘肃汉草品汇中药饮片有限公司、陇西奇正药材有限责任公司、渭源恒顺堂药业有限公司、甘肃普尔康药业有限公司、陇西正大药业有限公司、岷县蘅阳中药材有限公司、景泰县菁茂药业有限公司、甘肃弘润药业有限公司、甘肃省道地药材研究所、甘肃省中藏 药检验检测技术工程研究中心、甘肃省中藏药检验检测技术工程实验室、甘肃省药学学会。

本标准主要起草人：杨平荣、宋平顺、马潇、魏锋、马双成、杨克谦、贺军权、刘春生、党伟。本标准参加起草人：王引权、马中森、李冬华、张平、张明童、李雪雯、王继贤、王啟龙、陈杰、杨新平、李登鹏、乔玉梅、孙伟兵、肖海云、张守福、刘明芳、高满义、杨永军、刘蘅嶙。本标准首次发布，为推荐性标准。

甘草产地片质量标准

1 范围

本标准规定了采用传统方法加工甘草产地片的质量要求，内容包括：甘草产地片规格与等级、质量要求、检验方法等。

本标准适用于甘草产地片生产、经营和使用的质量检验。

2 规范性引用文件

下列文件对于本文件的应用是必不可少的。凡是注日期的引用文件，仅所注日期的版本适用 于本文件。凡是不注日期的引用文件，其最新版本（包括所有的修改单项）适用于本文件。

《中华人民共和国药典》（2015 年版一部、四部）

《中药饮片质量标准通则》(国家中医药管理局)

3 术语和定义

下列术语和定义适用于本文件。

3.1 甘草

为豆科植物本品为豆科植物甘草 *Glycyrrhiza uralensis* Fisch.或胀果甘草 *Glycyrrhiza inflata* Bat.干燥根和根茎。

主产于甘肃、新疆、内蒙古、山西，黑龙江等地亦产。为甘肃的道地药材。

3.2 原药材

春、秋二季采挖，除去须根，晒干后的甘草药材。

3.3 产地加工切片

对甘草原药材在产地进行净选、切制等传统工艺的处理，加工成片、粒等一定形状的初级原料，简称产地片。

3.4 规格

在甘草商品流通中形成的不同交易品类，一个交易品类称为一个规格。

3.5 等级

在甘草各规格下，用于区分甘草品质级别的交易品种，一个交易品种称为一个等级。

4 质量要求

4.1 性状 甘草产地片性状要求见表1。

表1 甘草产地片性状要求

规格	等级	性状要求	
		性状描述	等级描述
甘草片	特等	呈类圆形。外表面红棕色或灰棕色；具纵皱纹。切面淡黄色，具放射状纹理及裂隙，形成层环明显，木部呈类圆形。气微，味甜而特殊。无杂质、虫蛀、霉变	直径1.6~3cm，厚2~4mm
	一等		直径1.2~1.6cm，厚2~4mm
	二等		直径0.8~1.2cm，厚2~4mm
	三等		直径0.5~0.8cm，厚2~4mm
	四等		直径≤0.5cm，厚2~4mm

续表

规格	等级	性状要求	
		性状描述	等级描述
甘草瓜子片	一等	呈椭圆形。木部呈椭圆形。气微，味甜而特殊	长 2.5~3.5cm，宽 1.2~1.6cm，厚 2~4mm
	二等		长 2.5~3.5cm，宽 1~1.2cm，厚 2~4mm
	三等		长 2~2.5cm，宽 0.8~1cm，厚 2~4mm
	四等		长 2~2.5cm，宽 0.5~0.8cm，厚 2~4mm
甘草柳叶片	一等	呈长条状椭圆形。外表面有纵皱纹和散在的横长皮孔样突起。木部呈长椭圆形。有特殊香气，味微甜	长 5~10cm，宽 1~1.5cm，厚 2~4mm
	二等		长 3.5~6cm，宽 1.2~1.8cm，厚 2~4mm
	三等		长 3.5~6cm，宽 0.8~1.2cm，厚 2~4mm
甘草粒	一等	呈短圆柱形。具纵皱纹、横长皮孔及支根断痕。木部呈类圆形。气微，味甜而特殊	直径 1~1.6cm，厚 4~6mm
	二等		直径 0.8~1cm，厚 4~6mm
	三等		直径 0.4~0.8cm，厚 4~6mm

4.2 鉴别

4.2.1 显微鉴别 木栓层为数列棕色细胞。栓内层较窄。韧皮部射线宽广，多弯曲，常现裂隙；纤维多成束，非木化或微木化，周围薄壁细胞常含草酸钙方晶；筛管群常因压缩而变形。束内形成层明显。木质部射线宽 3~5 列细胞；导较多，直径约至 160μm；木纤维成束，周围薄壁细胞亦含草酸钙方晶。根中心无髓；根茎中心有髓。

粉末淡棕黄色。纤维成束，直径 8~14μm，壁厚，微木化，周围薄壁细胞含草酸钙方晶，形成晶纤维。草酸钙方晶多见。具缘纹孔导管较大，稀有网纹导管。木栓细胞红棕色，多角形，微木化。

4.2.2 薄层色谱鉴别 取本品粉末 1g，加乙醚 40ml，加热回流 1 小时，滤过，弃去醚液，药渣加甲醇 30ml，加热回流 1 小时，滤过，滤液蒸干，残渣加水 40ml 使溶解，用正丁醇提取 3 次，每次 20ml，合并正丁醇液，用水洗涤 3 次，弃去水液，正丁醇液蒸干，残渣加 5ml 使溶解，作为供试品溶液。另取甘草对照药材 1g，同法制成对照药材溶液。再取甘草酸单铵盐对照品，加甲醇每 1ml 含 2mg 的溶液，作为对照品溶液。照薄层色谱法（中国药典 2015 年版通则 0502）试验，吸取上述三种溶液各 1~2μl，分别点于同一用 1% 氢氧化钠溶液制备的硅胶 G 薄层板上，以乙酸乙酯－甲酸－冰醋酸－水（15：1：1：2）为展开剂，展开，取出，晾干，喷以 10% 硫酸乙醇溶液，在 105℃加热至斑点显色清晰，置紫外光灯（365nm）下检视。供试品色谱中，在与对照药材色谱相应的位置上，显相同颜色的荧光斑点；在与对照品色谱相应的位置上，显相同颜色的橙黄色荧光斑点。

4.3 检查

4.3.1 水分 不得过 12.0%（中国药典 2015 年版通则 0832 第二法）。

4.3.2 总灰分 不得过 5.0%（中国药典 2015 年版通则 2302）。

4.3.3 酸不溶性灰分 不得过 2.0%（中国药典 2015 年版通则 2302）。

4.3.4 饮片等级窜等 饮片等级上下限窜等不得超过 15%。宽度介于两个等级之间的片形、光滑度好的归上一等级。

4.3.5 异形片和药屑杂质 不得过 5%。

4.4 含量测定 照高效液相色谱法（中国药典 2015 年版通则 0512）测定。

色谱条件与系统适用性试验 以十八烷基硅烷键合硅胶为填充剂；以乙腈为流动相 A，以 0.05% 磷酸溶液为流动相 B，按下表中的规定进行梯度洗脱；检测波长为 237nm。理论板数按甘草苷峰计算应不低于 5000。

时间（分钟）	流动相 A（%）	流动相 B（%）
0~8	19	81
8~35	19 → 50	81 → 50
35~36	50 → 100	50 → 0
36~40	100 → 19	0 → 81

对照品溶液的制备 取甘草苷对照品、甘草酸铵对照品适量，精密称定，加 70% 乙醇分别制成每 1ml 含甘草苷 20μg、甘草酸铵 0.2mg 的溶液，即得（甘草酸重量 = 甘草酸铵重量 1/1.0207）。

供试品溶液的制备 取本品粉末（过三号筛）约 0.2g，精密称定，置具塞锥形瓶中，精密加入70%乙醇100ml，密塞，称定重量，超声处理（功率250W，频率40kHz）30分钟，放冷，再称定重量，用70%乙醇补足减失的重量，摇匀，滤过，取续滤，即得。

测定法　分别精密吸取对照品溶液与供试品溶液各10μl，注入液相色谱仪，测定，即得。本品按干燥品计算，含甘草苷（$C_{21}H_{22}O_9$）不得少于0.45%，甘草酸（$C_{42}H_{62}O_{16}$）不得少于1.8%。

5 附注

5.1 重金属及有害元素　甘草原药材中的重金属及有害元素，照铅、镉、砷、汞、铜测定法（中国药典2015年版四部通则2321）测定。

5.2 农药残留量　甘草原药材中的农药残留量，照农药残留量测定法（中国药典2015年版四部通则2341）测定。

党参产地片质量标准（DB62/T003BZ—2019）

前　言

本标准按GB/T 1.1—2009给出的规则起草。

编制本标准的样品采自甘肃省主要的中药饮片生产企业，全部样品为人工种植党参产地加工成的商品规格与等级。编制本标准时，充分保留了甘肃各地在长期的产地加工和商品流通中形成的各类产地加工片规格，以利于各行业的应用。

本标准由甘肃省药品监督管理局提出并归口。

本标准负责起草单位：甘肃省药品检验研究院、定西市中医药产业发展局。

本标准参加起草单位：甘肃九州天润中药产业有限公司、岷县顺兴和中药材有限责任公司、甘肃中天药业有限责任公司、中国食品药品检定研究院、北京中医药大学、甘肃华庆堂药业饮片有限公司、甘肃神农文峰药业有限公司、陇西奇正药材有限公司、甘肃弘润药业有限公司、甘肃普尔康药业有限公司、甘肃国峰药业有限公司、甘肃汉草品汇中药饮片有限公司、岷县蘅阳中药材药业有限公司、甘肃岷归中药材科技有限公司、陇西正大药业有限公司、岷县归芪堂药业有限公司、渭源蘅顺堂药业有限公司、甘肃圣源中药材有限公司、平凉市青松饮片有限公司、庆阳康盛源药业有限公司、甘肃省高校协同创新科技团队、甘肃省道地药材研究所、甘肃省中藏药检验检测技术工程研究中心、甘肃省中藏药检验检测技术工程实验室、甘肃省药学学会、渭源县市场监督管理局。

本标准主要起草人：魏锋、宋平顺、杨平荣、倪琳、马双成、杨克谦、刘春生、景小勤、贺军权、党伟。

本标准参加起草人：赵文祯、王引权、马中森、陈杰、曹登铭、孟小中、杨新平、李庆、李小军、李雪雯、王敞龙、刘富强、杨耘、卢雪蕊、李登鹏、乔玉梅、王继贤、孙维宏、王玉兰、车献礼、刘明芳、黄满中、肖海云、张守福、刘蘅嶙、王雁云、高满义。

本标准首次发布，为推荐性标准。

党参产地片质量标准

1 范围

本标准规定了采用传统方法加工党参产地片的质量要求，内容包括：党参产地片规格与等级、质量要求、检验方法等。

本标准适用于党参产地片生产、经营和使用的质量检验。

2 规范性引用文件

下列文件对于本文件的应用是必不可少的。凡是注日期的引用文件，仅所注日期的版本适用 于本文件。凡是不注日期的引用文件，其最新版本(包括所有的修改单项)适用于本文件。

《中华人民共和国药典》(2015年版一部、四部)

《中药饮片质量标准通则》(国家中医药管理局)

3 术语和定义

下列术语和定义适用于本文件。

3.1 党参

为桔梗科植物党参 *Codonopsis pilosula*（Franch.）Nannf.、素花党参 *Codonopsis pilosula* Nannf. var. *modesta*（Nannf）L. T. Shen 的干燥根。

主产于甘肃、山西、四川、湖北、陕西等地。为甘肃的道地药材。

3.2 原药材

秋季采挖，洗净、晾晒并经搓揉（或不搓揉）初加工形成的党参药材。

3.3 产地加工切片

对党参原药材在产地进行净选、切制等传统工艺的处理，加工成片、段、节、粒等形状的初 级原料，简称产地片。

3.4 规格

在党参商品流通中形成的不同交易品类，一个交易品类称为一个规格。

3.5 等级

在党参各规格下，用于区分党参品质级别的交易品种，一个交易品种称为一个等级。

4 质量要求

4.1 性状 党参产地片性状要求见表 1。

表 1 党参产地片性状要求

规格	等级	性状要求	
		性状描述	等级描述
党参片	特等	呈类圆形。外表面灰黄色、黄棕色或黄褐色；根头部可见多数疣状突起的茎痕和芽。切面皮部淡棕黄色至黄棕色，木部淡黄色至黄色，有裂隙或放射状纹理。有特殊香气，味微甜。无杂质、虫蛀、霉变	直径 1~2cm，厚 0.2~0.4cm
	一等		直径 0.8~1cm，厚 0.2~0.4cm
	二等		直径 0.4~0.8cm，厚 0.2~0.4cm
党参粒	一等	呈短圆柱形。有特殊香气，味微甜。无杂质、虫蛀、霉变	直径 0.8~1.2cm，厚 0.4~0.6cm
	二等		直径 0.5~0.8cm，厚 0.4~0.6cm
	三等		直径 0.2~0.5cm，厚 0.4~0.6cm

规格	等级	性状要求	
		性状描述	等级描述
党参段	特等	呈圆柱形。外表面有纵皱纹和散在的横长皮孔样突起。有特殊香气，味微甜。无杂质、虫蛀、霉变	直径 1~2cm，长 0.5~1cm
	一等		直径 0.8~1cm，长 0.5~1cm
	二等		直径 0.4~0.8cm，长 0.5~1cm
	三等		直径 0.4cm 以下，长 0.5~1cm
党参节	特等	呈长圆柱形。外表面有纵皱纹和散在的横长皮孔样突起。有特殊香气，味微甜。无杂质、虫蛀、霉变	直径 1~2cm，长 3~5cm
	一等		直径 0.7~1cm，长 3~5cm
	二等		直径 0.5~0.7cm，长 3~5cm
	三等		直径 0.5cm 以下，长 3~5cm
党参柳叶片	一等	呈长条状椭圆形。外表面有纵皱纹和散在的横长皮孔样突起。有特殊香气，味微甜。无杂质、虫蛀、霉变	长 5~6cm，宽 0.7~1.2cm，厚 0.15~0.2cm
	二等		长 6~7cm，宽 0.4~0.7cm，厚 0.15~0.2cm

4.2 鉴别

4.2.1 显微鉴别 木栓细胞数列至 10 数列，外侧有石细胞，单个或成群。栓内层窄。韧皮部宽广，外侧常现裂隙，散有淡黄色乳管群，并常与筛管群交互排列。形成层成环。木质部导管单个散在 或数个相聚，呈放射状排列。薄壁细胞含菊糖。

4.2.2 薄层色谱鉴别 取本品粉末 1g，加甲醇 25ml，超声处理 30 分钟，滤过，滤液蒸干，残渣加水 15m1 使溶解，通过 D101 型大孔吸附树脂柱（内径为 1.5cm，柱高为 10cm），用水 50ml 洗脱，弃去水液，再用 50% 乙醇 50ml 洗脱，收集洗脱液，蒸干，残渣加甲醇 1ml 使溶解，作为供试品溶液。另取党参炔苷对照品，加甲醇制成每 1ml 含 1mg 的溶液，作为对照品溶液。照薄层色谱法（中国药典 2015 年版通则 0502）试验，吸取供试品溶液 2~4μl、对照品溶液 2μl，分别点于同一高效硅胶 G 薄层板上，以正丁醇冰醋酸水（7：1：0.5）为展开剂，展开，取出，晾干，喷以 10% 硫酸乙醇溶液，在 100℃加热至斑点显色清晰，分别置日光和紫外光灯

（365nm）下检视。供试品色谱中，在与对照品色谱相应的位置上，显相同颜色的斑点或荧光斑点。

4.3 检查

4.3.1 水分 不得过16.0%（中国药典2015年版通则0832第二法）。

4.3.2 总灰分 不得过5.0%（中国药典2015年版通则2302）。

4.3.3 饮片等级窜等 饮片等级上下限窜等不得超过15%。宽度介于两个等级之间的片形、光滑度好的归上一等级。

4.3.4 异形片和药屑杂质 不得过5%。

4.3.5 二氧化硫残留量 照二氧化硫残留量测定法（中国药典2015年版通则2331）测定，不得过300mg/kg。

4.4 浸出物

照醇溶性浸出物测定法（中国药典2015年版通则2201）项下的热浸法测定，用45%乙醇作溶剂，党参产地片不得少于55.0%。

5 附注

5.1 重金属及有害元素 党参原药材中的重金属及有害元素，照铅、镉、砷、汞、铜测定法（中国药典2015年版四部通则2321）测定。

5.2 农药残留量 党参原药材中的农药残留量，照农药残留量测定法（中国药典2015年版四部通则2341）测定。

当归产地片质量标准（DB62/T001BZ—2019）

前 言

本标准按GB/T 1.1—2009给出的规则起草。

编制本标准的样品采自甘肃省主要的中药饮片生产企业，全部样品为人工种植当归产地加工成的商品规格与等级。编制本标准时，充分保留了甘肃各地在长期的产地加工和商品流通中形成的各类产地加工片规格，以利于各行业的应用。

本标准由甘肃省药品监督管理局提出并归口。

本标准负责起草单位：甘肃省药品检验研究院、定西市中医药产业发展局。

本标准参加起草单位：岷县顺兴和中药材有限责任公司、甘肃九州天润中药产业有限公司、甘肃中天药业有限责任公司、中国食品药品检定研究院、北京中医药大学、甘肃同君堂药业有限公司、甘肃弘润药业有限公司、甘肃华庆堂药业饮片有限公司、甘肃伊真堂药业有限责任公司、陇西保和堂药业有限责任公司、甘肃神农文峰药业有限公司、陇西奇正药材有限公司、甘肃圣源中药材有限公司、甘肃普尔康药业有限公司、甘肃国峰药业有限公司、甘肃汉草品汇中药饮片有限公司、岷县蘅阳中药材药业有限公司、甘肃岷归中药材科技有限公司、陇西正大药业有限公司、岷县归芪堂药业有限公司、甘肃省高校协同创新科技团队、甘肃省道地药材研究所、甘肃省中藏药检验检测技术工程研究中心、甘肃省中藏药检验检测技术工程实验室、甘肃省药学学会、渭源县市场监督管理局。

本标准主要起草人：宋平顺、魏锋、马双成、杨平荣、倪琳、景小勤、杨克谦、贺军权、党伟、刘春生。

本标准参加起草人：孟小中、赵文祯、王引权、陈杰、马中森、曹登铭、李雪雯、王啟龙、刘富强、杨耘、卢雪蕊、刘志浩、蔺瑞丽、杨新平、李庆、孙维宏、王玉兰、乔玉梅、李登鹏、王雁云、 刘明芳、黄满中、肖海云、张守福、刘蘅嶙。

本标准首次发布，为推荐性标准。

当归产地片质量标准

1 范围

本标准规定了采用传统方法加工当归产地片的质量要求，内容包括：当归产地片规格与等级、质量要求、检验方法等。

本标准适用于当归产地片生产、经营和使用的质量检验。

2 规范性引用文件

下列文件对于本文件的应用是必不可少的。凡是注日期的引用文件，仅所注日期的版本适用于本文件。凡是不注日期的引用文件，其最新版本（包括所有的修改

单项)适用于本文件。

《中华人民共和国药典》(2015年版一部、四部)

《中药饮片质量标准通则》(国家中医药管理局)

3 术语和定义

下列术语和定义适用于本文件。

3.1 当归

为伞形科植物当归*Angelica sinensis*(Oliv.)Diels的干燥根。主产于甘肃，四川、云南、青海亦产。为甘肃的道地药材。

3.2 原药材

秋末采挖，除去须根和泥沙，待水分稍蒸发后，捆成小把，上棚，用烟火慢慢熏干；或晾晒、热风烘干后的当归药材。

3.3 产地加工切片

对当归原药材在产地进行净选、切制等传统工艺的处理，加工一定片形的初级原料，简称产地片。

3.4 规格

在当归商品流通中形成的不同交易品类，一个交易品类称为一个规格。

3.5 等级

在当归各规格下，用于区分当归品质级别的交易品种，一个交易品种称为一个等级。

4 质量要求

4.1 性状

当归产地片性状见表1。

表 1　当归产地片性状要求

规格	等级	性状要求	
		性状描述	等级描述
当归圆片	选片	呈类圆形、椭圆形或不规则薄片。外表面浅棕色至棕褐色，具不规则的抽缩皱纹及横长的皮孔样突起。切面略显粗糙，有时具裂隙或抽缩皱纹；皮部黄白色，具多数棕色点状分泌腔，形成层环黄棕色，木质部色较淡。质较柔韧。有浓郁的香气，味甘、辛、微苦。无变茬片、无杂质、无碎片	直径 1.0cm 以上，厚 1~2mm
	统片		直径 1.0cm 以下，厚 1~2mm
当归全归片（当归片）	特级片	呈长条形、长卵形薄片，中、下部具 1 或数条形分枝。常断裂成归头片和归尾片。有浓郁香气，味甘、辛、微苦。无变茬片，无杂质，无碎片	长 5~20cm，宽 2~4cm；厚 1~2mm
	一级片		长 3~15cm，宽 0.3~2cm；厚 1~2mm
当归头片（归头片）	特级片	呈长卵形、宽卵形薄片，少有分枝。有浓郁香气，味甘、辛、微苦。无变茬片、无杂质、无碎片	宽 2.6cm 以上，长 3~10cm，厚 1~2mm
	一级片		宽 1.7~2.2cm，长 3~10cm，厚 1~2mm
	二级片		宽 1.0~1.7cm，长 3~10cm，厚 1~2mm
当归尾片（当归股子片归尾片）	选片	呈长条形，多弯曲，少数有分枝。有浓郁香气，味甘、辛、微苦。无变茬片、无碎片、无杂质	长 1~10cm，宽 0.2~0.8cm，厚 1~2mm
	统片		长 1~10cm，宽 0.2~0.8cm，厚 1~2mm
当归佛手片	精选片	呈长卵形的不规则薄片，下部具 2~8 条分离或粘连的归尾。切面呈黄白色，平坦，有裂隙，中间有浅棕色的形成层环，并有多数棕色的油点。有浓郁香气，味甘、辛、微苦。片形完整、两面全白、无花皮，修头剪尾	长 8~16cm，宽 2.6cm 以上，厚 1~2mm
	选装片	切面呈黄白色，间有浅棕黄色。有浓郁香气，味甘、辛、微苦。片形完整、两面稍带花皮	长 8~16cm、宽 1.8cm 以上，厚 1.5~2mm
	统装片	切面呈有黄白色，多有浅棕黄色。有浓郁香气，味甘、辛、微苦。片形完整	长 8~16cm、宽 1.8cm 以下，厚 1.5~2mm

4.2 鉴别

4.2.1 显微鉴别　粉末淡黄棕色。韧皮薄壁细胞纺锤形，壁略厚，表面有极微细的斜向交错纹理， 有时可见菲薄的横隔。梯纹导管和网纹导管多见，直径约至

80μm。有时可见油室碎片。

4.2.2 薄层色谱鉴别 （1）取本品粉末0.5g，加乙醚20ml，超声处理10分钟，滤过，滤液蒸干，残渣加乙醇1ml使溶解，作为供试品溶液。另取当归对照药材0.5g，同法制成对照药材溶液。照薄层色谱法（中国药典2015年版通则0502）试验，吸取上述两种溶液各10μl，分别点于同一硅胶G薄层板上，以正己烷—乙酸乙酯（4:1）为展开剂，展开，取出，晾干，置紫外光灯（365nm）下检视。供试品色谱中，在与对照药材色谱相应的位置上，显相同颜色的荧光斑点。

（2）取本品粉末3g，加1%碳酸氢钠溶液50ml，超声处理10分钟，离心，取上清液用稀盐酸调节pH值至2~3，用乙醚振摇提取2次，每次20ml，合并乙醚液，挥干，残渣加甲醇1ml使溶解，作为供试品溶液。另取阿魏酸对照品、藁本内酯对照品，加甲醇制成每1ml各含1mg的溶液，作为对照品溶液。照薄层色谱法（中国药典2015年版通则0502）试验，吸取上述三种溶液各10μl，分别点于同一硅胶G薄层板上，以环己烷－二氯甲烷－乙酸乙酯－甲酸（4:1:1:0.1）为展开剂，展开，取出，晾干，置紫外光灯（365nm）下检视。供试品色谱中，在与对照品色谱相应的位置上，显相同颜色的荧光斑点。

4.3 检查

4.3.1 水分 不得过15.0%（中国药典2015年版通则0832第四法）。

4.3.2 总灰分 不得过7.0%（中国药典2015年版通则2302）。

4.3.3 酸不溶性灰分 不得过2.0%（中国药典2015年版通则2302）。

4.3.4 饮片等级窜等 饮片等级上下限窜等不得超过15%。宽度介于两个等级之间的片形、光滑度好的归上一等级。

4.3.5 异形片、药屑杂质 不得过5%。

4.3.6 二氧化硫残留量 照二氧化硫残留量测定法（中国药典2015年版通则2331）测定，不得过150mg/kg。

4.4 浸出物

照醇溶性浸出物测定法（中国药典2015年版通则2201）项下的热浸法测定，用70%乙醇作溶剂，不得少于50.0%。

4.5 含量测定 照高效液相色谱法（中国药典2015年版通则0512）测定。

色谱条件与系统适用性试验 以十八烷基硅烷键合硅胶为填充剂；以乙腈-0.085%磷酸溶液（17∶83）为流动相；检测波长为316nm；柱温35℃。理论板数按阿魏酸峰计算应不低于5000。

对照品溶液的制备 取阿魏酸对照品适量，精密称定，置棕色量瓶中，加70%甲醇制成每1ml含阿魏酸12μg的溶液，摇匀，即得。

供试品溶液的制备 取本品粉末（过三号筛）约0.2g，精密称定，置具塞锥形瓶中，精密加入70%甲醇20ml，密塞，称定重量，加热回流30分钟，放冷，再称定重量，用70%甲醇补足减失的重量，摇匀，静置，取上清液滤过，取续滤液，即得。

测定法 分别精密吸取对照品溶液与供试品溶液各10μl，注入液相色谱仪，测定，即得。本品按干燥品计算，含阿魏酸（$C_{10}H_{10}O_4$）不得少于0.060%。

5 附注

5.1 重金属及有害元素 当归原药材中的重金属及有害元素，照铅、镉、砷、汞、铜测定法（中国药典2015年版四部通则2321）测定。

5.2 农药残留量 当归原药材中的农药残留量，照农药残留量测定法（中国药典2015年版四部通则2341）测定。

黄芪产地片加工技术规范（DB62/T002GF—2019）

前 言

本标准按GB/T 1.1—2009给出的规则起草。

编制本标准的样品采自甘肃省主要的中药饮片生产企业，全部样品为人工种植和野生黄芪产地加工成的商品规格与等级。编制本标准时，充分保留了甘肃各地在长期的产地加工和商品流通中形成的各类产地加工片规格，以利于各行业的应用。

本标准由甘肃省药品监督管理局提出并归口。

本标准负责起草单位：甘肃省药品检验研究院、定西市中医药产业发展局。

本标准参加起草单位：甘肃九州天润中药产业有限公司、岷县顺兴和中药材有限责任公司、甘肃省高校协同创新科技团队、陇西保和堂药业有限责任公司、甘肃中天药业有限责任公司、北京中医药大学、中国食品药品检定研究院、甘肃同君堂药业有限公司、甘肃弘润药业有限公司、甘肃华庆堂药业饮片有限公司、陇西奇正药材有限公司、甘肃伊真堂药业有限责任公司、甘肃神农文峰药业有限公司、甘肃圣源中药材有限公司、甘肃普尔康药业有限公司、甘肃国峰药业有限公司、甘肃汉草品汇中药饮片有限公司、岷县蘅阳中药材药业有限公司、甘肃岷归中药材科技有限公司、陇西正大药业有限公司、岷县归芪堂药业有限公司、甘肃省道地药材研究所、甘肃省中藏药检验检测技术工程研究中心、甘肃省中藏药检验检测技术工程实验室、甘肃省药学学会、渭源县市场监督管理局。

本标准主要起草人：杨平荣、宋平顺、刘柏龙、李安平、魏锋、马双成、杨克谦、刘春生、景小勤、党伟、贺军权。

本标准参加起草人：赵文祯、孟小中、王引权、马中森、曹登铭、陈杰、刘小燕、马尚贤、夏巧红、王丽梅、关东辉、刘生彩、杨新平、李庆、李小军、李雪雯、王啟龙、刘富强、杨耘、卢雪蕊、李登鹏、乔玉梅、王雁云、孙维宏、刘明芳、黄满中、肖海云、张守福、刘蘅嶙。

本标准首次发布，为推荐性标准。

黄芪产地片加工技术规范

1 范围

本标准规定了采用传统方法加工黄芪产地片的净制、切制技术规范，内容包括：黄芪产地片的传统加工方法、工艺流程、产地加工基地、规格与等级等。

本标准适用于黄芪产地片的生产加工、规格分级。

2 规范性引用文件

下列文件对于本文件的应用是必不可少的。凡是注日期的引用文件，仅所注日期的版本适用于本文件。凡是不注日期的引用文件，其最新版本（包括所有的修改

单项）适用于本文件。

《中华人民共和国药典》（2015 年版一部、四部）

《中药饮片质量标准通则》（国家中医药管理局）GB5749 生活饮用水卫生标准

SB/T 11183 中药材产地加工技术规范

3 术语和定义

下列术语和定义适用于本文件。

3.1 黄芪

为豆科植物蒙古黄芪 *Astragalus membranaceus*(Fish.)Bge. var. *mongholicus*(Bge.) Hsiao 或膜荚黄芪 *Astragalus membranaceus* (Fish.) Bge. 的干燥根。

主产于甘肃、内蒙古、山西，黑龙江、吉林、河北等地亦产。为甘肃的道地药材。

3.2 原药材

春、秋二季采挖，除去须根和根头，晒干并经搓揉或不搓揉后的黄芪药材。

3.3 产地加工切片

对黄芪原药材在产地进行净选、切制等传统工艺的处理，加工成片、段、粒等一定形状的初级原料，简称产地片。

3.4 异形片

是指不符合标准所规定的规格范围的饮片，如连刀片、变茬片、碎片等。

3.5 药屑杂质

是加工饮片后原药材的碎末。

3.6 产地加工基地

应具备相关设施、设备，可进行规模化、规范化产地加工的场所。

3.7 净选

除去原药材中非药用部分及杂质的过程。

3.8 分级

将净选的药材分为大、中、小三级的过程。

3.9 洗净

将净选后的药材采用机械清洗，或手工冲洗，直至无泥土和异物为止的过程。

3.10 闷润

将洗净的药材采用机械润药机软化，或置润药池闷润，直至柔软适宜切片的过程。

3.11 机械压制

将闷润后的药材置于压扁机上，压制成片状的过程。

3.12 机械切制

取闷润后药材置于切药机上，切制各类饮片的过程。

3.13 手工切（刨）制

3.13.1 切制　将压制后的药材，置于平放的木板上，单手持刀切成片的过程。

3.13.2 刨制　将压制后的药材，置于斜放的特制木板上，双手持刀刨成片的过程。

3.13.2 去皮刨制　将压制后的药材，置于斜放的特制木板上，双手持刀刨去原料两面外皮，再刨 1~3 刀成片的过程。

3.14 干燥

对产地加工片进行干燥处理的过程。

3.15 筛选

将干燥后的产地片用自动筛选设备，选择适合的筛网进行分级筛选，筛去药屑过程。

3.16 规格

中药材或产地片在商品流通中形成的不同交易品类，一个交易品类称为一个规格。

3.17 等级

在中药材或产地片各规格下，用于区分品质级别的交易品种，一个交易品种称为一个等级。

4 要求

4.1 加工场地

4.1.1 加工应有适宜场地与车间，应符合药品生产质量管理的有关要求。

4.1.2 加工场地应整洁，宽敞，通风良好，具有遮阳，防雨和防鼠、虫及禽畜的设施。

4.2 加工机械和器具

4.2.1 所有加工机械、辅助器械不得污染和影响药材质量，并有明显的状态标志。

4.2.2 保持加工机械，器具清洁，无污染，并有明显的状态标志。

4.3 卫生学管理

4.3.1 工作人员身体健康，无传染病和外伤疾病，保持环境和个人卫生。

4.3.2 生产前及生产工序结束后应注重清场工作，清场合格证在有效期内，并作好记录。

4.3.3 药材切（刨）制后的产地片应装入洁净的接料筐内，不得接触地面。

4.4 操作管理

4.4.1 员工上岗前对其进行相关操作培训。

4.4.2 员工应具备独立操作能力，按规定操作。

4.4.3 每批次生产时，需挂上相应的状态标识，并填写品名、规格等级、数量、生产批号、生产日期、操作人等信息。

4.5 文件管理

4.5.1 生产企业应制定明确的生产管理、质量管理等标准操作规程。

4.5.2 药材的生产全过程均应详细记录，记录要求内容真实，数据完整，字迹清晰，达到生产过程可追溯。

4.5.3 所有资料、记录等均应存档，档案资料应有专人保管。

5 产地片的工艺流程

5.1 机械切制工艺

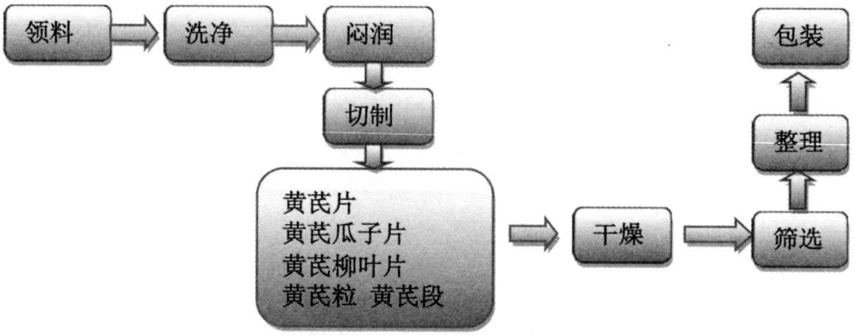

5.2 手工压（刨）制工艺

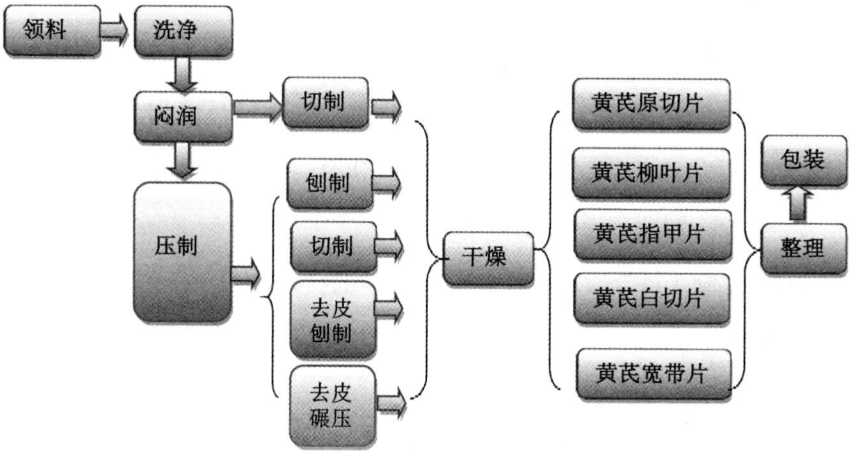

6 产地片的工艺技术要求

6.1 净选

除去黄芪原药材中的泥土及腐根，剪去须根及顶端残留的茎叶等非药用部分，分为大、中、小三级，此后加工过程中不同分级的黄芪不能混合。

6.2 清洗

将分级后的黄芪置于滚筒式洗药机内清洗或高压水枪快速喷洗，直至除去表面泥沙干净。

6.3 闷润

将洗后的黄芪置于润药机，设定适宜的压力和时间，或放入润药池内外覆盖湿布，据药材大小和季节选择闷润时间，闷润后的黄芪应水尽药透，松软适中。

6.4 切（刨）制

6.4.1 切制　将浸润好的黄芪置于切药机上，通过专用切制模具，切制成黄芪片、黄芪瓜子片、黄芪柳叶片、黄芪粒、黄芪段、黄芪节。

6.4.2 刨制　压制后，采用专用单把刀切制成黄芪指甲片；采用专用双把刀刨制成黄芪原切片、黄芪柳叶片；采用专用双把刀去皮后刨制成黄芪白切片；去皮后再专用双把黄芪宽带片。

6.5 干燥

6.5.1 太阳能干燥　将切制好的黄芪产地片置于太阳能干燥房，经适宜温度和时间干燥，随时翻动，取出，放凉。

6.5.2 设备干燥　将切制好的黄芪产地片置于干燥设备时，设置适宜的烘干温度和时间，随时翻动，取出，放凉。

6.6 筛选与整理

将干燥后放凉的黄芪产地片（黄芪片、黄芪指甲片、黄芪瓜子片、黄芪段、黄芪粒）混匀，用筛选机选择适合的筛网筛去药屑，并进行等级分类。通过工作台拣去异形片和异物。

7 规格等级

黄芪产地片分为 9 个规格 31 个等级，每个规格有 2~4 个不同等级。黄芪产地片规格与等级见表 1。

表 1　黄芪产地片规格与等级

规格	等级	性状要求	
		性状描述	等级描述
黄芪片	特等	呈类圆形。外表面黄白色、浅棕黄色或棕褐色；具纵皱纹。切面皮部黄白色，木部呈类圆形、淡黄色，有放射状纹理及裂隙，有的中心具空洞。气微，味微甜，嚼之有豆腥味。无杂质、虫蛀、霉变	直径 1.4~2.5cm，厚 2~4mm
	一等		直径 1~1.4cm，厚 2~4mm
	二等		直径 0.6~1cm，厚 2~4mm
	三等		直径 0.2~0.6cm，厚 2~4mm

续表

规格	等级	性状要求	
		性状描述	等级描述
黄芪瓜子片	特等	呈椭圆形。木部呈椭圆形。气微，味微甜，嚼之有豆腥味。无杂质、虫蛀、霉变	长 3.5~4cm，宽 1.4~1.8cm，厚 2~4mm
	一等		长 2.5~3.5cm，宽 1.2~1.4cm，厚 2~4mm
	二等		长 2~3cm，宽 1.0~1.2cm，厚 2~4mm
	三等		长 2~3cm，宽 0.8~1.0cm，厚 2~4mm
	四等		长 2~3cm，宽 0.6~0.8cm，厚 2~4mm
	五等		长 1.0~1.5cm，宽 0.4~0.6cm，厚 2~4mm
黄芪指甲片	一等	呈类长方形，扁平。一端是栓皮，较为平坦或具纵皱纹，有时呈破裂状；另一端是切面，呈类长方形。味微甜，嚼之有豆腥味。无杂质、虫蛀、霉变	长 7~11cm，宽 1.5~2.5cm，厚 2~4mm
	二等		长 4~6cm，宽 1~1.8cm，厚 2~4mm
	三等		长 3.5~4cm，宽 0.8~1.8cm，厚 2~4mm
黄芪原切片	一等	呈类长椭圆形。外表面有纵皱纹和散在的横长皮孔样突起。切面呈长椭圆形。味微甜，嚼之有豆腥味。无杂质、虫蛀、霉变	长 7~8cm，宽 1.5~2cm，厚 2~4mm
	二等		长 6~7cm，宽 1~1.5cm，厚 2~4mm
	三等		长 4~6cm，宽 0.8~1cm，厚 2~4mm
黄芪柳叶片	一等	呈长条状椭圆形。外表面有纵皱纹和散在的横长皮孔样突起。切面呈长椭圆形。有特殊香气，味微甜，嚼之有豆腥味。无杂质、虫蛀、霉变	长 6.5~7cm，宽 1.2~1.5cm，厚 2~4mm
	二等		长 6~6.5cm，宽 1.1~1.2cm，厚 2~4mm
	三等		长 5.5~6cm，宽 0.9~1.1cm，厚 2~4mm
	四等		长 5~5.5cm，宽 0.7~0.9cm，厚 2~4mm
	五等		长 4.5~5cm，宽 0.5~0.7cm，厚 2~4mm
黄芪宽带片	一等	呈宽带形、不规则厚片，两边略呈弧形。表面为淡黄白色或浅黄色，可见细纵纹或浅纵沟。韧皮部与木质部界限不清。有特殊香气，味微甜。嚼之有豆腥味。无杂质、虫蛀、霉变	长 10~17cm，宽 5~7cm，厚 2~4mm
	二等		长 10~15cm，宽 4~5cm，厚 2~4mm
	三等		长 10~15cm，宽 3~4cm，厚 2~4mm

续表

规格	等级	性状要求	
		性状描述	等级描述
黄芪白切片	一等	呈长条形，两边略带外表皮，略呈弓形。刨面皮部黄白色，木部呈淡黄色，一端残留栓皮。有特殊香气，味微甜，嚼之有豆腥味。无杂质、虫蛀、霉变	长 16~18cm，宽 2~3cm，厚 1~2mm
	二等		长 14~16cm，宽 1.5~2cm，厚 1~2mm
	三等		长 10~14cm，宽 1.5~2cm，厚 1~2mm
黄芪粒	一等	呈短圆柱形。具纵皱纹、横长皮孔及支根断痕。气微，味微甜，嚼之有豆腥味	厚 0.4~0.6cm，直径 0.8~1.4cm
	二等		厚 0.4~0.6cm，直径 0.2~0.8cm
黄芪段	一等	呈长圆柱形。具纵皱纹、横长皮孔及支根断痕。气微，味微甜，嚼之有豆腥味。无杂质、虫蛀、霉变	长 2~5cm，直径 0.8~1.4cm
	二等		长 2~5cm，直径 0.2~0.8cm

8 质量要求

8.1 性状 应符合黄芪产地片的质量标准要求。

8.2 鉴别指标 应符合黄芪产地片的质量标准要求。

8.3 检查指标 应符合黄芪产地片的质量标准要求。

8.4 浸出物、含量指标 应符合黄芪产地片的质量标准要求。

9 检验方法

9.1 按《中华人民共和国药典》四部药材和饮片取样法（通则 0211）执行。

9.2 黄芪原切片、黄芪白切片、黄芪指甲片、黄芪宽带片和黄芪段除含量测定项外，其余应符合质量要求。

党参产地片加工技术规范(DB62/T003GF—2019)

前　言

本标准按 GB/T 1.1—2009 给出的规则起草。

编制本标准的样品采自甘肃省主要的中药饮片生产企业，全部样品为人工种植党参产地加工成的商品规格与等级。编制本标准时，充分保留了甘肃各地在长期的产地加工和商品流通中形成的各类产地加工片规格，以利于各行业的应用。

本标准由甘肃省药品监督管理局提出并归口。

本标准负责起草单位：甘肃省药品检验研究院、定西市中医药产业发展局。

本标准参加起草单位：甘肃九州天润中药产业有限公司、岷县顺兴和中药材有限责任公司、甘肃中天药业有限责任公司、中国食品药品检定研究院、北京中医药大学、甘肃华庆堂药业饮片有限公司、甘肃神农文峰药业有限公司、陇西奇正药材有限公司、甘肃弘润药业有限公司、甘肃普尔康药业有限公司、甘肃国峰药业有限公司、甘肃汉草品汇中药饮片有限公司、岷县蘅阳中药材药业有限公司、甘肃岷归中药材科技有限公司、陇西正大药业有限公司、岷县归芪堂药业有限公司、渭源蘅顺堂药业有限公司、甘肃圣源中药材有限公司、平凉市青松饮片有限公司、庆阳康盛源药业有限公司、甘肃省高校协同创新科技团队、甘肃省道地药材研究所、甘肃省中藏药检验检测技术工程研究中心、甘肃省中藏药检验检测技术工程实验室、甘肃省药学学会、渭源县市场监督管理局。

本标准主要起草人：魏锋、宋平顺、杨平荣、倪琳、马双成、杨克谦、刘春生、景小勤、贺军权、党伟。

本标准参加起草人：赵文祯、王引权、马中森、陈杰、曹登铭、孟小中、杨新平、李庆、李小军、李雪雯、王啟龙、刘富强、杨耘、卢雪蕊、李登鹏、乔玉梅、王继贤、孙维宏、王玉兰、车献礼、刘明芳、黄满中、肖海云、张守福、刘蘅嶙、王雁云、高满义。

本标准首次发布，为推荐性标准。

党参产地片加工技术规范

1 范围

本标准规定了采用传统方法加工党参产地片的净制、切制技术规范，内容包括：党参产地片的传统加工方法、工艺流程、产地加工基地、规格与等级等。

本标准适用于党参产地片的生产加工、规格分级。

2 规范性引用文件

下列文件对于本文件的应用是必不可少的。凡是注日期的引用文件，仅所注日期的版本适用于本文件。凡是不注日期的引用文件，其最新版本（包括所有的修改单项）适用于本文件。

《中华人民共和国药典》（2015 年版一部、四部）

《中药饮片质量标准通则》（国家中医药管理局）GB 5749 生活饮用水卫生标准

SB/T 11183 中药材产地加工技术规范

3 术语和定义

下列术语和定义适用于本文件。

3.1 党参

为桔梗科植物党参 *Codonopsis pilosula* (Franch.) Nannf.、素花党参 *Codonopsis pilosula* Nannf. var. *modesta* (Nannf) L. T. Shen 的干燥根。

主产于甘肃、山西、四川、湖北、陕西等地。为甘肃的道地药材。

3.2 原药材

秋季采挖，洗净、晾晒并经搓揉或不搓揉初加工形成的党参药材。

3.3 产地加工切片

对党参原药材在产地进行净选、切制等传统工艺的处理，加工成片、段、节、粒等形状的初级原料，简称产地片。

3.4 异形片

是指不符合标准所规定的规格范围的饮片，如连刀片、变茬片、碎粒等。

3.5 药屑杂质

是加工饮片后原药材的碎末。

3.6 产地加工基地

应具备相关设施、设备，可进行规模化、规范化产地加工的场所。

3.7 洗净

将原药材采用机械清洗，或手工冲洗，直至无泥土和异物为止的过程。

3.8 净选

将洗净的原药材下串，除去原药材非药用部分及杂质的过程。

3.9 分级

将净选的药材分为大、中、小三级的过程。

3.10 闷润

将分级后的药材采用机械润药机软化，或置润药池闷润，直至柔软适宜切片的过程。

3.11 切制

取闷润后的药材置于切药机上，切制各类饮片的过程。

3.12 人工切（刨）制

取闷润后的药材置于特制模具上，采用专用刀切制或刨制成各类饮片的过程。

3.13 干燥

对产地加工片进行干燥处理的过程。

3.14 筛选

将干燥后的产地片用自动筛选设备，选择适合的筛网进行分级筛选，筛去药屑过程。

3.15 规格

中药材或产地片在商品流通中形成的不同交易品类，一个交易品类称为一个规格。

3.16 等级

在中药材或产地片各规格下，用于区分品质级别的交易品种，一个交易品种称为一个等级。

4 要求

4.1 加工场地

4.1.1 加工应有适宜场地与车间，应符合药品生产质量管理的有关要求。

4.1.2 加工场地应整洁，宽敞，通风良好，具有遮阳，防雨和防鼠、虫及禽畜的设施。

4.2 加工机械和器具

4.2.1 所有加工机械、辅助器械不得污染和影响药材质量，并有明显的状态标志。

4.2.2 保持加工机械，器具清洁，无污染，并有明显的状态标志。

4.3 卫生学管理

4.3.1 工作人员身体健康，无传染病和外伤疾病，保持环境和个人卫生。

4.3.2 生产前及生产工序结束后应注重清场工作，清场合格证在有效期内，并作好记录。

4.3.3 药材切制后的产地片应装入洁净的接料筐内，不得接触地面。

4.4 操作管理

4.4.1 员工上岗前对其进行相关操作培训。

4.4.2 员工应具备独立操作能力，按规定操作。

4.4.3 每批次生产时，需挂上相应的状态标识，并填写品名、规格等级、数量、生产批号、生产日期、操作人等信息。

4.5 文件管理

4.5.1 生产企业应制定明确的生产管理、质量管理等标准操作规程。

4.5.2 药材的生产全过程均应详细记录，记录要求内容真实，数据完整，字迹清晰，达到生产过程可追溯。

4.5.3 所有资料、记录等均应存档，档案资料应有专人保管。

5 产地片的工艺流程

5.1 机械切制工艺

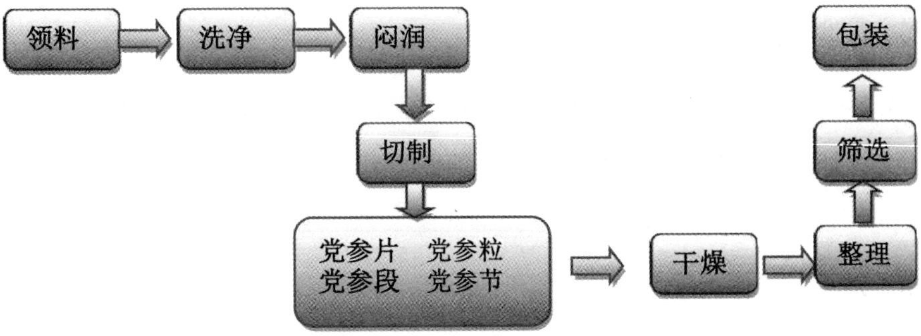

5.2 手工压（刨）制工艺

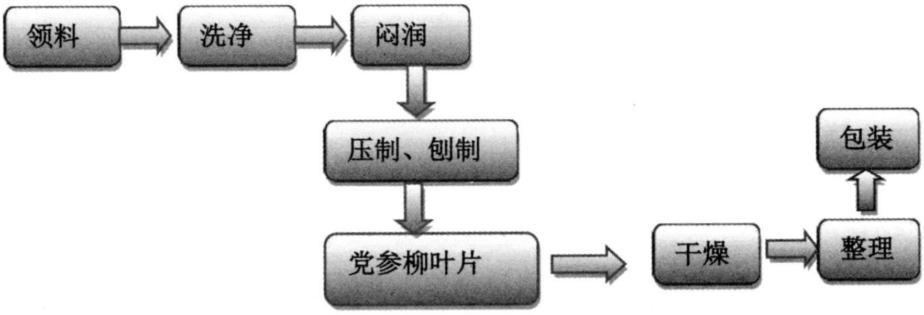

6 产地片的工艺技术要求

6.1 净选

除去党参中的泥土、腐根及残留的非药用部分，分为大、中、小三级，此后加工过程中不同分级的党参不能混合。

6.2 清洗

将分级后的党参置于洗药机内清洗，或高压水枪快速喷洗，直至除去表面泥沙干净。

6.3 闷润

将洗后的党参置于润药机，设定适宜的压力和时间，或放入润药池内外覆盖湿布，根据药材大小和季节选择闷润时间，闷润后的党参应水尽药透，松软适中。

6.4 切（刨）制

将浸润好的党参置于切药机上，切制成党参片、党参粒、党参段、党参节；手工刨制成党参柳叶片。

6.5 干燥

6.5.1 太阳能干燥 将切制好的党参产地片置于太阳能干燥房，经适宜温度和时间干燥，随时翻动，取出，放凉。

6.5.2 设备干燥 将切制好的党参产地片置于干燥设备时，设置适宜的烘干温度和时间，随时翻动，取出，放凉。

6.6 筛选与整理

将干燥后放凉的党参产地片混匀，用筛选机选择适合的筛网筛去药屑，并进行等级整理。通过工作台拣去异形片和异物。

7 规格等级

党参产地片分为 5 个规格 16 个等级，每个规格有 1 ～ 4 个不同等级。党参产地片规格与等级见表 1。

表 1 党参产地片规格与等级

规格	等级	性状要求	
		性状描述	等级描述
党参片	特等	呈类圆形。外表面灰黄色、黄棕色或黄褐色；根头部可见多数疣状突起的茎痕和芽。切面皮部淡棕黄色至黄棕色，木部淡黄色至黄色，有裂隙或放射状纹理。有特殊香气，味微甜。无杂质、虫蛀、霉变	直径 1 ～ 2cm, 厚 0.2 ～ 0.4cm
	一等		直径 0.8 ～ 1cm, 厚 0.2 ～ 0.4cm
	二等		直径 0.4 ～ 0.8cm, 厚 0.2 ～ 0.4cm
党参粒	一等	呈短圆柱形。有特殊香气，味微甜。无杂质、虫蛀、霉变	直径 0.8 ～ 1.2cm, 厚 0.4 ～ 0.6cm
	二等		直径 0.5 ～ 0.8cm，厚 0.4 ～ 0.6cm
	三等		直径 0.2 ～ 0.5cm，厚 0.4 ～ 0.6cm
党参段	特等	呈圆柱形。外表面有纵皱纹和散在的横长皮孔样突起。有特殊香气，味微甜。无杂质、虫蛀、霉变	直径 1 ～ 2cm, 长 0.5 ～ 1cm
	一等		直径 0.8 ～ 1cm, 长 0.5 ～ 1cm
	二等		直径 0.4 ～ 0.8cm, 长 0.5 ～ 1cm
	三等		直径 0.4cm 以下，长 0.5 ～ 1cm

续表

规格	等级	性状要求	
		性状描述	等级描述
党参节	特等	呈长圆柱形。外表面有纵皱纹和散在的横长皮孔样突起。有特殊香气，味微甜。无杂质、虫蛀、霉变。	直径 1 ~ 2cm, 长 3 ~ 5cm
	一等		直径 0.7 ~ 1cm, 长 3 ~ 5cm
	二等		直径 0.5 ~ 0.7cm, 长 3 ~ 5cm
	三等		直径 0.5cm 以下，长 3 ~ 5cm
党参柳叶片	一等	呈长条状椭圆形。外表面有纵皱纹和散在的横长皮孔样突起。有特殊香气，味微甜。无杂质、虫蛀、霉变。	长 5 ~ 6cm，宽 0.7 ~ 1.2cm, 厚 0.15 ~ 0.2cm
	二等		长 6 ~ 7cm，宽 0.4 ~ 0.7cm, 厚 0.15 ~ 0.2cm

8 质量要求

8.1 性状　应符合党参产地片的质量标准要求。

8.2 鉴别指标　应符合党参产地片的质量标准要求。

8.3 检查指标　应符合党参产地片的质量标准要求。

8.4 浸出物　应符合党参产地片的质量标准要求。

9 检验方法

按《中华人民共和国药典》四部药材和饮片取样法（通则 0211）执行。

当归产地片加工技术规范（DB62/T001GF—2019）

前　言

本标准按 GB/T 1.1—2009 给出的规则起草。

编制本标准的样品采自甘肃省主要的中药饮片生产企业，全部样品为人工种植当归产地加工成的商品规格与等级。编制本标准时，充分保留了甘肃各地在长期的产地加工和商品流通中形成的各类产地加工片规格，以利于各行业的应用。

本标准由甘肃省药品监督管理局提出并归口。

本标准负责起草单位：甘肃省药品检验研究院、定西市中医药产业发展局。

本标准参加起草单位：岷县顺兴和中药材有限责任公司、甘肃九州天润中药产业有限公司、甘肃中天药业有限责任公司、北京中医药大学、中国食品药品检定研究院、甘肃同君堂药业有限公司、甘肃弘润药业有限公司、甘肃华庆堂药业饮片有限公司、甘肃伊真堂药业有限责任公司、甘肃惠森药业发展有限公司、甘肃神农文峰药业有限公司、甘肃奇正药材有限公司、甘肃圣源中药材有限公司、甘肃普尔康药业有限公司、甘肃国峰药业有限公司、甘肃汉草品汇中药饮片有限公司、岷县蔺阳中药材药业有限公司、甘肃岷归中药材科技有限公司、陇西正大药业有限公司、岷县归芪堂药业有限公司、甘肃省高校协同创新科技团队、甘肃省道地药材研究所、甘肃省中藏药检验检测技术工程研究中心、甘肃省中藏药检验检测技术工程实验室、甘肃省药学学会、渭源县市场监督管理局。

本标准主要起草人：宋平顺、魏锋、马双成、杨平荣、倪琳、景小勤、杨克谦、贺军权、党伟、刘春生。

本标准参加起草人：孟小中、赵文祯、王引权、陈杰、马中森、曹登铭、李雪雯、王啟龙、刘富强、杨耘、卢雪蕊、刘志浩、蔺瑞丽、杨新平、李庆、孙维宏、王玉兰、乔玉梅、李登鹏、王雁云、刘明芳、黄满中、肖海云、张守福、刘蔺嶙。

本标准首次发布，为推荐性标准。

当归产地片加工技术规范

1 范围

本标准规定了采用传统方法加工当归产地片的净制、切制技术规范，内容包括：当归产地片的传统加工方法、工艺流程、产地加工基地、规格与等级等。

本标准适用于当归产地片的生产加工、规格分级。

2 规范性引用文件

下列文件对于本文件的应用是必不可少的。凡是注日期的引用文件，仅所注日期的版本适用于本文件。凡是不注日期的引用文件，其最新版本（包括所有的修改

单项）适用于本文件。

《中华人民共和国药典》（2015 年版一部、四部）

《中药饮片质量标准通则》（国家中医药管理局）GB 5749 生活饮用水卫生标准

SB/T 11183 中药材产地加工技术规范

3 术语和定义

下列术语和定义适用于本文件。

3.1 当归

为伞形科植物当归 *Angelica sinensis* (Oliv) Diels 的干燥根。主产于甘肃，四川、云南、青海亦产。为甘肃的道地药材。

3.2 原药材

秋季采挖，除去须根和泥沙，待水分稍蒸发后，捆成小把，上棚，用烟火慢慢熏干；或晾晒、热风烘干后的当归药材。

3.3 产地加工切片

对当归原药材在产地进行净选、切制等传统工艺的处理，加工一定片形的初级原料，简称产地片。

3.4 异形片

是指不符合标准所规定的规格范围的饮片，如连刀片、变茬片、麻皮片、碎片等。

3.5 药屑杂质

是加工饮片后原药材的碎末。

3.6 产地加工基地

应具备相关设施、设备，可进行规模化、规范化产地加工的场所。

3.7 净选

除去原药材中非药用部分及杂质的过程。

3.8 分级

将净选的药材分为大、中、小三级的过程。

3.9 洗净

将净选后的药材采用机械清洗，或手工冲洗，直至无泥土和异物为止的过程。

3.10 闷润

将洗净的药材采用机械润药机软化，或置润药池闷润，直至柔软适宜切片的过程。

3.11 压制

将闷润后的药材置于压扁机上或采用人工方式，制成一定厚度的过程。

3.12 蒸制

将洗净的药材置于特制的蒸药设备中，掌握适宜的压力和时间，蒸至适宜压制的过程。

3.13 切制

取闷润后药材置于切药机上，切制各类饮片的过程。

3.14 去皮

将压制后的药材，置于斜放的特制木制刨床上，刀刃朝上，双手持专用木板刨去原料两面外皮的过程。

3.15 手工刨制

将去皮的药材，置于斜放的特制木制刨床上，刀刃朝上，双手持专用木板刨1~3 刀成片的过程。

3.16 干燥

对产地加工片进行低温干燥处理的过程。

3.17 筛选

将干燥后的产地片用自动筛选设备，选择适合的筛网进行分级筛选，筛去药屑过程。

3.18 规格

中药材或产地片在商品流通中形成的不同交易品类，一个交易品类称为一个规格。

3.19 等级

在中药材或产地片各规格下，用于区分品质级别的交易品种，一个交易品种称为一个等级。

4 要求

4.1 加工场地

4.1.1 加工应有适宜场地与车间，应符合药品生产质量管理的有关要求。

4.1.2 加工场地应整洁，宽敞，通风良好，具有遮阳，防雨和防鼠、虫及禽畜的设施。

4.2 加工机械和器具

4.2.1 所有加工机械、辅助器械不得污染和影响药材质量，并有明显的状态标志。

4.2.2 保持加工机械，器具清洁，无污染，并有明显的状态标志。

4.3 卫生学管理

4.3.1 工作人员身体健康，无传染病和外伤疾病，保持环境和个人卫生。

4.3.2 生产前及生产工序结束后应注重清场工作，清场合格证在有效期内，并作好记录。

4.3.3 药材切（刨）制后的产地片应装入洁净的接料筐内，不得接触地面。

4.4 操作管理

4.4.1 员工上岗前对其进行相关操作培训。

4.4.2 员工应具备独立操作能力，按规定操作。

4.4.3 每批次生产时，需挂上相应的状态标识，并填写品名、等级、规格、数量、生产批号、生产日期、操作人等信息。

4.5 文件管理

4.5.1 生产企业应制定明确的生产管理、质量管理等标准操作规程。

4.5.2 药材的生产全过程均应详细记录，记录要求内容真实，数据完整，字迹清晰，达到生产过程可追溯。

4.5.3 所有资料、记录等均应存档，档案资料应有专人保管。

5 产地片的工艺流程

5.1 机械压、切制工艺 6 产地片的技术要求

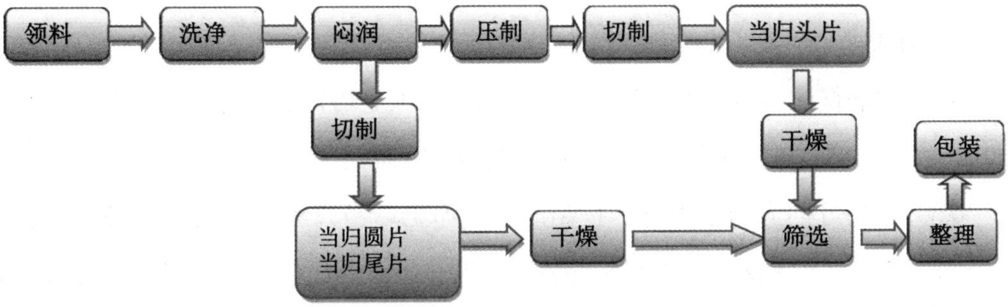

5.2 手工压、刨制工艺

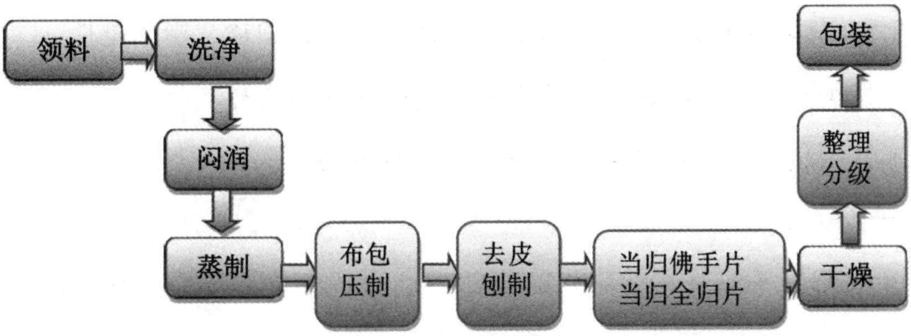

6 产地片的工艺技术要求

6.1 净选

除去当归原药材中的泥土、腐根及残留的非药用部分，分为大、中、小三级，此后加工过程中不同分级的当归不能混合。

6.2 清洗

将分级后的当归置于滚筒式洗药机内清洗，或高压水枪快速喷洗，直至除去表面泥沙干净。

6.3 闷润

将洗后的当归置于润药机，设定适宜的压力和时间，或放入润药池内外覆盖湿布，根据药材大小和季节选择闷润时间，闷润后的当归应水尽药透，松软适中。

6.4 蒸制

将洗净的当归置于特制的蒸药设备中，掌握适宜的压力和时间进行蒸后，取出，稍晾。

6.5 压制

6.5.1 将润好的当归置于压制机，根据当归的大小均匀放入特制的料板上，放入料口，启动电源，进行压制，压制后的当归厚度一致。

6.5.2 将润好的当归单支置于特制的压制布上，当归尾不能交叉，用布包紧整支当归，手握当归尾部，将当归头部放入特制压板进行压制，后手握压过的当归头部，将尾部放入特制的压板进行压制，直至压制后的当归厚度适中，周身粘为一个整体为止。

6.6 切（刨）制

6.6.1 将浸润好的当归置于切药机上，切制成当归圆片、当归尾片。

6.6.2 将压制好的当归置于切药机上，切制成当归头片。

6.6.3 将压制好的当归采用专用刀具刨制成当归佛手片、当归全归片。

6.7 干燥

6.7.1 太阳能干燥 将切制好的当归产地片置于太阳能干燥房，经适宜温度和时间干燥，随时翻动，取出，放凉。

6.7.2 干燥设备干燥 将切制好的当归产地片置于干燥设备时，设置适宜的烘干温度和时间，随时翻动，取出，放凉。

6.8 筛选与整理

将干燥后放凉的当归产地片混匀，用筛选机选择适合的筛网筛去药屑。通过工作台拣去异形片和异物。

7 规格等级

当归产地片分为 5 个规格 12 个等级，每个规格有 2 ~ 3 个不同等级。当归产地片规格与等级见表 1。

表 1 当归产地片规格与等级

规格	等级	性状要求	
		性状描述	等级描述
当归圆片	选片	呈类圆形、椭圆形或不规则薄片。外表面浅棕色至棕褐色，具不规则的抽缩皱纹及横长的皮孔样突起。切面略显粗糙，有时具裂隙或抽缩皱纹；皮部黄白色，具多数棕色点状分泌腔，形成层环黄棕色，木质部色较淡。质较柔韧。有浓郁的香气，味甘、辛、微苦。无变茬片、无杂质、无碎片	直径 1.0cm 以上，厚 1 ~ 2mm
	统片		直径 1.0cm 以下，厚 1 ~ 2mm
当归全归片（当归片）	特级片	呈长条形、长卵形薄片，中、下部具 1 或数条形分枝。常断裂成归头片和归尾片。有浓郁香气，味甘、辛、微苦。无变茬片、无杂质、无碎片	长 5 ~ 20cm，宽 2 ~ 4cm；厚 1 ~ 2mm
	一级片		长 3 ~ 15cm，宽 0.3 ~ 2cm；厚 1 ~ 2mm
当归头片（归头片）	特级片	呈长卵形、宽卵形薄片，少有分枝。有浓郁香气，味甘、辛、微苦。无变茬片、无杂质、无碎片	宽 2.6cm 以上，长 3 ~ 10cm，厚 1 ~ 2mm
	一级片		宽 1.7 ~ 2.2cm，长 3 ~ 10cm，厚 1 ~ 2mm
	二级片		宽 1.0 ~ 1.7cm，长 3 ~ 10cm，厚 1 ~ 2mm
当归尾片（当归股子片归尾片）	选片	呈长条形，多弯曲，少数有分枝。有浓郁香气，味甘、辛、微苦。无变茬片、无碎片、无杂质	长 1 ~ 10cm，宽 0.2 ~ 0.8cm，厚 1 ~ 2mm
	统片		长 1 ~ 10cm，宽 0.2 ~ 0.8cm，厚 1 ~ 2mm
当归佛手片	精选片	呈长卵形的不规则薄片，下部具 2 ~ 8 条分离或粘连的归尾。切面呈黄白色，平坦，有裂隙，中间有浅棕色的形成层环，并有多数棕色的油点。有浓郁香气，味甘、辛、微苦。片形完整、两面全白、无花皮，修头剪尾	长 8 ~ 16cm，宽 2.6cm 以上，厚 1 ~ 2mm
	选装片	切面呈黄白色，间有浅棕黄色。有浓郁香气，味甘、辛、微苦。片形完整、两面稍带花皮	长 8 ~ 16cm、宽 1.8cm 以上，厚 1.5 ~ 2mm
	统装片	切面呈有黄白色，多有浅棕黄色。有浓郁香气，味甘、辛、微苦。片形完整	长 8 ~ 16cm、宽 1.8cm 以下，厚 1.5 ~ 2mm

8 质量要求

8.1 性状 应符合当归产地片的质量标准要求。

8.2 鉴别指标 应符合当归产地片的质量标准要求。

8.3 检查指标 应符合当归产地片的质量标准要求。

8.4 浸出物、含量测定指标 应符合当归产地片的质量标准要求。

9 检验方法

9.1 按《中华人民共和国药典》四部药材和饮片取样法（通则 0211）执行。

9.2 当归佛手片，除含量测定外，其他应符合质量要求。

甘草产地片加工技术规范（DB62/T004GF—2019）

前　言

本标准按 GB/T 1.1—2009 给出的规则起草。

编制本标准的样品采自甘肃省主要的中药饮片生产企业，全部样品为人工种植和野生甘草产地加工成的商品规格与等级。编制本标准时，充分保留了甘肃各地在长期的产地加工和商品流通中形成的各类产地加工片规格，以利于各行业的应用。

本标准由甘肃省药品监督管理局提出并归口。

本标准负责起草单位：甘肃省药品检验研究院、定西市中医药产业发展局。

本标准参加起草单位：甘肃省高校协同创新科技团队、陇西保和堂药业有限责任公司、陇西中天药业有限责任公司、平凉市青松饮片有限公司、北京中医药大学、中国食品药品检定研究院、甘肃伊真堂药业有限责任公司、甘肃汉草品汇中药饮片有限公司、陇西奇正药材有限责任公司、渭源恒顺堂药业有限公司、甘肃普尔康药业有限公司、陇西正大药业有限公司、岷县蘅阳中药材有限公司、景泰县菁茂药业有限公司、甘肃弘润药业有限公司、甘肃省道地药材研究所、甘肃省中藏药检验检测技术工程研究中心、甘肃省中藏药检验检测技术工程实验室、甘肃省药学学会。

本标准主要起草人：杨平荣、宋平顺、马潇、魏锋、马双成、杨克谦、贺军权、刘春生、党伟。本标准参加起草人：王引权、马中森、李冬华、张平、张明童、李雪雯、王继贤、王啟龙、陈杰、杨新平、李登鹏、乔玉梅、孙伟兵、肖海云、张守福、刘明芳、高满义、杨永军、刘蘅嶙。本标准首次发布，为推荐性标准。

甘草产地片加工技术规范

1 范围

本标准规定了采用传统方法加工甘草产地片的净制、切制技术规范，内容包括：甘草产地片　的传统加工方法、工艺流程、产地加工基地、规格与等级等。

本标准适用于甘草产地片的生产加工、规格分级。

2 规范性引用文件

下列文件对于本文件的应用是必不可少的。凡是注日期的引用文件，仅所注日期的版本适用于本文件。凡是不注日期的引用文件，其最新版本（包括所有的修改单项）适用于本文件。

《中华人民共和国药典》（2015 年版一部、四部）

《中药饮片质量标准通则》（国家中医药管理局）GB5749 生活饮用水卫生标准

SB/T11183 中药材产地加工技术规范

3 术语和定义

下列术语和定义适用于本文件。

3.1 甘草

为豆科植物甘草 *Glycyrrhiza uralensis* Fisch. 或胀果甘草 *Glycyrrhiza inflata* Bat. 干燥根和根茎。

主产于甘肃、新疆、内蒙古、山西，黑龙江等地亦产。为甘肃的道地药材。

3.2 原药材

春、秋二季采挖，除去须根，晒干后的甘草药材。

3.3 产地加工切片

对甘草原药材在产地进行净选、切制等传统工艺的处理，加工成片、粒等一定形状的初级原　料，简称产地片。

3.4 异形片

是指不符合标准所规定的规格范围的饮片，如连刀片、碎片等。

3.5 药屑杂质

是加工饮片后原药材的碎末。

3.6 产地加工基地

应具备相关设施、设备，可进行规模化、规范化产地加工的场所。

3.7 净选

除去原药材中非药用部分及杂质的过程。

3.8 分级

将净选的药材分为大、中、小三级的过程。

3.9 洗净

将净选后的药材采用机械清洗，或手工冲洗，直至无泥土和异物为止的过程。

3.10 闷润

将洗净的药材采用机械润药机软化，或置润药池闷润，直至柔软适宜切片的过程。

3.11 切制

取闷润后药材置于切药机上，切制各类饮片的过程。

3.12 干燥

对产地加工片进行干燥处理的过程。

3.13 筛选

将干燥后的产地片用自动筛选设备，选择适合的筛网进行分级筛选，筛去药屑过程。

3.14 规格

中药材或产地片在商品流通中形成的不同交易品类，一个交易品类称为一个规格。

3.15 等级

在中药材或产地片各规格下，用于区分品质级别的交易品种，一个交易品种称为一个等级。

4 要求

4.1 加工场地

4.1.1 加工应有适宜场地与车间，应符合药品生产质量管理的有关要求。

4.1.2 加工场地应整洁，宽敞，通风良好，具有遮阳，防雨和防鼠、虫及禽畜的设施。

4.2 加工机械和器具

4.2.1 所有加工机械、辅助器械不得污染和影响药材质量，并有明显的状态标志。

4.2.2 保持加工机械，器具清洁，无污染，并有明显的状态标志。

4.3 卫生学管理

4.3.1 工作人员身体健康，无传染病和外伤疾病，保持环境和个人卫生。

4.3.2 生产前及生产工序结束后应注重清场工作，清场合格证在有效期内，并作好记录。

4.3.3 药材切（刨）制后的产地片应装入洁净的接料筐内，不得接触地面。

4.4 操作管理

4.4.1 员工上岗前对其进行相关操作培训。

4.4.2 员工应具备独立操作能力，按规定操作。

4.4.3 每批次生产时，需挂上相应的状态标识，并填写品名、规格等级、数量、生产批号、生产日期、操作人等信息。

4.5 文件管理

4.5.1 生产企业应制定明确的生产管理、质量管理等标准操作规程。

4.5.2 药材的生产全过程均应详细记录，记录要求内容真实，数据完整，字迹清晰，达到生产过　程可追溯。

4.5.3 所有资料、记录等均应存档，档案资料应有专人保管。

5 产地片的工艺流程

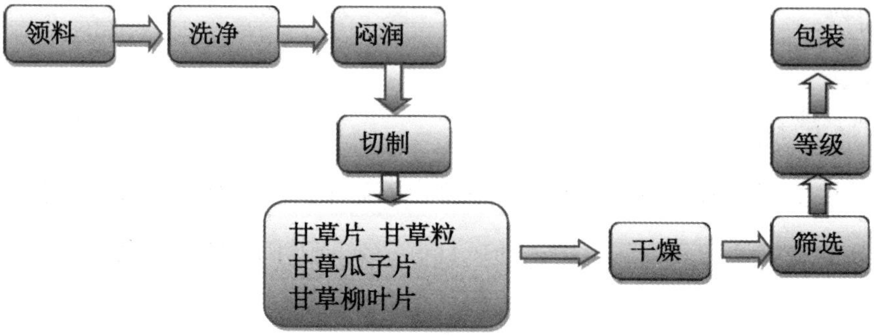

6 产地片的技术要求

6.1 净选

除去甘草原药材中的泥土、腐根及残留的非药用部分，分为大、中、小三级，此后加工过程中不同分级的甘草不能混合。

6.2 清洗

将分级后的甘草置于洗药机内清洗，或高压水枪快速喷洗，直至除去表面泥沙干净。

6.3 闷润

将洗后的甘草置于润药机，设定适宜的压力和时间，或放入润药池内外覆盖湿布，根据药材大小和季节选择闷润时间，闷润后的甘草应水尽药透，松软适中。

6.4 切制

将浸润好的甘草置于切药机上通过专用切制模具，切制成甘草片、甘草瓜子片、甘草柳叶片和甘草粒。

6.5 干燥

6.5.1 太阳能干燥 将切制好的甘草产地片置于太阳能干燥房，经适宜温度和时间干燥，随时翻动，取出，放凉。

6.5.2 设备干燥 将切制好的甘草产地片置于干燥设备时，设置适宜的烘干温度和时间，随时翻动，取出，放凉。

6.6 筛选与整理

将干燥后放凉的甘草产地片混匀，用筛选机选择适合的筛网筛去药屑，并进行等级分类。通过工作台拣去异形片和异物。

7 规格等级

甘草产地片分为 4 个规格 15 个等级，每个规格有 2~5 个不同等级。甘草产地片规格与等级见表 1。

表 1 甘草产地片规格与等级

规格	等级	性状要求	
		性状描述	等级描述
甘草片	特等	呈类圆形。外表面红棕色或灰棕色；具纵皱纹。切面淡黄色，具放射状纹理及裂隙，形成层环明显，木部呈类圆形。气微，味甜而特殊。无杂质、虫蛀、霉变	直径 1.6~~3cm，厚 2~4mm
	一等		直径 1.2~1.6cm，厚 2~4mm
	二等		直径 0.8~1.2cm，厚 2~4mm
	三等		直径 0.5~0.8cm，厚 2~4mm
	四等		直径≤ 0.5cm，厚 2~4mm
甘草瓜子片	一等	呈椭圆形。木部呈椭圆形。气微，味甜而特殊。无杂质、虫蛀、霉变	长 2.5~3.5cm，宽 1.2~1.6cm，厚 2~4mm
	二等		长 2.5~3.5cm，宽 1~1.2cm，厚 2~4mm
	三等		长 2~2.5cm，宽 0.8~1cm，厚 2~4mm
	四等		长 2~2.5cm，宽 0.5~0.8cm，厚 2~4mm
甘草柳叶片	一等	呈长条状椭圆形。外表面有纵皱纹和散在的横长皮孔样突起。木部呈长椭圆形。气微，味甜而特殊。无杂质、虫蛀、霉变	长 5~10cm，宽 1.2~1.8cm，厚 2~4mm
	二等		长 3.5~6cm，宽 1~1.2cm，厚 2~4mm
	三等		长 3.5~6cm，宽 0.5~1cm，厚 2~4mm
甘草粒	一等	呈短圆柱形。具纵皱纹、横长皮孔及支根断痕。木部呈类圆形。气微，味甜而特殊。无杂质、虫蛀、霉变。	直径 1~1.6cm，厚 4~6mm
	二等		直径 0.8~1cm，厚 4~6mm
	三等		直径 0.4~0.8cm，厚 4~6mm

8 质量要求

8.1 性状 应符合甘草产地片的质量标准要求。

8.2 鉴别指标 应符合甘草产地片的质量标准要求。

8.3 检查指标 应符合甘草产地片的质量标准要求。

8.4 浸出物指标 应符合甘草产地片的质量标准要求。

9 检验方法

按《中华人民共和国药典》四部药材和饮片取样法（通则 0211）执行。

甘草（鲜制）技术规范（DB62/T004XZGF—2020）

前 言

本标准按照 GB/T1.1 给出的规则起草。

本标准由甘肃省药品监督管理局提出、归口并监督实施。

本标准负责起草单位：甘肃省药品检验研究院、国家药监局中药材及饮片质量控制重点实验室。

本标准参加起草单位：甘肃菁茂生态农业科技股份有限公司、陇西保和堂药业有限责任公司、定西市中医药产业发展局。

本标准主要起草人：杨平荣、倪琳、宋平顺、张世雄、马中森、党伟、马潇、杨克谦。

本标准参加起草人：王有吉、解强、李冬华、刘雅新、刘生彩、曹强、张明童、蔺瑞丽、王树琴、张平、洪建雄、连宝军、安莹娟、李小梅、刘小娟。

甘草（鲜制）技术规范

1 范围

本标准规定了甘草鲜货加工的技术规范，内容包括：甘草采收及鲜货加工的方法、质量要求、检验方法、包装、储存养护等。

本标准适用于甘草的产地鲜货规范化加工（GMP 生产企业）。

2 规范性引用文件

下列文件对于本文件的应用是必不可少的。凡是注日期的引用文件，仅所注日期的版本适用于本文件。凡是不注日期的引用文件，其最新版本（包括所有的修改单项）适用于本文件。

中华人民共和国药典（2015 年版一部）GB 5749 生活饮用水卫生标准

SB/T 11183 中药材产地加工技术规范

SB/T 11182 中药材包装技术规范

SB/T 11039 中药材追溯通用标识规范

SB/T 11094 中药材仓储管理规范

3 术语和定义

下列术语和定义适用于本文件。

3.1 甘草

为豆科植物甘草 *Glycyrrhiza uralensis* Fisch. 的干燥根和根茎。主产于甘肃、新疆、内蒙古、山西，黑龙江等地亦产。为甘肃的道地药材。

3.2 甘草（鲜制）

秋末采挖，经晾晒，除去芦头等非药用部位和泥沙等外来杂质，清洗，切厚片，低温干燥。

3.3 原药材

春、秋二季采挖，除去须根，晒干后的甘草药材。

3.4 芦头

甘草主根上部的根头部分。

3.5 异形片

是指不符合标准所规定的规格范围的饮片，如连刀片、碎片等。

3.6 药屑杂质

是加工饮片后原药材的碎末。

4 要求

4.1 加工场地

4.1.1 加工应有适宜的场地与车间，符合 GMP 要求。

4.1.2 加工场地应整洁，宽敞，通风良好，具有遮阳，防雨和防鼠、虫及禽畜的设施。

4.2 加工机械和器具

4.2.1 加工器械具有符合国家安全生产的相关检验合格资料。

4.2.2 所有加工机械、辅助器械不得污染和影响药材质量，并有明显的状态标志。

4.2.3 保持加工机械，器具清洁，无污染，并有明显的状态标志。

4.3 卫生学管理

4.3.1 工作人员身体健康，无传染病和外伤疾病，保持环境和个人卫生。

4.3.2 生产前及生产工序结束后应注重清场工作，清场合格证在有效期内，并作好记录。

4.3.3 趁鲜切制后的厚片应装入洁净的接料筐内或食品级自动传送带传送，不得接触地面。

4.4 操作管理

4.4.1 员工上岗前对其进行相关操作培训。

4.4.2 员工应具备独立操作能力，按规定操作。

4.4.3 每批次生产时，需挂上相应的状态标识，并填写品名、等级、数量、生产批号、生产日期、操作人等信息。

4.5 文件管理

4.5.1 生产企业应制定明确的生产管理、质量管理等标准操作规程。

4.5.2 药材的生产全过程均应详细记录，记录要求内容真实，数据完整，字迹清晰，达到生产过程可追溯。

4.5.3 所有资料、记录等均应存档，档案资料应有专人保管。

5 采收

5.1 采收年限

甘草为多年生草本植物，从育苗到移栽两至三年采收。

5.2 采收期

上年 4 月至 6 月种植，第二年或第三年 10 月至 11 月即可采挖，以土壤冻结前为宜。

5.3 采收方法

采挖前三天，割去地上茎叶，留下 3cm 左右短茬，便于采挖时识别，可采用人工或机械采挖，采挖时要避免断根或漏挖。

6 产地鲜制

产地鲜制应符合附录 A 甘草（鲜制）加工技术规范。

7 规格等级

甘草（鲜制）分为 2 个规格 7 个等级。见表 1。

表 1　甘草（鲜制）规格与等级

规格	等级	性状要求	
		性状描述	等级描述
甘草圆片	一等	呈类圆形厚片。表面红棕色或灰棕色，具纵皱纹。切面淡黄色，具放射状纹理及裂隙，形成层环明显，木部呈类圆形。气微，味甜而特殊	直径 1.2~1.6cm，厚 2~4mm
	二等		直径 0.8~1.2cm，厚 2~4mm
	三等		直径 0.5~0.8cm，厚 2~4mm
	统货		直径 0.5~1.6cm，厚 2~4mm
甘草柳叶片	一等	呈长条状椭圆形厚片。外表面红棕色或灰棕色；切面淡黄色，具有纵皱纹和散在的横长皮孔样突起。木部呈长椭圆形。气微，味甜而特殊	长 5~10cm，宽 1.2~1.8cm，厚 2~4mm
	二等		长 3.5~6cm，宽 1~1.2cm，厚 2~4mm
	三等		长 3.5~6cm，宽 0.5~1cm，厚 2~4mm

8 质量要求

8.1 性状

甘草（鲜制）圆片和甘草（鲜制）柳叶片应符合附录 B 甘草（鲜制）质量标准要求。

8.2 理化指标

理化指标应符合附录 B 甘草（鲜制）质量标准要求。

9 检验方法

9.1 抽样

按《中华人民共和国药典》四部药材和饮片取样法（通则 0211）执行。

9.2 性状

按附录 B 甘草（鲜制）质量标准项下“性状”规定的方法检验。

9.3 理化指标

按附录 B 甘草（鲜制）质量标准项下规定的方法测定。

10 包装

10.1 包装材料应选择无毒、无害、安全、符合国家卫生要求的材料包装。

10.2 包装应符合 SB/T 11182《中药材包装技术规范》的要求。

10.3 包装箱、袋应采用专业防伪技术加防伪码封口，追溯标识按 SB/T 11039《中药材追溯通用标识规范》规定执行。

11 储存养护

11.1 仓储条件与环境应符合 SB/T 11094《中药材仓储管理规范》的要求。

11.2 存放仓库内温度控制在 20℃以下，相对湿度不得高于 70%，水分超过 12%的甘草不得入库。

附录 A

甘草（鲜制）加工技术规范

1 目的

建立甘草（鲜制）加工技术规程，保证甘草（鲜制）加工严格按规定执行。

2 适用范围

适用于甘草（鲜制）的生产过程和中间控制。

3 职责

生产部、质量管理部对本规程的实施负责。

4 内容

4.1 产品名称、规格

产品名称：甘草（鲜制）

规格：甘草圆片、甘草柳叶片批量：5t、10t、20t

贮藏：阴凉储存

包装形式：袋/箱

包装规格：0.5kg/袋、1kg/袋，25kg/袋、50kg/袋、20kg/箱。

4.2 原辅料质量标准

工艺用水：药材清洗工序工艺用水必须符合国家 GB 5749《生活饮用水卫生标准》；

4.3 包装材料质量标准 PE 内膜袋质量标准纸箱质量标准

包装袋质量标准

4.4 生产工艺流程图

4.5 操作过程及工艺条件

4.5.1 领料

按批生产指令制作领料单，按“车间物料的领用、存放、退库标准操作规程”到原药材库领取甘草原料，领料员、药材库保管员根据领料单的数量领发料，及时

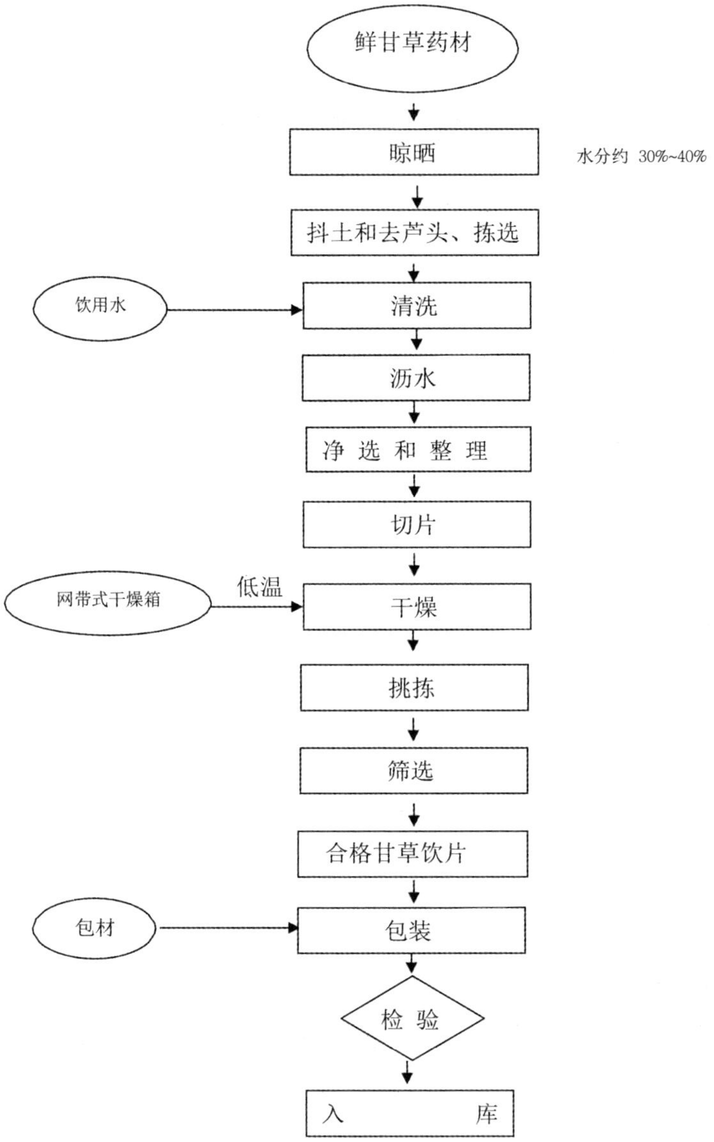

填写出库记录和领料记录。

工艺要点：核对品名、批号、数量、检验合格报告单、物料放行通知单、称量核对。

4.5.2 晾晒

鲜甘草运回后及时平铺于晾晒场 5~15cm，晾晒 10~15 天，使鲜甘草水分自然蒸发至柔软不易折断为止（水分约 30%~40%）。晾晒过程中翻动甘草，使其夹在甘草根条间的土块掉落。

4.5.3 抖土、去芦头与拣选

将晾晒 10~15 天甘草药材去芦头、抖掉上面附着的泥土；抖土后的甘草药材挑拣杂质及变质的腐根等非药用部分。生产结束及时填写生产记录，经 QA 检查合格后转入下一工序。

工艺要点：

① 检查净选的药材，并称量、记录；

② 净选操作必须按要求分别采用拣选，清除杂质，除去非药用部分，使药材符合净选质量标准要求。

4.5.4 清洗

将抖土和去芦头后的甘草药材转移至清洗车间，按“中药材清洗岗位标准操作规程进行清洗操作”，通过上料带运输，转入清洗机进行清洗，清洗时间 3~5min，清洗水压力为 8~12MPa，清洗至药材表面干净，无明显泥沙。生产结束及时填写生产记录，按本岗位清场操作规程进行清场操作，填写清场记录，经 QA 检查合格后转入下一工序。

工艺要点：

① 清洗药材用水应符合国家饮用水标准；

② 清洗厂房内应有良好的排水系统，地面不积水，易清洗，耐腐蚀；

③ 洗涤药材的设备或设施内表面应平整、光洁、易清洗、耐腐蚀，不与药材发生化学变化；

④ 药材洗涤应使用流动水，用过的水不得用于洗涤其他药材，不同的药材不宜在一起洗涤；

⑤ 洗涤时应注意掌握时间，勿使药材在水中浸泡过久，以免损失药效。

4.5.5 沥水

将清洗完的甘草药材传入 15m 网带式沥水带进行沥水至药材表面无明显水珠，防止切片时造成切片表面污染。生产结束及时填写生产记录，按本岗位清场操作规程进行清场操作，填写清场记录，经 QA 检查合格后转入下一工序。

4.5.6 净选和整理

将沥水完的甘草药材传送到双层净选整理传输平台下层，净选和整理岗位人员在下层操作台上拣除破损药材及杂质，并将药材进行整理打捆 3~5kg，将打捆后的药材放到上层传送带上进行运输，传送到储料传送带进行摆放。生产结束及时填写生产记录，按本岗位清场操作规程进行清场操作，填写清场记录，经 QA 检查合格后转入下一工序。

工艺要点：按工艺要求将药材整理打捆 3~5kg，且无破损药材及杂质。

4.5.7 切片

药材传递人员将储料传送带上的药材转移至切制片形对应的切药机工作台上（圆片选择转盘式切药机，柳叶片选择斜切式切药机），并解捆，然后传递给切药人员进行切制，切片厚度 2~4mm。结束后及时填写生产记录，按本岗位清场操作规程进行清场操作，填写清场记录，经 QA 检查合格后转入下一步工序。

工艺要点：

① 按工艺要求将甘草药材切成甘草圆片、甘草柳叶片。

② 每台切药机的切刀厚度要调整一致，保证所切饮片厚度基本一致。

4.5.8 干燥

将切好的甘草圆片和甘草柳叶片通过输送皮带输送至网带式干燥箱中干燥，按下表设定参数，干燥 3~4 小时。干燥结束后及时填写生产记录，按本岗位清场操作规程进行清场操作，填写清场记录，经 QA 检查合格后转入下一步工序。

甘草圆片和甘草柳叶片网带设备工艺曲线

<table>
<tr><td>第一层温度</td><td>25~35℃</td><td>第一层干燥时间</td><td>36~48min</td><td rowspan="5">注意：根据甘草片的含水量及装载量适度调整温度及干燥时间。</td></tr>
<tr><td>第二层温度</td><td>30~35℃</td><td>第二层干燥时间</td><td>36~48min</td></tr>
<tr><td>第三层温度</td><td>35~45℃</td><td>第三层干燥时间</td><td>36~48min</td></tr>
<tr><td>第四层温度</td><td>35~45℃</td><td>第四层干燥时间</td><td>36~48min</td></tr>
<tr><td>第五层温度</td><td>45~55℃</td><td>第五层干燥时间</td><td>36~48min</td></tr>
</table>

4.5.9 挑拣与筛选

4.5.9.1 甘草圆片　将干燥后放凉的甘草圆片置于双层选杆机，拣去异形片和异物；再用筛选机选择适合的筛网筛去药屑，将甘草圆片经过 4 个规格的筛网（0.5cm、0.8cm、1.2cm、1.6cm）筛选出甘草圆片 4 个等级。

4.5.9.2 甘草柳叶片　将干燥后放凉的甘草柳叶片由人工进行筛选出 3 个等级。

操作结束后及时填写生产记录，按本岗位清场操作规程进行清场操作，填写清场记录，经 QA 检查合格后转入下一步工序。

4.6 包装

4.6.1 包装规格　0.5kg/ 袋、1kg/ 袋，25kg/ 袋、50kg/ 袋、20kg/ 箱，根据批包装指令，领取相应符合包装规格的包装材料。操作结束后，及时填写生产记录。

4.6.2 装袋

工艺要求：

① 分装规格：操作中随时注意检查装量是否准确，要求每隔 1 小时，必须检查一次装量，装量不得少于标示量。

② 包装前检查包装材料有无破损，内部是否清洁、干燥，必要时要采用适当的方法进行清洁或消毒。

③ 包装前要对包装材料及标签的文字和图案进行核对，如发现问题要及时向领导汇报。

④ 生产结束任务后，应将所使用的设备，工具、中间产品、成品、内包装材料等作好记录，严格执行交接班手续。

⑤ 本步所得产品质量要符合要求。

⑥ 包装车间在同一包装间内不能同时包装不同批号中药饮片，更不能包装两个或几个不同的品种，防止混淆。

4.7 产品质量检查

每批由车间现场 QA 对各生产工序上的半成品进行质量监控；现场 QA 人员取样送质量部做全项检查。

4.8 入库

包装完毕，车间指定人员与库管员办理成品寄库手续，挂合格标签，挂黄色为待验牌。

4.9 记录与清场

甘草（鲜制）加工生产线批次生产结束后及时填写生产记录及清场记录。

4.10 放行

经检验合格的成品，由公司质量部门对批生产记录、批检验记录、现场监控记录及各种记录凭证进行审核，合格后，填写成品审核放行单，发放检验合格证及成品放行报告书至采购储运部，仓库管理员把待验标志牌换成合格标志牌，填入库单入成品分类账，并贴上产品合格证，方可放行销售。

4.11 关键控制点

4.11.1 工艺流程

工序	控制项目	要求
晾晒	水分	药材中水分含量控制在 30%~40%
清洗	清洗	无泥沙，无杂质
沥水	水分	药材表面无明显水珠
净选与整理	整理打捆	拣除破损药材及杂质，并将药材进行整理打捆 3~5kg
切片	厚度	2~4mm
干燥	干燥时间	每层控制在 36~48min
	干燥温度	第一二层温度不超过 35℃ 第三四层温度不超过 45℃ 第五层温度不超过 55℃
挑选	异物	异形片 异物≤ 1%
包装	包装要求	标签粘贴倾斜度：≤ 15°
		大箱封口超出封口起始点长度：≥ 5.0 cm
	包装规格	0.5kg/ 袋、1kg/ 袋、25kg/ 袋、50kg/ 袋、20kg/ 箱

4.11.2 物料、中间产品、待包装产品、成品储存注意事项

4.11.3 原辅料、中间产品、待包装产品、成品贮存条件要求

原药材：甘草：置阴凉干燥处，防潮，防蛀。

成品：置阴凉干燥处，防潮，防蛀。

4.11.4 技术经济指标的计算及物料平衡

$$\text{预处理物料平衡率}=\frac{\text{预处理后总重}+\text{杂质量}}{\text{原药材投入重量}}\times 100\% \quad (95.0\%\sim100.0\%)$$

$$\text{预处理收率}=\frac{\text{预处理后总重}}{\text{原药材投入重量}}\times 100\% \quad (95.0\%\sim100.0\%)$$

$$\text{挑选收率}=\frac{\text{挑选后总重}}{\text{挑选前重量}}\times 100\% \quad (95.0\%\sim100.0\%)$$

$$\text{挑选物料平衡率}=\frac{\text{挑选后总重}+\text{杂质量}+\text{取样量}}{\text{挑选前重量}}\times 100\% \quad (99.0\%\sim100.0\%)$$

$$\text{PE 内膜袋物料平衡率}=\frac{\text{实用数}+\text{破损数}}{\text{领用数}-\text{剩余数}}\times 100\% \quad (100\%)$$

$$\text{标签平衡率}=\frac{\text{实用数}+\text{退回量}+\text{破损数}}{\text{领用数}}\times 100\% \quad (100\%)$$

$$\text{纸箱物料平衡率}=\frac{\text{实用数}+\text{退回量}+\text{破损数}}{\text{领用数}}\times 100\% \quad (100\%)$$

$$\text{干燥剂物料平衡率}=\frac{\text{实用数}+\text{退回量}+\text{破损数}}{\text{领用数}}\times 100\% \quad (100\%)$$

$$\text{成品率}=\frac{\text{本批实际产量}}{\text{本批原药材投入量}}\times 100\% \quad (70.0\%\sim80.0\%)$$

4.12 技术安全与劳动保护

4.12.1 各工序应严格按照《安全生产管理制度》进行。

4.12.2 在进行生产时，必须按《劳动保护及职业病防治管理规程》，严格按设备操作规程使用设备。

4.12.3 任何时刻都必须保持安全通道的畅通。

4.12.4 车间操作人员必须经过《安全生产管理制度》以及三级安全教育培训和演习，并考核合格。

4.13 环境卫生和工艺卫生

4.13.1 环境卫生

生产车间为一般生产区。温度要求：常温，相对湿度要求：45%~75%。生产工艺卫生符合生产要求，厂房周围为水泥路面。

4.13.2 工艺卫生

个人卫生按 SMP-SC.003《一般生产区个人卫生管理规程》进行；工作服清洁、使用按 SMP-SC.025《工作服管理规程》进行。

5 相关记录

工艺检查记录

清洗工序生产记录

切制工序生产记录

干燥工序生产记录

拣选工序生产记录

筛选工序生产记录

整理、净制工序生产记录

包装工序生产记录

批生产记录

批包装记录

清场记录

附录 B

甘草（鲜制）

Gancao (Xian zhi)

GLYCYRRHIZAE RADIX ET RHIZOMA

本品为豆科植物甘草 *Glycyrrhiza uralensis* Fisch. 的干燥根和根茎。秋末采挖，经晾晒，除去芦头等非药用部位和泥沙等外来杂质，清洗，切厚片，低温干燥。按片形不同分别称为"甘草圆片""甘草柳叶片"。

【性状】甘草圆片 呈类圆形厚片，直径 0.5~1.6cm，厚 2~4mm。表面红棕色或灰棕色，具纵皱纹。切面淡黄色，具放射状纹理及裂隙，形成层环明显，木部呈类圆形。气微，味甜而特殊。

甘草柳叶片 呈长条状椭圆形厚片，长 3.5~10cm，宽 0.5~1.8cm，厚 2~4mm。外表面红棕色或灰棕色。切面淡黄色，具有纵皱纹和散在的横长皮孔样突起，木部呈长椭圆形。气微，味甜而特殊。

【鉴别】（1）粉末淡黄棕色。纤维成束，直径 8~14μm，壁厚，微木化，周围薄壁细胞含草酸钙方晶，形成晶纤维。草酸钙方晶多见。具缘纹孔导管较大，稀有网纹导管。木栓细胞红棕色，多角形，微木化。

（2）取本品粉末 1g，加乙醚 40ml，加热回流 1 小时，滤过，弃去醚液，药渣加甲醇 30ml，加热回流 1 小时，滤过，滤液蒸干，残渣加水 40ml 使溶解，用正丁醇提取 3 次，每次 20ml，合并正丁醇液，用水洗涤 3 次，弃去水液，正丁醇液蒸干，残渣加甲醇 5ml 使溶解，作为供试品溶液。另取甘草对照药材 1g，同法制成对照药材溶液。再取甘草酸单铵盐对照品，加甲醇制成每 1ml 含 2mg 的溶液，作为对照品溶液。照薄层色谱法（通则 0502）试验，吸取上述三种溶液各 1~2μl，分别点于同一用 1% 氢氧化钠溶液制备的硅胶 G 薄层板上，以乙酸乙酯 - 甲酸 - 冰醋酸 - 水（15:1:1:2）为展开剂，展开，取出，晾干，喷以 10% 硫酸乙醇溶液，在 105℃加热至斑点显色清晰，置紫外光灯（365nm）下检视。供试品色谱中，在与对照药材色谱相应的位置上，显相同颜色的荧光斑点；在与对照品色谱相应的位置上，显相同的橙黄色荧光斑点。

【检查】水分 不得过 12.0%（通则 0832 第二法）。

总灰分 不得过 5.0%（通则 2302）。

酸不溶性灰分 不得过 2.0%（通则 2302）。

重金属及有害元素 照铅、镉、砷、汞、铜测定法（通则 2321 原子吸收分光光度法或电感耦合等离子体质谱法）测定，铅不得过 5mg/kg；镉不得过 1mg/kg；砷不得过 2mg/kg；汞不得过 0.2mg/kg；铜不得过 20mg/kg。

其他有机氯类农药残留量 照农药残留量测定法（通则 2341 有机氯类农药残留量测定　第一法）测定。

含五氯硝基苯不得过 0.1mg/kg。

【含量测定】照高效液相色谱法（通则 0512）测定。

色谱条件与系统适用性试验 以十八烷基硅烷键合硅胶为填充剂；以乙腈为流动相 A，以 0.05% 磷酸溶液为流动相 B，按下表中的规定进行梯度洗脱；检测波长为 237nm。理论板数按甘草苷峰计算应不低于 5000。

时间（分钟）	流动相 A（%）	流动相 B（%）
0~8	19	81
8~35	19 → 50	81 → 50
35~36	50 → 100	50 → 0
36~40	100 → 19	0 → 81

对照品溶液的制备 取甘草苷对照品、甘草酸铵对照品适量，精密称定，加 70% 乙醇分别制成每 1ml 含甘草苷 20μg、甘草酸铵 0.2mg 的溶液，即得（甘草酸重量 = 甘草酸铵重量 /1.0207）。

供试品溶液的制备 取本品粉末（过三号筛）约 0.2g，精密称定，置具塞锥形瓶中，精密加入 70% 乙醇 100ml，密塞，称定重量，超声处理（功率 250W，频率 40kHz）30 分钟，放冷，再称定重量，用 70% 乙醇补足减失的重量，摇匀，滤过，取续滤液，即得。

测定法 分别精密吸取对照品溶液与供试品溶液各10μl，注入液相色谱仪，测定，即得。

本品按干燥品计算，含甘草苷（$C_{21}H_{22}O_9$）不得少于0.55%，甘草酸（$C_{42}H_{62}O_{16}$）不得少于1.9%。

【性味与归经】甘，平。归心、肺、脾、胃经。

【功能与主治】补脾益气，清热解毒，祛痰止咳，缓急止痛，调和诸药。用于脾胃虚弱，倦怠乏力，心悸气短，咳嗽痰多，脘腹、四肢挛急疼痛，痈肿疮毒，缓解药物毒性、烈性。

【用法与用量】2~10g。

【注意】不宜与海藻、京大戟、红大戟、甘遂、芫花同用。

【贮藏】置通风干燥处，防蛀。

【附注】本标准仅适用于甘草鲜货低温干燥加工品（GMP生产企业）。